U0311418

TUCHANG
YINGLI
BAZHAO

兔场

盈利八招

魏刚才　管素英　陈奎　主编

化学工业出版社

·北京·

图书在版编目（CIP）数据

兔场盈利八招 / 魏刚才，管素英，陈奎主编．—北京：化学工业出版社，2018.8
ISBN 978-7-122-32416-0

Ⅰ.①兔… Ⅱ.①魏… ②管… ③陈… Ⅲ.①兔-养殖场-经营管理 Ⅳ.①S858.291

中国版本图书馆CIP数据核字（2018）第129956号

责任编辑：邵桂林　　　　　　　　　　文字编辑：陈　雨
责任校对：王　静　　　　　　　　　　装帧设计：张　辉

出版发行：化学工业出版社（北京市东城区青年湖南街13号　邮政编码100011）
印　　刷：北京京华铭诚工贸有限公司
装　　订：北京瑞隆泰达装订有限公司
850mm×1168mm　1/32　印张8½　字数247千字
2018年9月北京第1版第1次印刷

购书咨询：010-64518888（传真：010-64519686）　　售后服务：010-64518899
网　　址：http：//www.cip.com.cn
凡购买本书，如有缺损质量问题，本社销售中心负责调换。

定　　价：35.00元　　　　　　　　　　　版权所有　违者必究

编写人员名单

主　编　魏刚才　管素英　陈　奎

副主编　冯　琰　史威威　申芳丽　乔晓喻

编写人员（按姓氏笔画排列）：

申芳丽（林州市农业畜牧局）

史威威（焦作市中站区畜牧中心）

冯　琰（濮阳市动物卫生监督所）

乔晓喻（驿城区动物卫生监督所）

孙素芳（驻马店市动物疫病预防控制中心）

杨　涛（河南农业职业学院）

陈　奎（驻马店市动物疫病预防控制中心）

周　坤（驻马店市动物疫病预防控制中心）

韩俊伟（新乡市动物卫生监督所）

管素英（濮阳市畜禽改良站）

魏刚才（河南科技学院）

前　言

随着社会的发展和经济水平的不断提高，人们膳食结构中的肉类品种也发生很大变化，兔肉在肉类中的比重越来越大，这极大地促进了养兔业发展。养兔业的生产特点也更加符合我国社会经济发展要求。一是节粮。我国是粮食短缺国家，发展节粮型畜牧业是发展的必然，而兔是草食家畜，可以利用大量的粗饲料资源，极大减少精饲料消耗，生产成本低。二是产品种类多，质量好。养兔业不仅可以提供兔肉，而且可以提供兔皮、兔毛。兔肉营养丰富，属于高蛋白、低脂肪食品。兔抗病力较强，饲料主要是粗饲料，饲料中药物使用量大大减少，生产的产品绿色。养兔业成为许多地区经济发展的支柱产业。但是，近年来由于我国养兔业的规模化、集约化以及智能化，兔的养殖数量增加，市场供求基本平衡，兔产品的价格波动明显，养殖效益很不稳定，有的兔场甚至出现亏损。

影响兔场效益的因素可以归纳为三大因素，即市场、养殖技术、经营管理。其中，市场变化虽不能为兔场完全掌控，但如果兔场能够掌握市场变化规律，根据市场情况对生产计划进行必要调整，可以缓解市场变化对兔场的巨大冲击。对于一个兔场来说，关键是要练好内功，即通过不断学习和应用新技术，加强经营管理，提高兔的生产性能，降低生产消耗，生产出更多更优质的产品，才能在剧烈的市场变化中处于不败之地。为此，我们组织有关人员编写了《养兔盈利八招》一书，本书结合生产实际，详细介绍了兔场盈利的关键养殖技术和经营管理知识，有利于兔场提高盈利能力。

本书结合实际，从注意品种的选择、让兔多产仔及产壮仔、提高商品兔的商品率、使兔群更健康、尽量降低生产消耗、增加产品价值、注意细节管理、注重常见问题处理八个方面进行系统介绍，突出兔场盈利的关键点，为兔场提高生产水平、获得更多盈利提供技术支撑。本书注重科学性、实用性、先进性和通俗易懂，适合兔场（专业户）、养殖技术人员、兽医工作者等阅读。

由于笔者水平所限，书中定有不妥之处，恳请同行专家和读者不吝指正。

编　者
2018 年 8 月

图片来源：视觉中国 www.vcg.com

目 录

第三招 ▶ 提高商品兔的商品率

第四招 ▶ 使兔群更健康

第五招 ▶ 尽量降低生产消耗

第一招
注意品种的选择和种兔引进

图片来源·视觉中国 www.vcg.com

【提示】

品种是影响生产性能和产品质量的主要因素之一。兔的经济类型多，品种数量多，各有不同特点，根据生产实际选择适宜的品种，并加强种兔的引种管理，为获得良好生产效益奠定基础。

一、兔的品种分类

兔是由野生穴兔驯化而成的，经过世世代代的选育，目前世界各国饲养的兔品种有 60 多个，品系多达 200 多个。我国目前饲养的众多兔品种，大部分由国外引进，也培育成了一些品种和品系。

由于育种的经济目的、选育方法和饲养管理条件等不同，使兔的各个品种之间在外貌特征、体格大小、被毛结构以及生产性能等方面，呈现不同程度的差异，但也有其共同的特点。把具有某些相同特点的兔品种划为一类，这就叫兔的品种分类。兔的品种分类和特征如下。

（一）根据被毛类型分类

1. 标准毛品种

标准毛品种亦叫普通毛兔品种。该类型兔的被毛中粗毛（枪毛）长约3.5厘米，绒毛长约2.2厘米，二者的长度相差悬殊，而且被毛中粗毛所占比例大。常见的肉兔和皮肉兼用兔品种，绝大多数均属于这一类型。如中国白兔、新西兰兔、加利福尼亚兔、青紫蓝兔等。

2. 长毛品种

长毛品种的特点是被毛较长，成熟毛均在5厘米以上，粗毛和绒毛均为长毛，且粗毛比例较标准毛类型小，如安哥拉兔等。

3. 短毛品种

短毛类型的兔品种很少，最典型的代表是力克斯兔（獭兔），其特点是毛纤维很短（毛长约1.5厘米），一般为1.3～2.2厘米，不仅粗毛含量少，而且粗毛和绒毛一样长，没有突出于绒毛之上的枪毛。

（二）根据经济用途分类

1. 肉用兔

肉用兔的经济特性以生产兔肉为主。其特点是体型较大，多为大、中型；体躯丰满，肌肉发达；繁殖力强；生长快，饲料转化率高，屠宰率高，肉质鲜美。如新西兰兔、加利福尼亚兔等。

2. 皮用兔

皮用兔的经济特性是以生产优质兔皮为主，同时也可提供兔肉。其特点是体型多为中、小型；被毛浓密、平整，色泽鲜艳；皮板组织细密。毛皮是制作华丽名贵裘衣的原料，在国际市场上深受欢迎。如力克斯兔、哈瓦那兔、亮兔等。

3. 毛用兔

毛用兔以生产兔毛为主。其特点是体型中等偏小，绒毛密生于体躯及腹下、四肢、头等部位；毛质好，生长快，70天毛长可达5厘米以上，每年可采毛4～5次。安哥拉兔是世界上唯一的毛用兔品种。

4. 皮肉兼用兔

皮肉兼用兔的经济特性是没有突出的生产方向，介于肉用兔和皮用兔二者之间，兼顾肉与皮生产能力。如青紫蓝兔、日本大耳白兔、德国花巨兔。

5. 实验用兔

兔是医学、药物、生物等众多学科的科研和生产部门广泛应用的实验动物，这是由于它具有体小、性情温驯、繁殖力高、易于保定、注射和采血容易、观察方便等特点。如日本大耳白兔，就具有耳大、血管清晰、容易注射的特点，因此成为比较理想的实验用兔品种。此外，新西兰白兔、喜马拉雅兔、荷兰兔等，均为应用较多的实验用品种。

6. 观赏性用兔

有些兔品种由于其外貌奇特，或其被毛华丽珍稀，或其体格轻微秀丽，适于观赏。如垂耳兔、荷兰矮兔、波兰兔、喜马拉雅兔等。

（三）根据体型大小分类

1. 大型兔

成年大型兔的体重在5千克以上。其特点是体格硕大，成熟较晚，增重速度快，但饲料转化率较低。如法国公羊兔、佛兰德巨兔、德国花巨兔、哈白兔、塞北兔等。

2. 中型兔

成年中型兔的体重为3～5千克。其特点是体型结构匀称，体躯发育良好，增重速度快，饲料转化率高，屠宰率高，优良的肉用品种多属于这一类型。如新西兰白兔、加利福尼亚兔、丹麦白兔、日本大耳白兔等。

3. 小型兔

成年小型兔的体重为2～3千克。其特点是性成熟早、繁殖力高，

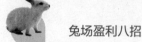

但增重速度不快，生产性能不高。如中国白兔、中系安哥拉兔、英系安哥拉兔。

4. 微型兔

成年微型兔的体重在 2 千克以下。其特点是性情温驯，体重多为 1 千克左右，小巧玲珑，逗人喜爱。典型的微型观赏品种属于这一类型。如荷兰矮兔、波兰兔、喜马拉雅兔（国外培育的观赏用类群）等。

二、常见的兔品种

兔品种的优劣直接影响养兔效益。一个好的品种，在不增加或少增加投资的情况下，可以产出更多更好的产品，获得更高的效益。所以养兔者都应把"良种化"作为提高兔生产、改善经济效益的首要措施。因此，了解兔品种的有关知识，有利于引种、保种以及正确的饲养管理和经营管理，从而做到少损失、多收益。

我国目前饲养的兔品种，除少数是由我国自己培育的外，多数由国外引进。我国饲养较多的不同类型和品种的兔如表 1-1 所示。

表 1-1　我国的常见兔品种介绍

类型	名称	特点
肉用型品种	新西兰白兔	原产于美国，是当代世界著名的肉用品种，也是重要的实验用兔品种之一。有白色、红色和黑色 3 个变种，其中以白色最著名，饲养也最广泛。新西兰白兔体型中等，头圆额宽，两耳直立，眼球呈粉红色，腰背宽平，体躯丰满，后躯发达，臀部宽圆，四肢强壮有力。脚底毛粗、浓密、耐磨，能防脚皮炎，适于笼养。新西兰白兔最显著的特点是早期生长发育快，40 日龄断奶重 1.0 ～ 1.2 千克，8 周龄体重可达 2 千克，90 日龄可达 2.5 千克以上。成年母兔体重 4.0 ～ 5.0 千克，成年公兔为 4.0 ～ 4.5 千克。屠宰率为 50% ～ 55%，产肉性能好，肉质细嫩。繁殖力强，年可繁殖 5 胎以上，每胎产子 7 ～ 9 只。 性情温驯，抗病力较强，适应性较好，容易管理，是集约化生产的理想品种。在肉兔生产中，与中国白兔、日本大耳白兔、加利福尼亚兔等杂交，能获得较好的杂种优势。但对饲养管理要求较高，在中等偏下的营养水平下，早期增重快的优势得不到充分发挥。同时，其被毛较长和回弹性稍差，毛皮质量不理想，利用价值较低

续表

类型	名称	特点
肉用型 品种	加利福 尼亚兔	原产于美国加利福尼亚州，故亦简称加州兔。该兔是由喜马拉雅兔、青紫蓝兔和新西兰白兔杂交选育而成的世界著名肉用兔品种，在美国的饲养量仅次于新西兰白兔。 该品种仔兔哺乳期被毛全白，换毛以后体躯被毛白色，但两耳、鼻端、四肢末端和尾部呈黑褐色，故亦有"八点黑"之称。夏季色淡。眼呈红色，耳较小直立，颈粗短，躯体紧凑，肩、臀发育良好，肌肉丰满。被毛柔软厚密，富有光泽，弹性好，秀丽美观。该兔体型中等，成年公兔体重3.4～4.0千克，母兔3.5～4.5千克。6周龄体重1～1.2千克，2月龄重1.8～2千克，3月龄可达2.5千克。屠宰率52%～54%，肉质鲜嫩，繁殖力强。平均每胎产子7～8只，且兔发育均匀。 该兔外形秀丽，性情温驯，早熟易肥，肌肉丰满，肉质肥嫩，屠宰率高，母兔繁殖性能好，生育能力和毛皮品质优于新西兰白兔，尤其是哺乳力特强，同窝兔生长发育整齐，兔成活率高，故享有"保姆兔"之美誉。该兔的遗传性稳定，在国外，多用之与新西兰白兔杂交，利用杂种优势来生产商品肉兔。在我国也表现了良好的适应性和生产性能，在改良本地肉用兔生产性能方面获得明显的效果，但该兔生长速度略低于新西兰白兔，对断奶前后的饲养条件要求较高
	比利 时兔	比利时兔源于比利时佛兰德地区的野生穴兔，后经英国选育而成，是比较古老的大型肉用兔品种。 比利时兔的形态和毛色酷似野兔，被毛黄褐色或深褐色，耳尖有光亮黑色毛边和尾部内侧呈黑色是其显著特征。体躯结构匀称，头型似马，两耳较长且直立，颊部突出，脑门宽圆，鼻梁隆起，颈部粗短，肉髯不发达，四肢粗壮，后躯发达，肌肉丰满，骨骼粗重。比利时兔属于大型品种，成年公兔体重5.5～6千克，母兔6～6.5千克，高者可达9千克，屠宰率达52%～55%。繁殖力强，平均每胎产仔7～8只，最高可达16只。 比利时兔具有生长发育快、耐粗饲、适应性强、泌乳力高、肌肉丰满等优点。与中国白兔、日本大耳白兔、加利福尼亚兔、青紫蓝兔杂交，杂种优势明显。该兔与中型肉用兔相比，成熟较晚，饲料报酬低，因骨骼粗壮，净肉率较低。同时，在金属网底上饲养时，患脚皮炎的比例较高。因此，在商品肉兔饲养中，可作为父本品种饲养，用于和中小型品种母兔杂交生产商品肉兔，一般均可获得良好的效果

续表

类型	名称	特点
肉用型品种	哈尔滨大白兔	哈尔滨大白兔简称哈白兔，是由中国农业科学院哈尔滨兽医研究所培育的一个大型肉用品种。以比利时兔为父本，哈尔滨本地白兔和上海大耳兔为母本，所产白色杂种母兔，再用德国花巨兔公兔进行杂交，选留其中白色后代，经横交固定选育而成。 哈白兔全身被毛洁白，毛密柔软。头大小适中，耳长大直立，耳尖钝圆，眼大有神，呈粉红色。公、母兔都具肉髯。四肢健壮，体躯较长，前后躯匀称，体质结实，肌肉丰满。哈白兔属于大型品种，成年公兔体重 5～6 千克，母兔 5.5～6.5 千克。平均窝产 10.5 只，其中活 8.8 只。初生兔只均体重 55 克，42 日龄断奶只均体重 1.08 千克，60 日龄只重 1.89 千克，90 日龄 2.76 千克。据报道，1 月龄日均增重 22～43 克，2 月龄日均增重 31～42 克，早期生长发育最高峰在 70 日龄，平均日增重 35～61 克，70 日龄以后增重速度逐渐减小。据 36 只 45～90 日龄兔饲养试验测定结果，饲料转化率 1∶3.11，半净膛屠宰率 57.6%，全净膛屠宰率 53.5%。 哈白兔具有耐寒、适应性强、饲料转化率高、早期生长发育快、毛皮质量好等优点，但需要良好的饲养条件
	齐卡肉兔配套系	齐卡肉兔是由德国齐卡兔育种公司培育的世界著名肉兔配套系。齐卡配套系肉兔由大、中、小 3 个专门化品系构成，3 系配套生产商品肉兔，在德国全封闭式兔舍、标准化饲养条件下，年产商品活数 60 只，每胎平均产 8.2 只，28 日龄断奶重 650 克，56 日龄体重 2.0 千克，84 日龄体重 3.0 千克，日增重高达 40 克，料肉比为 2.8∶1。四川省畜牧兽医研究所在开放式自然条件下测定结果为：商品肉兔 90 日龄体重 2.4 千克，日增重 32 克以上，料肉比 3.3∶1
	伊拉配套系	法国培育而成的 4 系配套系。父系（AB 公兔）成年体重 5.4 千克，母兔（CD 母兔）成年体重 4.0 千克，窝产仔 8.9 只，32～35 日龄断奶体重 820 克，日增重 43 克，70 日龄体重 2.47 千克，料肉比（2.7～2.9）∶1，屠宰率为 58%～59%
	伊普吕配套系	该配套系由法国克里莫兄弟公司经 20 年的精心培育而成。该肉兔具有繁殖力强、生长速度快、抗病力强、屠宰率高等特点。母兔年产 8.7 窝，每窝产活仔 9.3～9.5 只，年产仔 80.91～82.65 只，窝断奶仔兔数 8.1～8.5 只，窝上市商品肉兔 7.1～7.7 只，70 日龄体重 2.34 千克，屠宰率 58%～59%
	布列塔尼亚配套系	布列塔尼亚肉兔配套系是法国养兔专家贝蒂经多年精心培育而成的大型白色肉兔配套系，由 A、B、C、D 四系组合而成。该配套系具有较高的产肉性能、极高的繁殖性能和较强的适应性。 该配套系在良好的饲养管理条件下，一般每胎产 9～12 只，最高达 23 只。该肉兔要求有理想的管理条件和较高的饲养水平

续表

类型	名称	特点
毛用型品种	法系安哥拉兔	原产于法国，是当前世界上著名的粗毛型长毛兔。该兔头部扁而尖削，面长鼻高，耳大而薄，耳背无长绒毛，俗称"光板"。额毛、颊毛和脚毛均为短毛，腹毛亦较短，被毛密度差，粗毛含量多，绒毛不易缠结，毛质较粗硬。法系安哥拉兔体型较大，成年体重 3.5～4.0 千克。法国非常重视对安哥拉兔的选育，生产性能不断提高，由1950年平均产毛量 500～600 克提高到目前优秀个体年产毛量过 1200 克，粗毛含量 13%～20%。年可繁殖 4～5 胎，每胎产 6～8 只。 　　该兔具有粗毛含量高、适应性强、耐粗饲、繁殖力强、泌乳性能好、抗病力较强等特点，在培育中国粗毛型长毛兔新品系中起到了重要的作用
	德系安哥拉兔	原产于德国，我国通称为西德长毛兔，该兔是目前世界上饲养最普遍、产毛性能最好的安哥拉兔类群之一。 　　该兔属细毛型长毛兔，被毛厚密，有毛丛结构，毛纤维具有明显的波浪形弯曲，粗毛含量低，不易缠结。腹毛长而密，四肢毛和脚毛非常丰盛，毛长毛密再加上粗壮的骨骼，形似老虎爪。头型扁而尖削，面部绒毛着生情况很不一致，有些面部有少量长毛，两耳上缘有长毛；有些则耳毛、颊毛、额毛较丰盛；而多数面颊和耳背均无长毛，只有耳尖有一撮毛飘出耳外。 　　德系安哥拉兔体型较大，成年兔体重一般在 4～4.5 千克以上。据德国种兔测定站测定，成年公兔平均年产毛量为 1190 克，最高达 1720 克；成年母兔平均年产毛量 1406 克，最高达 2036 克。我国引入的德系安哥拉兔平均年产毛量 800～1000 克，高者达 1600 克。粗毛含量 5%～6%，结块率约为 1%。繁殖性能较差，年可繁殖 3～4 胎，每胎产 6～7 只，最高可达 12 只。幼兔生长迅速，1 月龄平均体重 0.5～0.6 千克，42 天断奶重 0.9～0.95 千克。德系安哥拉兔自 1978 年引进饲养以来，具有产毛量高、绒毛品质好、不易缠结等突出优点，在改善我国长毛兔产毛性能方面起了积极的推动作用，但不足之处是繁殖受胎率低，耐热性较差，抗病力较弱，耐粗饲性差，对饲养管理条件要求较高
	镇海巨型高产长毛兔	镇海巨型高产长毛兔系是浙江省镇海种兔场采用本地长毛兔与德系长毛兔及多品种高产兔杂交培育而成的。该兔是目前已知的安哥拉兔品种中平均体重最大、群体产毛量最高的种群。成年兔平均体重 5 千克以上，最高达 7.45 千克；平均年产毛量 1500 克左右。被毛密度很大，尤其是腹毛更为突出，脚毛也很丰盛，毛丛结构明显，绒毛纤维较粗，不缠结，粗毛含量较高。兔群繁殖性能良好，窝均产子 5.5 只左右，母性强，兔成活率高。幼兔生长快，2 月龄平均体重达 2 千克左右，3 月龄达 3 千克以上，6 月龄 4.25 千克以上。该兔适应性和抗病力均较强，但要求有较好的饲养管理条件

类型	名称	特点
毛用型品种	中国粗毛型长毛兔新品系	中国粗毛型长毛兔新品系共分3系，即苏Ⅰ系、浙系、皖Ⅲ系，是在20世纪80年代中后期分别由江苏、浙江、安徽三省农科院等众多科研和生产单位的科技人员通力协作，采用多品系、多品种杂交创新，然后横交固定，并经系统选育，形成的具有双高特征(高粗毛率、高产毛量)的粗毛型长毛兔新品系。 （1）苏Ⅰ系粗毛型长毛兔。苏Ⅰ系兔的生活力强，繁殖力高，体重大，粗毛率和产毛量高。成年兔体重平均在4.5千克以上。平均每胎产子数7.14只，产活数6.76只，42天断奶育成兔5.71只，断奶体重达1080克。8月龄兔的粗毛率达15.75%，12月龄时粗毛率达17.72%，最高达24%以上。平均年产毛量达900克，最高达1200～1300克。 （2）浙系粗毛型长毛兔。浙系兔成年体重3.9千克左右。繁殖性能良好，平均每胎产6.77只，产活数6.28只，42天断奶育成4.39只，断奶体重平均1115克。该兔具有产毛量和粗毛率均较高的特点，12月龄的粗毛率达15.94%，平均年产毛量960克，最高达1400克。 （3）皖Ⅲ系粗毛型长毛兔。皖Ⅲ系兔成年体重平均4.1千克。繁殖性能好，平均每胎产7.06只，产活数6.62只，42天断奶育成5.65只，断奶体重平均867克。年产毛量800～1000克，粗毛率达15%以上
皮用型品种	力克斯兔	力克斯兔原产于法国科伦地区，是当今世界上最著名的短毛类型的皮用兔品种。由于毛皮与水獭皮相似，所以在我国通常称为"獭兔"。最初育成的力克斯兔只有一种毛色，即海狸力克斯。后来，各种毛色的力克斯兔相继出现，目前美国公认的色型有14种，即黑色、海豹色、加利福尼亚色、山猫色、巧克力色、乳白色、碎花色等。但实际上还不止上述14种毛色，据报道，英国有28种色型的力克斯兔。 力克斯兔外形清秀，结构匀称，头小嘴尖，眼大而圆，耳长中等，竖立呈"V"字形，须眉细而弯曲，肌肉丰满，四脚强健有力，动作灵敏，全身被毛浓密，毛长1.3～2.2厘米，短而平整，坚挺有力，直立无毛向，柔软富弹性，光亮如绸丝，枪毛很少且与绒毛等长，出锋整齐，不易脱落，保温性强，色彩鲜艳夺目。力克斯兔体型中等，成年兔3.0～3.5千克。母兔年产4～5窝，每窝平均产活6～8只。商品力克斯兔在5～5.5月龄、体重2.5千克以上时屠宰取皮，皮质较好，产肉率亦高。 力克斯兔的皮毛天然色型绚丽多彩，且被毛具有短、密、细、平、美、牢等优点，但对饲养管理条件要求较高，不适应粗放管理，母兔哺乳性能较差，容易造成兔死亡，抗病能力亦较弱

续表

类型	名称	特点
皮用型品种	亮兔	亮兔是力克斯兔的一个变种，因其皮毛表面光滑、亮泽、鲜艳而得名。据报道，该兔于1930年在美国首次被发现。 亮兔的两耳直立，头中等，背腰丰满，臀圆，体质健壮。该兔的被毛结构特殊，与力克斯兔正好相反，枪毛长2.5～3.8厘米，而且较绒毛生长快，把绒毛全部覆盖在枪毛之下，并自然地紧贴在皮板上，所以只见枪毛不见绒毛。由于枪毛发生突变，鳞片非常平整，使得全身明亮如缎，质地柔软，色彩鲜艳悦目。被毛有巧克力色、青铜色、黑色、蓝色、白色、棕色、红色、加利福尼亚色等色型。 亮兔体型中等，成年公兔平均体重超过4千克，母兔4.5千克。母兔繁殖力较好，年可繁殖5窝，每窝产6～10只。兔初生重50～60克，30日龄500克以上，42日龄断奶重平均0.75千克，3～4月龄体重可达2～2.5千克。 亮兔具有被毛品质优良、色彩鲜艳、繁殖力较高、生长发育快等优点。但性成熟较晚，窝产数变化较大。我国也已引进，尚处于试养观察阶段，分布不广
皮肉兼用型品种	中国白兔	中国白兔是我国劳动人民长期培育成的一个地方优良品种，由于过去饲养该兔主要作肉用，故又称菜兔。该品种属皮肉兼用的小型品种。在全国各地均有饲养，以四川省最多，但由于引入品种的不断增加，数量逐渐减少。 中国白兔的体躯结构紧凑，头小嘴尖，耳小直立，后躯发育良好，动作敏捷灵活，善于跑跳。被毛洁白而短密，但也有少量黑色、灰色和棕黄色等个体，皮板厚实，被毛优良。白色兔的眼睛呈粉红色，杂色兔的眼睛则为黑褐色。 中国白兔的体型小，成年体重2～2.5千克，据成都市资料，成年兔体重平均为2.35千克。性成熟早，繁殖力强，4月龄即可配种繁殖，年产6胎以上，每胎产6～9只，最多可达15只，兔初生重50克左右。母兔性情温驯，哺育力强，育成活率高，28日龄断奶成活率95%。90日龄体重970～1500千克，180日龄1730克，增重高峰期在60日龄前后。具有耐粗饲、适应性好、抗病能力强、性成熟早、配怀率高、耐频密繁殖、肉质鲜美等优点，但存在体型小、生长速度慢、产肉性能不高、皮张面积小等缺点。今后应加强对该品种的选育提高工作，充分利用和保留该品种的优良特性，改进其缺点

类型	名称	特点
皮肉兼用型品种	日本大耳白兔	日本大耳白兔亦称大耳兔、日本白兔。原产于日本，是以日本兔和中国白兔杂交选育而成的皮肉兼用型品种。我国各地均有饲养。 日本大耳白兔的被毛纯白紧密，眼睛红色，以耳大著称，耳根及耳尖部较细，形似柳叶，母兔颔下有肉髯，颈部粗壮，体型较大，体质结实。但因该品种在日本分布地区不同而存在很大差异，现已统一规定以皮毛纯白、8月龄体重约4.8千克、毛长约25毫米、耳长180毫米左右、耳壳直立者，称作标准的大耳白兔。本品种由于具有耳长大、白色皮肤和血管清晰的特点，是较为理想的实验用兔品种。日本大耳白兔体型较大，成年兔体重4.5～5.0千克，母兔年产5～6窝，每窝产8～10只，最高达17只，初生兔平均重60克，母兔泌乳量大，母性好。幼兔生长迅速，2月龄达1.4千克，4月龄3千克，7月龄4千克。 日本大耳白兔体型较大，生长发育较快；繁殖力强，泌乳性能好；肉质好，皮张品质优良；体格健壮，能很好地适应我国的气候和饲养条件，从南到北均有饲养，是我国饲养数量较多的一个品种，但存在骨架较大、胴体欠丰满、净肉率较低的缺点
	青紫蓝兔	青紫蓝兔原产于法国，因其被毛色泽与南美洲的一种珍贵毛皮兽"青紫蓝"(我国称毛丝鼠或绒鼠)的毛色非常相似而得名。青紫蓝兔是由嘎伦兔、喜马拉雅兔和蓝色贝韦伦兔杂交育成的。该品种原为著名的皮用品种，后经选育向皮肉兼用型发展，当今已成为优良的皮肉兼用品种，亦是常见的实验用兔。 青紫蓝兔被毛蓝灰色，并夹杂全黑和全白的枪毛，耳尖和尾背面为黑色，眼圈和尾底为白色，腹部为淡灰色到灰白色。每根毛纤维分为5个色段，自基部到毛尖依次为深灰色、乳白色、珠灰色、白色、黑色，在微风吹拂下，其被毛呈现彩色轮状旋涡，甚为美观。眼睛为茶褐色或蓝色。目前青紫蓝兔有3个类型，即标准型、美国型和巨型。 (1)标准型。体型较小，成年母兔体重2.7～3.6千克，公兔2.5～3.4千克。被毛颜色较深，呈灰蓝色，并有明显的黑白相间的波浪纹，色泽美观。体质结实紧凑，耳短直立，颔下无肉髯。 (2)美国型。体型中等，成年母兔体重4.5～5.4千克，公兔4.1～5.0千克。体长中等，腰背丰满，耳长，被毛颜色较浅，母兔颔下有肉髯。 (3)巨型。体型大，偏向肉用型，成年母兔体重5.9～7.3千克，公兔5.4～6.8千克。肌肉丰满，耳较长，公、母兔均有肉髯，被毛颜色较淡。 青紫蓝兔很早以前就引入到我国，现在全国各地广为饲养，尤以标准型和美国型较普遍。该兔具有毛皮品质好、耐粗饲、适应性强、繁殖力高、泌乳力好等优点，能很好地适应我国的饲养条件，深受群众欢迎，其美中不足的是生长速度较慢

续表

类型	名称	特点
皮肉兼用型品种	德国花巨兔	德国花巨兔原产于德国，为著名的大型皮肉兼用品种。花巨兔在德国称作德国巨型兔。此外，有英国花巨兔、美国花巨兔等。由于我国1976年由丹麦引进的系为德国巨型兔，故我国习惯称作德国花巨兔。德国花巨兔体躯较长，略呈弓形，腹部离地面较高。性情活泼，行动敏捷，善于跳跑，目光锐利，不够温驯，富于神经质。全身毛色为白底黑花，黑色斑块往往对称分布，最典型的标志是从耳后到尾根沿背脊有一条边缘不整齐的黑色背线，黑嘴环，黑睛圈，黑耳朵，在眼睛和体躯两侧往往有若干对称的大小不等的蝶状黑斑，全身色调非常美观大方，故有"熊猫兔"之称。 德国花巨兔在德国的成年体重一般超过6.5千克，最低5千克，引入我国后，据东北农学院观测，成年体重为5.5～6.0千克，40日龄断奶体重为1.1～1.2千克，90日龄体重为2.5～2.6千克。该品种的产数很高，平均每胎产11～12只，有的高达17～19只。兔初生重70克左右。甘肃省临洮县乳兔（主要供兽医生物药厂生产疫苗用）生产中，充分利用该兔产数高的特点来繁殖乳兔，母兔可年产8～10胎，年提供乳兔50～80只，是乳兔生产中较理想的一个品种，深受群众欢迎。 德国花巨兔的主要缺点是母性不强，哺育兔的能力差，故兔成活率低；毛色遗传不够稳定，在纯繁时，后代会出现全黑和全白个体，在黑花分布上个体间差异很大
	塞北兔	塞北兔是由河北省张家口农专用法系公羊兔与比利时兔，经过二元轮回杂交、选择定型、培育提高三个育种阶段，历时10年育成的大型肉皮兼用型品种。 塞北兔体型呈长方形，初毛黄褐色，四肢内侧、腹部及尾腹面为浅白色。被毛绒密，皮质弹性好。鼻梁有1条黑色鼻峰线。耳较大，一侧直立，一侧下垂，少数两耳直立或下垂。胸宽深，背平直，后躯丰满，四肢短粗、健壮。塞北兔个体大，生长快，耐粗饲，性温驯，适应性、抗病力强，繁殖率高，年产4～6胎，每胎产7～8只，多者可达15～16只。兔初生重60～70克，30日龄断奶体重0.65～1千克。在一般饲养管理条件下，平均日增重25～37.5克，料肉比为3.29：1。成年兔体重平均为5.3千克
	丹麦白兔	丹麦白兔原产于丹麦，是著名的中型皮肉兼用兔。被毛纯白，柔软浓密，体型匀称丰满，头较短宽，耳小直立，眼睛红色，颈短而粗，背腰宽平，四肢较细。体型中等，成年体重3.5～4.5千克。兔初生重在50克以上，40日龄断奶体重达1千克左右，90日龄达2.0～2.3千克。每胎平均产7～8只，最高达14只。 丹麦白兔性情温驯，早期生长较快，产肉性能较好，毛皮质地良好，适应性和抗病力强，繁殖率高，尤其是兔的繁殖率高，是作为杂交母本生产商品兔的一个好品种

三、种兔的选择

种兔要到育种场和信誉高的种兔场引进，并进行严格挑选，搞好运输管理。

1. 外貌特征要求

种兔的外貌特征要求见表 1-2。

表 1-2　种兔的外貌特征要求

部位	要求
头部	头的大小要与身体相匀称，公兔的头应稍显宽阔，母兔的头应显得清秀。眼睛明亮圆睁，没有眼泪，反应敏捷；鼻孔干净通畅呈粉红色，没有任何附着物，没有损伤和脱毛；两耳直立灵活，温度适宜，无疥癣，耳孔内没有脓痂或分泌物
体躯	胸部宽深，背部平直，臀部丰满，腹部有弹性而不松弛
四肢	强壮有力，肌肉发达，姿势端正；无软弱、外翻、跛行、瘫痪现象或"划水"姿势
皮毛	被毛的颜色、长短和整齐度符合品种特征，肉兔和渐用兔被毛浓密、柔软、有弹性和光泽；长毛兔被毛洁白、光亮、松软不结块；獭兔毛色纯正、出锋整齐、光亮。皮肤厚薄适中，有弹性。全身被毛完整无损、无伤斑和疥癣
外生殖器	母兔外阴开口端正，没有异常的肿胀和炎症，周围的毛不湿也不发黄。公兔的阴茎稍微弯曲但不外露，阴茎头无炎症，包皮不肿大；睾丸大小适中，两侧光滑、一致、坚实有弹性，阴囊无外伤和伤痕
乳头	奶头和乳房无缺损，乳头数越多越好，至少 4 对以上
肛门	周围洁净，没有粪便污染。挤出的粪便呈椭圆形，大小一致，干湿适中，不带有黏液和血迹

2. 技术要求

一要弄清楚品种及来源、种兔的规格、公母比例［一般 1∶（4～6）为适当］；二要注意种兔有没有系谱卡和耳标号，并且保证准确真实；三要进行疫苗免疫和驱虫。调运前 20 天做兔瘟、兔巴氏杆菌和魏氏梭菌三联苗注射。调运前 15 天做体内寄生虫和体外寄生虫的驱除工作。

四、种兔的引进

1. 做好引进准备

根据数量多少和距离远近选择好交通工具，准备好包装箱，并进行彻底的清洁消毒；准备好路上遮风、挡雨、防晒的用具；路途超过 24 小时的，冬季每天准备 0.25 ～ 0.5 千克 / 只的胡萝卜和 50 克 / 只混合料，夏季准备 0.25 ～ 0.5 千克 / 只鲜嫩草，并携带种兔场 0.75 ～ 1 千克 / 只的混合精料或颗粒料，以备到达目的地后饲料过渡之用。

2. 运输管理

（1）装箱装车　种兔起运装笼不可太拥挤。笼装运送时，笼内要留有 3/5 或最小 1/2 活动场所。对成兔的装运，最好是单笼单运，若两地相距较近，1 笼装 2 ～ 3 只，最多不得超过 4 只；装车时要在每层笼下铺一层干草、稻草或塑料布，防止上层对下层的粪尿污染；汽车运输，箱的层数一般为 2 ～ 5 层。

（2）管理　最好选在春秋气候温和的时候运输。冬季运输注意保温，仅在车后留空隙进行通风；夏季注意降温，在晾爽的时候运输。运输要平稳，避免强烈颠簸和高速转弯，避免雨淋、日晒，每 4 小时可检查一次。种兔起运前要让其吃饱喝足。运程若在 24 小时内的途中可以不喂，超过 24 小时的途中要加水补料，以饲喂青绿饲料为最好，但不能让种兔采食过多，因饱食大肚行动不便就易发生拥挤压伤，甚至死亡。如途中停留几天时，最好将兔卸下放到宽敞的地方，让其充分休息。短期小群饲养，每只种兔占地面积最小要比它自身面积多 4 ～ 5 倍。

3. 引入后的管理

种兔运回后，立即卸车，把笼箱单摆开，放在背风、向阳或通风、遮阴（夏季）处检查清理。因为运输途中困渴，兔见水经常发生暴饮现象，因此要控制饮水量。第 1 次饮水可加入 0.1% 的高锰酸钾，水温以 20 ～ 25℃为宜。饮水后宜稍息片刻，即可喂青绿饲料、干草、精料或杂食，但不可喂给单一的含水量过高的带露水青草。第 1 次喂料，不要太多，以吃八成饱为宜。刚引进的种兔易受风寒而感冒，若出现种兔发热现象，就要及时采取治疗措施，可用柴胡、复方氨基比林等药物。若有水土不服、消化不良等常见病的发生，需饲喂适量的土霉素、食母生等辅助消化药物。

在隔离舍内饲养 15 ～ 20 天，确认无病后可与大群混合饲养；为防止种兔带来疥癣或其他病原体，卸车后用 5% 的三氯杀螨水溶液将耳、爪等涂抹一遍，在饲料中加入一点抗菌药物；饲喂的饲料逐渐更换为本场饲料（4 ～ 5 天过渡期）。

第二招
让兔多产仔、产壮仔

【提示】

仔兔数量和质量直接关系到兔场产品的数量和质量。注意种兔的选育和繁育，加强种兔的饲养管理，提高母兔的繁殖能力，生产出更多、更好的仔兔。

一、兔的繁育

（一）兔的繁育方法

兔的繁育方法，一般可分为纯种繁育和杂交繁育两种。

1. 纯种繁育

纯种繁育又称本品种选育，就是指同一品种内选配和选育。目的是保持本品种的优良特性和增加个体数量。

纯种繁育主要用于地方良种的选育、外来品种优良性状的保持与提高和新品种的培育。通常对具有高度生产性能、适应性强、且基本上已能满足社会经济水平要求的肉兔品种均可采用这种繁育方法。在纯种繁育过程中，每个肉兔品种一般都有几个品系，每个品系都具备本品种的一般特性，并具有明显地超越本品种特征和特性的某些优点，品系间也可以开展杂交。所以品系繁育是纯种繁育中的重要一环，是促进品种不断提高和发展的一项重要措施，是比较高级的育种工作。纯种繁育的措施：一是整顿兔群，建立选育核心群；二是健全性能测定制度；三是开展品系繁育；四是做好引进外来品种的保种和风土驯化工作；五是引入同种异血种兔进行血液更新。

2. 杂交繁育

不同品种或品系的公、母兔交配称杂交，或称杂种。杂交可获得兼有不同品种（或品系）特征的后代，在多数情况下采用这种繁育方法可以产生"杂种优势"，即后代的生产性能和经济效益等都不同程度地高于其双亲的平均值。目前在肉兔生产中常用的杂交方式主要有以下几种。

（1）经济杂交 又称简单杂交。是利用两个或两个以上兔品种（品系）杂交，生产出具有超出亲本品种（品系）的杂种优势（杂种优势是指杂种后代的性能超过两个亲本平均值）的后代。肉兔商品生产中广泛采用。杂交方式有简单杂交、多品种杂交、轮回杂交、级进杂交、三元杂交和双杂交等。毛兔的商品生产基本不采用杂交，因为杂交会使毛色变乱，影响毛皮质量。

（2）引入杂交 又称导入杂交。通常是为了克服某品种的某个缺点或为了吸收某个品种的某个优点时使用。一般只杂交一次，然后从一代杂种中选出优良的公兔与原品种回交，再从第二代或第三代中（含外血 1/4 或 1/8）选出优秀的个体进行横交固定。

（3）良级进杂交 又称改造杂交。一般用外来优良品种改良本地品种。具体做法是：选用外来优良公兔与本地母兔交配，杂种后的母兔与外来良种公兔回交，一般连续杂交 3～5 代，使外血比重越来越高，达到理想要求为止。当出现理想型后就停止杂交，杂交进行自群繁育，并横交固定。

（4）育成杂交 主要用于培育新品种，又分简单育成杂交和复杂育成杂交。世界上许多著名肉兔品种都是通过育成杂交培育成的，如青紫蓝兔和我国近年育成的哈尔滨白兔等。育成杂交一般可分为以下三个阶段：

① 杂交阶段 通过两个或两个以上品种的公、母兔杂交，使各个品种优点尽量在杂种后代中结合，目的是获得预期的理想型肉兔。

② 固定阶段 当杂交达到理想型要求后，即可停止杂交，进行横交。为了迅速巩固理想类型和加速育成品种，往往采取近交或品育方法。

③ 提高阶段 通过大量繁殖，迅速增加理想型数量和扩大分布地，目的是不断完善品种结构和提高品种质量，准备鉴定验收。

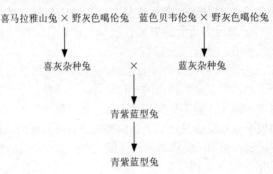

（二）兔的选种

1. 选种方法

（1）个体选择 根据兔的外形和生产成绩而选留种兔的一种方法。这种选择对质量性状的选择最为有效，对数量性状的选择其可靠性受遗传力大小的影响较大，遗传力越高的性状，选择效果越准确。选择时不考虑窝别，在大群中按性状的优势或高低排队，确定选留个体，这种方法主要用于单性状的性能测定，按某一性状的表型值与群体中同一性状的均值之间的比值大小（性状比）进行排队，比值大的个体就是选留对象。如果选择2～3个性状，则要将这些性状按照遗传力大小、经济重要性等确定一个综合指数，按照指数的大小对所选的种兔进行排队，指数越高的兔其种用价值越高，高指数的个体就是选留对象。如评定安哥拉种兔的指标主要有外形、繁殖性能、体重、产毛量和产毛率等。以各项重要程度定出其百分比为外形 10%、繁殖性能 10%、体重 15%、产毛量 30%、产毛率 20%、优质毛率 15%。个体选择比较简单易行，经济快速，但对遗传力低的性状不可靠，对胴体性状、限性性状无法考案。

（2）家系选择　以整个家系（包括全同胞家系和半同胞家系）作为一个选择单位，但根据家系某种生产性能平均值的高低来进行选择。利用这种方法选种时，个体生产水平的高低，除对家系生产性能的平均值有贡献外，不起其他作用，这种方法选留的是一个整体，均值高的家系就是选留对象，那些存在于均值不高的家系中而生产性能较高的个体并不是选留的对象。家系选择多用于遗传力低、受环境影响较大的性状。对于遗传力较低的繁殖性状如窝产仔数、产活仔数、初生窝重等采用这种方法选择效果较好。

（3）家系内选择　根据个体表型值与家系均值离差的大小进行选择，从每个家系选留表型值较高的个体留种，也就是每个家系都是选种时关注的对象，但关注的不是家系的全部，而是每个家系内表型值较高的个体，将每个家系挑选最好的个体留种就能获得较好的选择效果。这种选择方法最适合家系成员间表型相关很大而遗传力又低的性状。

（4）系谱选择　系谱是记录一头种兔的父母及其各祖先情况的一种系统资料，完整的系谱一般应包括个体的两三代祖先，记载每个祖先的编号、名称、生产成绩、外貌评分以及有无遗传性疾病、外貌缺陷等，根据祖先的成绩来确定当代种兔是否选留的一种方法就是系谱选择，也称系谱鉴定。系谱一般有三种形式，即竖式系谱、横式系谱和结构式系谱，一些大中型养殖场也都有系谱记录。系谱选择多用于对幼兔和公兔的选择。根据遗传规律，以父母代对子代的影响最大，其次是祖代，再次是曾祖代。祖代越远对后代的影响越小，通常只比较 2～3 代就可以了，以比较父母的资料为最重要。利用这种方法选种时，通常需要两只以上种兔的系谱对比观察，选优良者作种用。系谱选择虽然准确度不高，但对早期选种很有帮助，而且对发现优秀或有害基因、进行有计划的选配具有重要意义。

（5）同胞选择　通过半同胞或全同胞测定，对比半同胞或全同胞

或半同胞 - 全同胞混合家系的成绩，来确定选留种兔的一种选择方法，同胞选择也叫同胞测验。同胞选择是家系选择的一种变化形式，二者不同的是家系选择选留的是整个家系，中选个体的度量值包括在家系均值中，而同胞选择是根据同胞平均成绩选留，中选的个体并不参与同胞均值的计算，有时所选的个体本身甚至没有度量值（如限性性状）。从选择的效果来看，当家系很大时，两种选择效果几乎相等。由于同胞资料获得较早，根据同胞资料可以达到早期选种的目的，对于繁殖力、泌乳力等公兔不能表现的性状，以及屠宰率、胴体品质等不能活体度量的性状，同胞选择更具有重要意义。对于遗传力低的限性性状，在个体选择的基础上，再结合同胞选择，可以提高选种的准确性。同胞选择能为所选个体胴体性状、限性性状提供旁证，花费时间也不太长，但准确性较差。

（6）后裔选择　根据同胞、半同胞或混合家系的成绩选择上一代公、母兔的一种选种方法，它是通过对比个体子女的平均表型值的大小从而确定该个体是否选留，这种方法也称为后裔鉴定，常用的方法有母女比较法、公兔指数法、不同后代间比较法和同期同龄女儿比较法。后裔选择依据的是后代的表现，因而被认为是最可靠的选种方法，但是这种方法所需的时间较长，人力和物力耗费也较大，有时因条件所限，只有少数个体参加后裔鉴定；同时当取得后裔测定结果时，种兔的年龄已大，优秀个体得不到及早利用，延长了世代间隔，因此常用于公兔的选择。后裔选择时应注意同一公兔选配的母兔尽可能相同，饲养条件尽可能一致，母兔产仔时间尽可能安排在同一季节，以消除季节差异。后裔测定效果最可靠，但费时间、人力和物力。

2. 选种程序

种兔的系谱鉴定、个体选择、同胞选择和后裔鉴定在育种实践中是相互联系、密不可分的，只有把这几种鉴定方法有机结合起来，按照一定的程序严格进行测定和筛选，才能对种兔作出最可靠的评价。由于种兔的各项性状分别在特定的时期内得以表现，对它们的鉴定和选择必然也要分阶段进行。

不同类型的兔，在仔兔断奶时都应进行系谱鉴定，并结合断奶体重和同窝同胞的整齐度进行评定和选择。随后，不同类型的兔，在生长发育的不同阶段，按各自的要求对后备兔进行评定和选择，即个体鉴定。经过系谱鉴定和个体鉴定，把符合要求的个体留作种用，当其后代有了生产记录后再进行后裔鉴定。选择后备种兔时，一定要从良种母兔所产的 3～5 胎幼兔中选留，开始选留的数量应比实际需要量多 1～2 倍，而后备公兔最好应达到 10∶1 或 50∶1 的选择强度（国外 2%）。

为了提高性状的遗传改进量，减少计算量，兔选种时应减少拟选性状的个数，同时将拟选性状分成两组，分别对公、母兔进行选择，公兔或父本品系主要选择产肉方面的性状，母兔或母本品系主要选择母性方面的性状，如泌乳力、断奶成活数等。不同类型兔的选种程序如表 2-1 所示。

表 2-1　兔的选种程序

类型	选择时间	选择标准
肉用种兔	第一次 仔兔断奶时进行	主要根据断奶体重进行选择，选留断奶体重大的幼兔作为后备种兔，因为幼兔的断奶体重对其以后的生长速度影响较大（$r = 0.56$），再结合系谱和同窝同胞在生长发育上的均匀度进行选择
	第二次 10～12 周龄内进行	着重测定个体重、断奶至测定时的平均日增重、饲料消耗比等性状，用此三项指标构成选择指数进行选择，可达到较好的选择效果
	第三次 4 月龄时进行	根据个体重和体尺大小评定生长发育情况，及时淘汰生长发育不良的个体和患病个体
	第四次 初配时进行	一般中型品种在 5～6 月龄、大型品种在 6～7 月龄。根据体重和体尺的增长以及生殖器官发育的情况选留，淘汰发育不良个体。母兔要测体重，因为母兔体重与仔兔初生窝重有很大关系（$r=0.87$）；公兔要进行性欲和精液品质检查，严格淘汰繁殖性能差的公兔。对选留种兔安排配种
	第五次 1 岁左右母兔繁殖 3 胎后进行	主要鉴定母兔的繁殖性能，淘汰屡配不孕的母兔。根据母兔前 3 胎受配情况、母性、产（活）仔数、泌乳力、仔兔断奶体重和断奶成活率等，进行综合指数选择，选留繁殖性能好的母兔，淘汰繁殖性能差的母兔
	第六次　后裔测定	后代有生产性能记录时进行后裔测定

续表

类型	选择时间	选择标准
毛用种兔	第一次 仔兔断奶时进行	主要根据断奶体重进行选择，选留断奶体重大的幼兔作为后备种兔，因为幼兔的断奶体重对其后的生长速度影响较大（$r = 0.56$），再结合系谱和同窝同胞在生长发育上的均匀度进行选择
	第二次 10～12周龄内进行	剪毛量不作为选种依据，重点检查有无缠结毛，如果发现有缠结毛且不是饲养管理所造成的，则应淘汰这只幼兔；同时评定生长发育情况
	第三次 4月龄时进行	着重对产毛性能（产毛量、粗毛率、毛的长度和结块率等）进行初选，同时结合体重、外貌等情况。选择方法可采用指数选择法
	第四次 初配时进行	主要根据体重、体尺的增长以及生殖器官的发育状况进行选留，淘汰发育不良个体，对选留种兔安排配种
	第五次 1岁左右母兔繁殖3胎后进行	根据此次剪毛情况，采用指数选择法对生产性能进行复选，并根据个体重、体尺大小和外貌特征进行鉴定，对公兔进行性欲和精液品质检查，严格淘汰繁殖性能差的公兔
	第六次　后裔测定	后代有生产性能记录时进行后裔测定
皮用种兔（獭兔）	第一次 仔兔断奶时进行	主要根据断奶体重进行选择，选留断奶体重大的幼兔作为后备种兔，因为幼兔的断奶体重对其后的生长速度影响较大（$r = 0.56$），再结合系谱和同窝同胞在生长发育上的均匀度进行选择
	第二次 3月龄时进行	着重测定个体重、断奶至3月龄时的平均日增重和被毛品质，采用指数选择法进行选择。选留生长发育快、被毛品质好、抗病能力强、生殖系统异常的个体留作种用
	第三次　4月龄时进行	对个体重和被毛品质进行复选，并进行体尺测定
	第四次 5～6月龄初配前进行	鉴定的重点是生产性能和外形。根据体重、被毛品质、体尺以及生殖器官发育的情况选留，淘汰发育不良个体。公兔要进行性欲和精液品质检查，体型小、性欲差的公兔不能留作种用。对选留种兔安排配种
	第五次 1岁左右时进行	主要鉴定母兔的繁殖性能，淘汰屡配不孕的母兔。根据母兔前3胎受配情况、母性、产（活）仔数、泌乳力、仔兔断奶体重和断奶成活率等，进行综合指数选择，选留繁殖性能好的母兔，淘汰繁殖性能差的母兔
	第六次　后裔测定	后代有生产性能记录时进行后裔测定

（三）兔的选配

选种与选配是兔繁育中不可分割的两个方面，选配是选种的继续，是育种的重要手段之一。在养兔生产中，优良的种兔并不一定产生优良的后代。因为后代的优劣，不仅取决于其双亲本身的品质，而且取决于它们的配对是否合宜。因此，欲获得理想的后代，除必须做好选种工作外，还必须做好选配工作。选配可分为表型选配、年龄选配和亲缘选配。

1. 表型选配

表型选配又称为品质选配，是根据外表性状或品质选择配公、母兔的一种方法。它又可以分为同型选配和异型选配两种。

（1）同型选配 同型选配就是选择性状相同、性能表现一致的公、母兔配种，以期获得相似的优秀后代。选配双方愈相似，愈有可能将共同的优秀品质传给后代。其目的在于使这些优良性状在后代中得到保持和巩固，也有可能把个体品质转化为群体的品质，使优秀个体数量增加。例如，为了提高兔群的生长速度，可选择生长速度快的公、母兔交配，使它们的后代保持这一优良特性。因此，这种选配方法适用于优秀公、母兔之间。

（2）异型选配 异型选配可分为两种情况，一种是选择有不同优异性状的公、母兔交配，以期将两个性状结合在一起，从而获得兼有双亲不同优点的后代。例如，选择兔毛生长速度快和兔毛密度大的公、母兔交配，从而使后代兔毛生长速度快和兔毛密度大，最终使后代产毛量提高。

另一种情况是选择同一性状优劣程度不同的公、母兔交配，即所谓以优改劣，以优良性状纠正不良性状。例如在本品种中，有些肉用种兔繁殖性能较好，只是生长速度较慢，即可选择一只生长速度快的肉用公兔与其相配，使后代不仅繁殖力高而且生长速度也较快。实践证明，这是一种可以用来改良许多性状的行之有效的选配方法。

2. 年龄选配

年龄选配，就是根据公、母兔之间的年龄进行选配的一种方法。兔的年龄明显地影响其繁殖性能。一般青年种兔的繁殖能力较差，随着年龄的增长繁殖性能逐渐提高，1～2岁繁殖性能逐渐达到高峰，2岁半以后逐渐下降。在我国饲养管理条件下，种兔一般使用到3～4岁。所以在养兔生产实践中，通常主张壮年公兔配壮年母兔，采用这种选配方式效果较好。

3. 亲缘选配

亲缘选配，就是考虑到公、母兔之间是否有血缘关系的一种选配方式，如果交配的公、母双方有亲缘关系（在畜牧学上规定7代以内有血缘关系）称之为亲交，没有血缘关系的称之为非亲交，兔近亲交配往往带来不良后果，如繁殖力下降、后代生活力降低等。但也有报道认为，近交可使毛兔产毛量提高，皮肉兔皮板面积增大。在育种过程中，应用近交有利于固定种兔优良性状，迅速扩大优良种兔群数量。由此可见，近交有有利的一面，也有不利的一面。在生产实践中，商品兔场和繁殖场不宜采用近交方法，尤其是养兔专业户更不宜采用。即使在兔育种中采用也应加强选择，及时淘汰因近亲交配而产生的不良个体，防止近亲衰退。

二、兔的繁殖生理

1. 精子的发生

公兔睾丸曲细精管上皮组织中的精原细胞在雄性激素的作用下，经过分裂、增殖和发育等不同阶段的复杂生理变化形成精细胞，之后精细胞附着在营养细胞上，经过变态期形成精子，这一过程称为精子的发生。一个精原细胞可生成多个精子，其外形如蝌蚪状，由头部、颈部和尾部组成，全长33.5～62.5微米。头部大部分被细胞核所占据，前部有顶体，后部有核后帽保护，是精子的核心。颈部起头、尾的连接作用。尾部是精子的运动器官，精子的运动主要靠尾的鞭索状波动向前推进。精子在发生过程中除了在形态上发生变化外，核酸、蛋白质、糖和脂类的代谢也发生了变化。但从睾丸释放出来的精子并不具有运动和受精的能力，还需在附睾运行过程中，受附睾微环境中的pH、渗透压、离子和大分子物质的作用才逐渐获得运动和受精能力。

当公兔交配射精时，精子通过输精管与副性腺分泌物混合成精液排出体外。一般公兔每次排出的精液量为 0.4 ～ 1.5 毫升，每毫升精液中含 100 万～ 200 万个精子。

2. 卵子的发生

母兔卵巢中的卵原细胞经增殖、生长和成熟等阶段成为卵子的过程，称为卵子的发生。在雌性胎儿的卵巢内由一种上皮形成的细胞团，其中的性原细胞可分化成为卵原细胞。卵原细胞经分裂后进入生长期，于胎儿出生前或出生后不久增殖成为卵母细胞。卵母细胞的生长与卵泡的发育密切相关，在卵泡增长的后期，卵母细胞逐渐成熟，最后卵子从卵泡中释放出来。与精子的发生不同的是，在卵子发生过程中，一个卵母细胞仅变成一个卵子。卵子的形态为球形，其结构近似体细胞，有放射冠、透明带、卵黄膜及卵黄等构造。兔在一次发情期间，从两侧卵巢所产生的卵子数约为 18 ～ 20 个。

3. 性成熟

兔长到一定月龄，性器官发育成熟，公兔睾丸能产生成熟的精子、母兔卵巢能产生成熟的卵子，并表现出有发情等性行为，交配能受孕，称为兔子的性成熟。达到性成熟的月龄因品种、性别、个体、营养水平、遗传因素等不同而有差异。一般小型兔 3 ～ 4 月龄、中型兔 4 ～ 5 月龄、大型兔 5 ～ 6 月龄达到性成熟。

4. 初配年龄

兔达到性成熟，不宜立即配种，因为此时兔体各部位器官仍处于发育阶段。如过早配种繁殖，不仅影响自身的发育，造成早衰，而且受胎率低，所产仔兔弱小，死亡率高。当然，初配时间也不宜过迟，过迟配种会减少种兔的终身产仔数，影响效益。兔的初配年龄应晚于性成熟。在较好的饲养管理条件下，适宜的初配月龄为：小型品种 4 ～ 5 月龄，中型品种 5 ～ 6 月龄，大型品种 7 ～ 8 月龄。在生产中也可以体重来确定初配时间，即达到该品种成年体重的 80% 左右时初配。

5. 发情

母兔性成熟后，由于卵巢内成熟的卵泡产生的雌激素作用于大脑的性活动中枢，引起母兔生殖道一系列生理变化，出现周期性的性活动 (兴奋) 表现，称为发情。

母兔发情主要表现为：兴奋不安，在笼内来回跑动，不时用后脚拍打笼底板，发出声响；有的母兔食欲下降，常在料槽或其他用具上摩擦下颌，俗称"闹圈"；性欲旺盛的母兔主动向公兔调情爬跨，甚至爬跨其他母兔。发情母兔外阴部还会出现红肿现象，颜色由粉红到大红再变成紫红色。但也有部分母兔 (外来品种居多) 的外阴部并无红肿现象，仅出现水肿、腺体分泌物等含水湿润现象。当公兔爬跨时，发情母兔先逃避几步，随即便伏卧、抬尾迎合公兔的交配。

6. 发情周期

母兔性成熟后，每隔一定时间卵巢内就会成熟一批卵泡，使其发情，如果未经交配便不能排卵，这些成熟的卵泡在雌激素和孕激素的协同作用下会逐渐萎缩、退化。之后，新的卵泡又开始发育成熟、发情，从一个发情开始至下一个发情开始，为一个发情周期。兔子具有刺激性排卵的特点，其发情周期不像其他家畜有准确的周期性，变化范围较大，一般为 7 ～ 15 天，发情期一般为 3 ～ 5 天。最适宜的配种时间为阴部大红时，正如谚语所说："粉红早、紫红迟、大红正当时"。如果母兔没有明显的红肿现象，则在阴部含水量多、特别湿润时配种适宜。

7. 妊娠

公、母兔交配后，在母兔生殖器官中，受精卵逐渐形成胎儿及胎儿发育至产出前所经历的一系列复杂生理过程就叫妊娠，完成这一发育过程的整个时期就叫妊娠期。兔的妊娠期一般为 30 ～ 31 天，变动范围为 28 ～ 34 天。妊娠期的长短因品种、年龄、胎儿数量、营养水平和环境等不同而有所差异。大型品种比小型品种怀孕期长，老龄兔比青年兔怀孕期长，胎儿数量少的比数量多的怀孕期长，营养状况好的比差的母兔怀孕期长。临产母兔，尤其是母性强的母兔，产前食欲减退甚至拒食，乳房肿胀并可挤出乳汁。外阴部肿胀冲血，黏膜潮红湿润，在产前数小时甚至 1 ～ 2 天开始衔草拉毛做窝。但少数初产母兔或母性不强的个体，产前征兆不明显。

8. 分娩

胎儿发育成熟，由母体内排出体外的生理过程，称为分娩。母兔分娩一般只需 20 ～ 30 分钟，少数需 1 小时以上。母兔分娩，一般不需人工照料，当胎儿产出后，母兔会吃掉胎衣，拉断脐带，舔干仔兔身上的血污和黏液。分娩完成后，由于体力消耗较大，容易感到口渴，应及时供给清洁的饮水，以防母兔食仔。

9. 繁殖利用年限

兔的繁殖能力，过了壮年期之后，随着年龄的增长而下降。所以，种兔均有一个适宜的利用年限，一般是 2 ～ 3 年，视饲养管理的好坏和种兔体质状况可适当延长或缩短。

三、兔的繁殖技术

（一）兔的配种方法

兔的配种方法主要有三种，即自然配种、人工辅助配种和人工授精。

1. 自然配种

公、母兔混养在一起，任其自由交配，称为自然配种。自然配种的优点是配种及时、方法简便、节省人力。但容易发生早配、早孕，公兔追逐母兔次数多，体力消耗过大，配种次数过多，容易造成早衰，而且容易发生近交，无法进行选种选配，容易传播疾病等。在实际生产中，不宜采用此法配种。

2. 人工辅助配种

人工辅助配种就是将公、母兔分群、分笼饲养，在母兔发情时，将母兔捉入公兔笼内配种。与自然配种相比，优点是能有计划地进行选种选配，避免近交和乱交，能合理安排公兔的配种次数，延长种兔的使用年限，能有效防止疾病传播。在目前生产中，宜采用这种方法配种。

具体操作步骤如下：将经检查、适宜配种的母兔捉入公兔笼内，公兔即爬跨母兔，若母兔正处发情盛期，则略逃几步，随即伏卧任公兔爬跨，并抬尾迎合公兔的交配；当公兔阴茎插入母兔阴道射精时，公兔后躯卷缩，紧贴于母兔后躯上，并发出"咕咕"叫声，随即由母兔身上滑倒，顿足，并无意再爬，表示交配完成；此时可把母兔捉出，将其臀部提高，在后躯部用手轻轻拍击，以防精液倒流；然后将母兔捉回原笼，做好配种记录工作。

如果母兔发情不接受交配，但又应该配种时，可以采取强制辅助配种，即配种员用一手抓住母兔耳朵和颈皮固定母兔，另一只手伸向母兔腹下，举起臀部，以食指和中指固定尾巴，露出阴门，让公兔爬跨交配。或者用一细绳拴住母兔尾巴，沿背颈线拉向头的前方，一手抓住细绳和兔的颈皮，另一只手从母兔腹下稍稍托起臀部固定，帮助抬尾迎接公兔交配。

3. 人工授精

采用一定器械人工采取公兔的精液，经品质检查、稀释后，再输入到母兔生殖道内，使其受胎。其优点在于能充分利用优良种公兔，提高兔群质量，迅速推广良种，还可减少种公兔的饲养量，降低饲养成本，减少疾病传播，克服某些繁殖障碍，如公、母兔体型差异过大等，便于集约化生产管理。但需要有熟练的操作技术和必要的设备等。

（1）采精　采集精液的方法有按摩法、电击法、假台兔法和假阴道法，其中假阴道法最为常用。采精前应准备好采精器，目前我国没有标准的兔用采精器，可自己制作。采精器由外壳、内胎和集精杯3部分组成。外壳可用直径1.8～2.0厘米、长6厘米的橡胶管，将两端截齐，磨去棱角和毛边即可；内胎可用3.0～3.3厘米的人用避孕套；集精杯可用口沿外径与外壳内径相适应的青霉素小瓶。使用前先将采精器用清水冲洗，再用肥皂水清洗，然后用清水冲洗，最后用生理盐水冲洗。将避孕套放入外壳中，将盲端剪去一段，并翻转与外壳一端用橡皮筋固定好，提起内胎的另一端，往内胎与外壳之间的夹层注满45℃左右的温水，然后再将内胎外翻，同样用橡皮筋固定到外壳的另一端。最后将集精杯安上，并尽量往里推，使夹层里的水被推向另一端，增加内胎的压力，使入口处形成Y字形。用消过毒的温度计测量内胎里的温度，能达到40℃时，便可采精。

采精时选一只发情母兔作台兔放在公兔笼内，待公兔爬跨后将其推下，反复2～3次，以提高公兔性欲，促进性腺的分泌，增加射精量和精子活力。之后操作者一手抓住台兔的耳朵及颈部的皮肤，一手握住采精器伸到台兔的腹下，将假阴道口紧贴在台兔外阴部的下面，突出约1厘米，其角度与公兔阴茎挺出的角度一致。当公兔的阴茎反复抽动时，操作者应及时调整采精器的角度，使阴茎顺利进入假阴道内。公兔射精后，应立即将采精器的开口抬高，使精液流入集精杯内，迅速从台兔腹下抽出，竖直采精器，取下集精杯，并将黏在内胎口处的精液引入集精杯，加盖，贴上标签，送到人工授精室内进行精液品质检查。

（2）精液检查 精液品质与人工授精效果密切相关，精液稀释的倍数也必须根据精液的品质来确定，因此，采精后首先要对精液的品质进行检查。检查的项目主要如表2-2所示。

表2-2 精液检查项目

项目	要求
射精量	是指公兔一次射出的精液数量，可从带有刻度的集精杯上直接读出。集精杯上无刻度时，需倒入带有刻度的小量筒内读数。正常成年公兔一次射精量约为1毫升，射精量与品种、体型、年龄、营养状况、采精技术、采精频率等有关
色泽和气味	正常精液颜色为乳白色或灰白色，浑浊而不透明。精子密度越大，浑浊度越大。肉眼观察精液为红色、绿色、黄色等颜色者均属不正常色泽，都不可使用，应查明原因。正常精液应无臭味
精液pH	一般用精密pH试纸测定，正常精液的pH值为6.6～7.6。如果pH偏高则可能是公兔生殖器官有疾患，不宜使用
精子密度	指精液单位体积内精子的数量。检查精子密度可判定精液优劣程度和确定稀释倍数，精子密度越大越好。测定精子密度的方法有估测法和计数法。生产中常用估测法，即依据显微镜视野中精子间的间隙大小来估测精子的密度，分为密、中、稀3个等级。显微镜下精子布满整个视野，精子与精子之间几乎没有任何间隙，其密度可定为"密"（每毫升中约含10亿个以上精子）；若视野中所观察的精子间有能容纳1～2个精子的间隙，其密度可定为"中"（每毫升含1亿～9亿个精子）；若视野中所观察的精子间有能容纳3个或3个以上精子的间隙，其密度可定为"稀"（每毫升含精子不足1亿个）

续表

项目	要求
精子活力	指做直线运动的精子占精子总数的比率。精子密度和精子活力都是评定精液品质的重要指标，精液品质越好，其活力越高。测定精子活力需借助显微镜，其方法是：在30℃室温下，取1滴精液于干燥洁净的载玻片上，加盖片后，置于显微镜下放大200～400倍观察。若精子100%呈直线运动，其活力定为1.0；若90%的精子呈直线运动，其活力定为0.9，以此类推。如果多个视野内均无一个精子呈直线运动，其活力为0。在评定精子活力时，应注意环境的温度和空气中是否有其他异味。低温和空气中含有大量的挥发性化学物质，都会影响精子的活力。兔新鲜精液的活力一般为0.7～0.8，用于输精的常温精液的活力要求在0.6以上，冷冻精液精子活力在0.3以上
精子形态	主要检查畸形精子率，即形态异常（如有头无尾、有尾无头、双头、双尾、头部特大、头部特小、尾部卷曲等）的精子数占精子总数的比率。其方法是：做一精液抹片，自然干燥后，用红蓝墨水或伊红染色3～5分钟，冲洗晾干后，在400～600倍显微镜下，从数个视野中统计不少于500个精子中畸形精子的数，并按下列公式计算畸形率：精子畸形率＝（畸形精子数÷观察精子总数）×100%。正常精液中畸形精子不应超过20%。对于专业育种场还应定期测定精子在体外环境中的存活时间和生存指数

（3）精液稀释　稀释精液的目的在于增加精液量，增加配种数量，提高优良种公兔的利用率。同时，稀释液中的某些成分还具有营养和保护作用，起到缓冲精液酸碱度、防止杂菌污染、延长精子存活的作用。常用的稀释液有：生理盐水稀释液（0.9%的医用生理盐水）、葡萄糖稀释液（5%的医用葡萄糖溶液）、牛奶稀释液（用鲜牛奶加热至沸，维持15～20分钟，凉至室温，用4层纱布过滤）、蔗糖奶粉稀释液（取蔗糖5.5克、奶粉2.5克、磷酸二氢钠0.41克、磷酸氢二钠1.69克、青霉素和链霉素各10万单位，加双蒸馏水至100毫升使之充分溶解后再过滤）、葡萄糖、蔗糖稀释液（取葡萄糖7克、蔗糖11克、氯化钠0.9克、青霉素和链霉素各10万单位，加双蒸馏水至100毫升使之充分溶解后再过滤）。稀释倍数根据精子密度、精子活力和输入精子数而定，通常稀释3～5倍。稀释时应掌握"三等一缓"的原则，即等温（30～35℃）、等渗（0.986%）和等值（pH值6.4～7.8），缓慢将稀释液沿杯壁注入精液中，并轻轻摇匀。配制稀释液的用品、用具应严格消毒，精液稀释后应再进行一次活力测定，如果差距不大，

可立即输精。否则，应查明原因，并重新采精、测定和稀释。为了提高受胎率，应尽量缩短从采精到输精的时间。

（4）输精　兔是诱发排卵动物，对发情母兔人工授精前需进行诱发排卵处理。可采用结扎输精管的公兔交配刺激或注射激素诱导两种方法。对已发情母兔可耳静脉或肌内注射促排卵素2号（LRH—A2）或促排卵素3号（LRH—A3）3～7微克，或绒毛膜促性腺激素（HC克）50万单位，或促黄体素（LH）10万～20万单位，在注射后5小时内输精。对未发情的母兔先用孕马血清促性腺激素（PMS克），每天皮下注射120万单位，连续2天，待母兔发情后再做诱发排卵处理。输精器可用玻璃滴管，口端用酒精喷灯烧圆，按授精母兔的数量（一兔一输精器）备齐，消毒后待用。为了减少捉兔次数和减轻对母兔的刺激，输精应在注射完诱导排卵药物后依次进行。通常一次的输精量为0.2～1毫升稀释后的精液，其活精子数应为0.1亿～0.3亿个。

常用的输精方法有以下几种。第一种是倒提法，由两人操作。助手一手抓住母兔耳朵及颈部皮肤，一手抓住臀部皮肤，使之头向下尾向上。输精员一手提起尾巴，一手持输精器，缓缓将输精器插入阴道深处。第二种是倒夹法，由一人操作。输精员采取一个适中的坐姿，使母兔头向下，轻轻夹在两腿之间，一手提起尾巴，一手持输精器输精。第三种是仰卧法。输精员一手抓住母兔耳朵及颈部皮肤，使其腹部向上放在一平台上，一手持输精器输精。第四种是俯卧法。由助手保定母兔呈伏卧姿势，输精员一手提起尾巴，一手持输精器输精。

为提高母兔的受胎率，在整个输精操作过程中应注意：一是输精器械要严格消毒，一只母兔用一支输精器，不能重复使用，待全部操作完毕后清洗、消毒备用；二是输精前用蘸有生理盐水的药棉将母兔的外阴擦净，如果外阴污浊，应先用酒精药棉擦洗，再用生理盐水药棉擦拭，最后用脱脂棉擦干；三是由于母兔尿道开口在阴道的中部腹侧5～6厘米处，输精器应先沿阴道的背侧插入并下行，越过尿道开口后再向正下方推入，插入深度至7厘米后，即可将精液注入；四是如果遇到母兔努责，应暂停输精，待其安静后再输，不可硬往阴道内插入输精器，以免损伤阴道壁；五是在注入精液之前，可将输精器前后抽动数次，以刺激母兔，促进生殖道蠕动，精液注入后，不要立即将输精器抽出，要用手轻轻捏住母兔外阴，缓慢将输精器抽出，并在母兔的臀部拍一下，防止精液逆流；六是输精部位准确，母兔膀胱在阴道内约 5 ～ 6 厘米处的腹面开口，大小与阴道腔孔径相当，而且在阴道下面与阴道平行，在输精时，易将精液输入膀胱，过深又易将精液输入一侧子宫，造成另一侧空怀。因此，在输精时，必须将输精器朝向阴道壁的背面插入约 6 ～ 7 厘米深处，越过尿道口，将精液注入两子宫颈口附近，使精子自子宫颈进入两子宫内。

（二）妊娠诊断

　　母兔配种后，判断其是否妊娠的技术就是妊娠诊断。妊娠诊断的方法有复配检查法、称重检查法和摸胎检查法三种。

1. 复配检查法

　　在母兔配种后 7 天左右，将母兔送入公兔笼中复配，如母兔拒绝交配，表示可能已怀孕，相反，若接受交配，则可认为未孕，此法准确性不高。

2. 称重检查法

　　母兔配种前先行称重，隔 10 天左右复称一次，如果体重比配种前明显增加，表明已经受孕，如果体重相差不大，则视为未孕。

3. 摸胎检查法

　　在母兔配种后 10 天左右，用手触摸母兔腹部，判断是否受孕，称为摸胎检查法，在生产实际中多用此法诊断。具体做法为：将母兔捉放于桌面或平地，一只手抓住母兔的耳朵和颈皮，使兔头朝向摸胎者，另一只手拇指与其余四指呈"八"字形，掌心向上，伸向腹部，由前向后轻轻沿腹壁摸索。若感腹部松软如棉花状，则未受孕。若摸到有像花生米样大小的球形物滑来滑去，并有弹性感，则是胎儿。但要注意胚胎与粪球的区别，粪球质硬、无弹性、粗糙。摸胎检查法操作简便，准确性较高，但要注意动作轻，检查时不要将母兔提离地面悬空，更不要用手指去捏数胚胎数，以免造成流产。

　　妊娠诊断未孕者，应及时进行补配，减少空怀母兔，以提高母兔繁殖力。

（三）分娩与接产

胎儿在母体内发育成熟之后，经产道排出体外的生理过程称为分娩。母兔在临分娩前表现比较明显，多数母兔在临产前数天乳房肿胀，可挤出乳汁，腹部凹陷，尾根和坐骨间韧带松弛，外阴部肿胀出血，黏膜潮红湿润，食欲减少，甚至不吃食。在临产前数小时，也有的在前一两天便开始衔草营巢，并将胸、腹部的毛用嘴拉下来，衔入巢箱内铺好。母兔分娩时，由于子宫的收缩和阵痛，表现精神不安、四爪刨地、顿足、弓背努责、排出羊水等。最后呈犬卧姿势，仔兔依次连同胎衣等一起产出。母兔边产边将仔兔脐带咬断，并将胎衣吃掉，同时舔干仔兔身上的血迹和黏液，分娩即告结束，然后跳出巢箱找水喝。

一般产完一窝仔兔只需 20 ～ 30 分钟。但也有个别母兔，产下一批仔兔后，间隔数小时或者数十小时再产第二批仔兔。因此，在母兔分娩完之后，最好检查一下所产仔兔的数量。如若发现仔兔过少时，要检查一下母兔的腹部内是否还有仔兔，最后把所有的仔兔放在温暖和安全的地方，以防冻死或被老鼠伤害。

母兔的妊娠期一般为 30.5 天，在产前必须做好接产准备工作。一般在妊娠的第 28 天，将消毒的产箱放入母兔笼内，里面放些柔软而干燥的垫草，让母兔熟悉环境，防止将仔兔产在产箱外。母兔产前多拉毛做窝，但有一些初产母兔及个别经产母兔不会拉毛，对此可在产前人工诱导拉毛或辅助拉毛。具体方法是：将母兔保定好，腹部向上，将其乳头周围的毛拔下一些，放在产箱里，这样可诱导母兔自己拉毛。对于产前没有拉毛的母兔，可产后人工辅助拉毛。应该注意的是，无论是在产前还是产后，拉毛面积不可过大，动作要轻，切记不可硬拉而使母兔的皮肤或乳房受伤，也防止对母兔的刺激太强。在母兔分娩时要保持环境安静，禁止陌生人围观和大声喧哗，更不可让其他动物闯入。

母兔产前应为其备好一些温开水放在笼内，若备些麸皮淡盐水（含盐量 1%左右）或红糖水更好。母兔产后口渴，将仔兔掩护好后便出来找水喝，此时如果没有水喝，有可能返回产箱将仔兔吃掉。待母兔分娩完后可将产箱取出，清点仔兔数，扔掉死胎、弱胎及污物，换上新垫草。检查仔兔是否已经吃过奶，如果仔兔胃内无乳，应在 6 小时内人工辅助哺乳。

四、培育优质的青年兔

（一）仔兔的饲养和管理

从出生到断奶这段时期的兔称为仔兔。这一时期可视为兔由胎生期转至独立生活的一个过渡阶段。胎生期的兔子在母体子宫内发育，营养由母体供给，温度恒定；出生后，环境发生急剧变化，而这一阶段的仔兔由于机体生长发育尚未完全，抵抗外界环境的调节机能还很差，适应能力弱，抵抗力差，多种因素会给仔兔的生命带来威胁，使仔兔死亡率增高，成为兔群繁殖发展的一大障碍。加强仔兔的管理，提高成活率，是仔兔饲养管理的目的。仔兔饲养管理，依其生长发育特点可分睡眠期、开眼期两个阶段。

1. 睡眠期仔兔的饲养管理

从仔兔出生到12日龄左右为睡眠期。这段时间仔兔除了吃奶，多数时间处于睡眠状态。在此期间，仔兔体温调节能力低下，消化系统发育不全，环境适应性极差，但生长发育速度非常快。为顺利渡过睡眠期，降低死亡率，饲养管理应注意如下方面。

（1）早吃初乳　初乳是仔兔出生后早期生长发育所需营养物质的直接来源和唯一来源。尽管仔兔获得母源抗体主要来自母体胎盘血液，但初乳中也含有丰富的抗体，它对提高初生仔兔的抗病力有重要意义。初乳适合仔兔生长快、消化力弱的生理特点。实践证明，仔兔能早吃奶、吃饱奶，则成活率高，抗病力强，发育快，体质健壮；否则，死亡率高，发育迟缓，体弱多病。因此，在仔兔出生后6～10小时内，须检查母兔哺乳情况，发现没有吃到奶的仔兔，要及时让母兔喂奶。自此以后，每天均须检查几次。检查仔兔是否吃到足量的奶，是仔兔饲养上的基本工作，必须抓紧抓细。仔兔生下来后就会吃奶，护仔性强的母兔，也能很好哺喂仔兔，这是本能。仔兔吃饱奶时，安睡不动，腹部圆胀，肤色红润，被毛光亮；饿奶时，仔兔在窝内很不安静，到处乱爬，皮肤皱缩，腹部不胀大，肤色发暗，被毛枯燥无光，如用手触摸，仔兔头向上窜，"吱吱"嘶叫。仔兔在睡眠期，除吃奶外，全部时间都是睡觉，仔兔的代谢很旺盛，吃下的奶汁大部分被消化吸收，很少有粪便排出来。因此，睡眠期的仔兔只要能吃饱奶、睡好，就能正常生长发育。但是，在生产实践中，初生仔兔吃不到奶的现象常会出现，这时我们必须查明原因，针对具体情况，采取有效措施，强制哺乳。如有些护仔性不强的母兔，特别是初产母兔，产仔后不会照顾自己的仔兔，甚至不给仔兔哺乳，以至仔兔缺奶挨饿，如不及时处理，会导致仔兔死亡。在这种情况下，必须及时采取强制哺乳措施。方法是将母兔固定在巢箱内，使其保持安静，将仔兔分别安放在母兔的每个乳头旁，嘴顶母兔乳头，让其自由吮乳，每日强制 4～5 次，连续 3～5 日，母兔便会自动喂乳。

（2）调整仔兔　生产实践中，有时出现有些母兔产仔数多、有些母兔产仔头数少的情况。多产的母兔乳不够供给仔兔，仔兔营养缺乏，发育迟缓，体质衰弱，易于患病死亡；少产的母兔泌乳量过剩，仔兔吸乳过量，引起消化不良，甚至腹泻消瘦死亡。在这种情况下，应当采取调整仔兔的措施。可根据母兔泌乳的能力，对同时分娩或分娩时间先后不超过 1～2 天的仔兔进行调整。方法是：先将仔兔从巢箱内拿出，按体形大小、体质强弱分窝；然后在仔兔身上投上被带母兔的尿液，以防母兔咬伤或咬死；最后把仔兔放进各自的巢箱内，并注意母兔哺乳情况，防止意外事情发生。调整仔兔时，必须注意：两个母兔和它们的仔兔都是健康的；被调仔兔的日龄和发育与其母兔的仔兔大致相同；要将被调仔兔身上粘上的巢箱内的兔毛剔除干净；在调整前先将母兔离巢，被调仔兔放进哺乳母兔巢内，经 1～2 小时，使其粘带新巢气味后才将母兔送回原笼巢内。如若母兔拒哺调入仔兔，则应查明原因，采取新的措施，如重调其他母兔或补涂母兔尿液，减少或除掉被调仔兔身上的异味等。

（3）全窝寄养　一般是在仔兔出生后，母兔死亡，或者良种母兔要求频繁配种，扩大兔群时所采取的措施。寄养时应选择产仔少、乳汁多而又是同时分娩或分娩时间相近的母兔。为防止寄养母兔咬异味仔兔，在寄养前，可在被寄养的仔兔身上涂上寄养母兔的尿，在寄养母兔喂奶时放入窝内。一般采取上述措施后，母兔不再咬异窝仔兔。

（4）人工哺乳　如果仔兔出生后母兔死亡，无奶或患有乳房方面的疾病不能喂奶，又不能及时找到寄养母兔时，可以采用人工哺乳的措施。人工哺乳的工具可用玻璃滴管、注射器、塑料眼药水瓶，在管端接一乳胶自行车气门芯即可。喂饲以前要煮沸消毒，冷却到37～38℃时喂给。每天1～2次。喂饲时要耐心，在仔兔吸吮的同时轻压橡胶乳头或塑料瓶体。但不要滴入太急，以免误入气管呛死。不要滴得过多，以吃饱为限。

（5）防止仔兔吊奶　"吊乳"是养兔生产实践中常见的现象之一。主要原因是母兔乳汁少，仔兔不够吃，较长时间吸住母兔的乳头，母兔离巢时将正在哺乳的仔兔带出巢外；或者母兔哺乳时，受到骚扰，引起惊慌，突然离巢。吊乳出巢的仔兔，容易受冻或踏死，所以饲养管理上要特加小心，当发现有吊乳出巢的仔兔应马上将仔兔送回巢内，并查明原因，及时采取措施。如是母兔乳汁不足引起的"吊乳"，应调整母兔日粮，适当增加饲料量，多喂青料和多汁料，补以营养价值高的精料，以促进母兔分泌出质好量多的乳汁，满足仔兔的需要。如果是管理不当引起的惊慌离巢，应加强管理工作，积极为母兔创造哺乳所需的环境条件，保持母兔的安静。如果发现吊在巢外的仔兔受冻发凉时，应马上将受冻仔兔放入自己的怀里取暖。或将仔兔全身浸入40℃温水中，露出口鼻呼吸，只要抢救及时，措施得法，大约10分钟后便可使被救仔兔复活，待皮肤红润后即擦干身体放回巢箱内。仔兔出生后全身无毛，生后4～5天才开始长出茸茸细毛，这个时期的仔兔对外界环境的适应力差，抵抗力弱，因此，冬春寒冷季节要防冻，夏秋炎热季节降温、防蚊，平时要防鼠害、兽害。要认真做好清洁卫生工作，稍一疏忽就会感染疾病。要保持垫草的清洁与干燥。仔兔身上盖毛的数量随天气而定，天冷时加厚，天热时减少。如果是长毛兔的毛应酌情加以处理，因长毛兔毛长而细软，受潮挤压，结成毡块，仔兔卧在毡块上面，不能匿入毛中，保温力差。用长毛铺盖巢穴，由于仔兔时常钻动，颈部和四肢往往会被长毛缠绕，如颈部被缠，能窒息死；足部被缠，使血液不通，也会形成肿胀；仔兔骨嫩，甚至缠断足骨，造成残废。因此，用长毛兔的毛垫巢，还必须先将长毛剪碎，并且掺杂一些短毛，这样就可避免结毡。裘皮类兔毛短而光滑，经常蓬松，不会结毡，仔兔匿居毛中，可随意活动，而且保温力也较高。为了节省兔毛，也可以用新棉花拉松后代替兔毛使用。由于兔的嗅觉很灵敏，不可使用有被粪便污染的旧棉絮或破布屑，也不必把巢穴中的全部清洁兔毛换出。初生仔兔，必须立即进行性别鉴定，淘汰多余的公兔。长毛兔一般哺乳 4 ～ 5 只仔兔，皮用兔哺喂 5 ～ 6 只仔兔，据母兔产仔过少或过多进行调整。此外，晚上应取出巢箱，放在安全的地方。

（6）防止发生黄尿病　出生后 1 周左右的仔兔容易发生黄尿病。其原因是母兔奶液中含有葡萄球菌或其他病原体，仔兔吃后便发生急性肠炎，尿液呈黄色，并排出黄色带腥臭味稀粪沾污后躯。患兔体弱无力、皮肤灰白无光泽，很快死亡。防止黄尿病的关键是要求母兔健康无病，饲料清洁卫生，笼内通风干燥。同时要经常检查仔兔的排泄情况，若发现仔兔精神不振、粪便异常，应采取防治措施。

（7）防止鼠害　仔兔，特别是 1 周龄以内的仔兔，最容易遭受鼠害，有时候发生全窝仔兔被老鼠蚕食的可能。所以，灭鼠是兔场的一项重要工作。定期灭鼠，加强夜班看护。

（8）防止仔兔窒息或残疾　长毛兔产仔做巢拔下的细软长毛，变潮和挤压后会结毡成块，难以保温。另外，由于兔在巢箱内爬动，容易将细毛拉长成线条，这些线条若缠绕在仔兔颈部或胸部，会使仔兔窒息而死；若缠绕在腿部便引起仔兔局部肿胀坏死而残疾。因此，兔产仔时拔下的长毛应及时收集起来，将其剪短或改用短毛及其他保温材料垫窝，达到既保温又不会缠绕的效果。

2. 开眼期仔兔的饲养管理

仔兔生后 12 天左右开眼，从开眼到离乳，这一段时间称为开眼期。仔兔开眼迟早与发育有极大的关系，发育良好的仔兔开眼早。仔兔若在生后 14 天才开眼，其体质往往很差，容易生病，要对它加强护养。仔兔开眼后，精神振奋，会在巢箱内往返蹦跳，数日后跳出巢箱，叫作出巢。出巢的迟早，依母乳多少而定，母乳少的早出巢，母乳多的迟出巢。此时，由于仔兔体重日渐增加，母兔的乳汁已不能满足仔兔的需要，常紧追母兔吸吮乳汁，所以开眼期又称追乳期。这个时期的仔兔要经历一个从吃奶转变到吃固体饲料的变化过程，由于仔兔胃的发育不完全，如果转变太突然，常常造成死亡。所以在这段时期，饲养重点应放在仔兔的补料和断乳上。实践证明，抓好、抓紧这项工作，就可促进仔兔健康生长，放松了这项工作，就会导致仔兔感染疾病，乃至大批死亡，造成损失。

（1）抓好仔兔的补料　肉、皮用兔生后16日龄，毛用兔生后18日龄，就开始试吃饲料。这时给少量易消化而又富有营养的饲料，并在饲料中拌入少量的矿物质、抗菌素等消炎、杀菌、健胃药物，以增强体质，减少疾病。仔兔胃小，消化力弱，但生长发育快，根据这个特点，在喂料时要少喂多餐，均匀饲喂，逐渐增加。一般每天喂给5～6次，每次分量要少一些，在开食初期哺母乳为主，饲料为辅；到30日龄时，则转变为以饲料为主，母乳为辅，直到断乳。在这过渡期间，要特别注意缓慢转变，使仔兔逐步适应，才能获得良好的效果。仔兔是比较贪食的，一定要注意饲料定量，不同日龄的仔兔每天大致采食量（最大饲料供给量）见表2-3。

表2-3　仔兔大致采食量

日龄	采食量/（克/天）
初生～15	0
15～21	0～20
21～35	15～50
35～42	40～80
42～49	70～110
49～63	100～160

（2）抓好仔兔的断奶　小型仔兔40～45日龄，体重500～600克，大型仔兔40～45日龄，体重1000～1200克，就可断奶。过早断奶，仔兔的肠胃等消化系统还没有充分发育形成，对饲料的消化能力差，生长发育会受影响。在不采取特殊措施的情况下，断奶越早，仔兔的死亡率越高。根据实践观察，30天断奶时，成活率仅为60%；40天断奶时，成活率为80%；45天断奶，成活率为88%；60天断奶时成活率可达92%。但断奶过迟，仔兔长时间依赖母兔营养，消化道中各种消化酶的形成缓慢，也会引起仔兔生长缓慢，对母兔的健康和每年繁殖次数也有直接影响。所以，仔兔的断奶应以40～45天为宜。仔兔断奶时，要根据全窝仔兔体质强弱而定。若全窝仔兔生长发育均匀，体质强壮，可采用一次断奶法，即在同一日将母子分开饲养。离乳母兔在断奶2～3日内，只喂青料，停喂精料，使其停奶。如果全窝体

质强弱不一，生长发育不均匀，可采用分期断奶法，即先将体质强的分开，体弱者继续哺乳，经数日后，视情况再行断奶。如果条件允许，可采取移走大母兔的办法断奶，避免环境骤变，对仔兔不利。仔兔开食时，往往会误食母兔的粪便，如果母兔有球虫病，就易于感染仔兔。为了保证仔兔健康，应母仔分笼饲养，但必须每隔12小时给仔兔喂一次奶。仔兔开食后，粪便增多，要常换垫草，并洗净或更换巢箱，否则，仔兔睡在湿巢内，对健康不利。要经常检查仔兔的健康情况，察看仔兔耳色，如耳色桃红，表明营养良好；如耳色暗淡，说明营养不良。仔兔在断奶前要做好充分准备，如断奶仔兔所需用的兔舍、食具、用具等应事先进行洗刷与消毒。断奶仔兔的日粮要配合好。

（3）防止感染球虫病　患有球虫病的母兔，对母体来说尚未达到致病程度，但可使仔兔消化不良、拉稀、贫血，死亡率很高。因此，预防球虫病也是提高仔兔成活率的关键措施。预防方法是注意笼内日常清洁卫生，及时清理粪便，经常清洗和消毒兔笼板，并用开水或日光浴暴晒等方法杀死卵囊；同时保持舍内通风干燥，使卵囊难以孵化成熟；另外可在饲料中加入一些葱、蒜等物增加肠道的抵抗力，定期在饲料中加入一些抗球虫药物。如果发现粪便异常，要及时采取治疗措施。

（4）注意饲料及饮水卫生　供给仔兔的青绿饲料或调制好的饲料一定要清洁卫生，不干净或被污染的饲料不要投喂，给仔兔的料要充足，要让每个仔兔均能抢占到料槽的位置，吃到充足的饲料。同时注意饲料的适口性，使仔兔爱吃。要训练仔兔饮水。饮水要清洁，做到每天更换 1～2 次饮水，发现被粪、尿、毛等污染的，要及时倒掉，添上洁净的水。

3. 其他管理

（1）编耳号　对于任何一个兔场来说，每只种兔都应有区别于其他种兔的方法。在育种工作中，通常给种兔编刺耳号。也就是说，耳号就是兔的名字。编耳号是按照一定的规则给每只种兔起"名字"。耳号应尽量多地体现种兔较多的信息，如品种（或品系、组合）、性别、初生时间及个体号等。编号一般为 4～6 位数字或字母。给兔编耳号没有统一规定。习惯上，表示种兔品种或品系的号码一般放在耳号的第一位，以该品种或品系的英文或汉语拼音的第一个字母表示，如美系以 A 或 M 表示，德系以克或 D 表示，法系以 F 表示。性别有两种表示方法：一种是双耳表示法，通常将公兔打在左耳上，母兔打在右耳上；另一种是单双号表示法，通常公兔为单号，母兔为双号。

初生时间一般仅表示出生的年月或第几周（星期）。出生的年份以 1 位数字表示，如 1998 年以"8"表示，2000 年以"0"表示，10 年一个重复。出生月份以两位数字表示，即 1～9 月份分别为 01～09，10～12 月份即编为实际月份。也可用一位数表示，即用数字和字母混排法。1～9 月份用 1～9 表示，10、11 和 12 月份分别用其月份的英文第一个字母，即 O、N 和 D 表示；周（即星期）表示法是将一年分成 52 周，第一至第九周出生的分别以 01～09 表示，此后出生的以实际周号表示。比较而言，用周表示法更好。

个体号一般以出生的顺序编排。如出生年表示法则为该月出生的仔兔顺序号，如出生周表示法则为该周初生仔兔的顺序号。由于耳朵所容纳的数字位数有限，个体顺序号以两位为好。对于小型兔场，如每月出生的仔兔在 100 只以内，可用年月表示法；如果生产的仔兔多，最好用出生周表示法。

如果一个兔场饲养的品种或品系只有一种，可将车间号编入耳号，以防车间之间种兔的混乱；对于搞杂交育种的兔场，耳号应体现杂交组合种类和世代数；对于饲养配套系的兔场，应将代（系）编入耳号。如果所反映的信息更多，一个耳朵不能全部表示出来，也可采用双耳双号法。

（2）标耳号　一种是钳刺法。即借助一定的工具将编排好的号码刺在种兔的耳壳内。通常是用专用工具——耳号钳。先将欲打的号码按先后顺序——排入耳号钳的燕尾槽内并固定好，号码一般打在耳壳的内侧上（1/3）～（1/2）的皮肤上，避开较大的血管。打前先消毒，再将耳壳放入耳号钳的上下卡之间，使号码对准欲打的部位，然后按压手柄，适度用力，使号码针尖刺透表皮，刺入真皮，使血液渗出而不外流为宜。此时在针刺的耳号部位涂擦醋墨（用醋研磨的墨汁，也可在黑墨汁中加入 1/5 的食醋）即可。此后在耳壳上留下蓝黑色永不褪色的标记。小规模兔场也可使用蘸水笔刺耳号的方法。其原理与耳号钳相同。将蘸水笔的尖部磨尖，一手抓住兔的耳朵，一手持笔，先蘸醋墨，再将笔尖刺入兔耳壳内，多个点形成预定的字母或数字的轮廓。此种方法比较原始，但对于操作熟练的饲养员很实用。刺耳号对于兔来说是一个非常大的应激。应尽量缩短刺号时间。在刺耳号前2天，可在饮水或饲料中添加抗应激的添加剂，如维生素C、维生素E等。操作前，应在刺号的部位消毒，以防止病原菌感染。另一种是耳标法。在耳标上写上兔子的耳号，再装在兔子的耳朵上即可。此法简单实用。

（二）幼兔和青年兔的饲养管理

从断奶到3月龄的小兔称幼兔。这个阶段的幼兔生长发育快，抗病力差，要特别注意护理。否则，发育不良，易患病死亡。断奶仔兔必须养在温暖、清洁、干燥的地方，以笼养为佳。笼养初期时，每笼可养兔3～4只。饲喂由麸皮、豆饼等配合成的精料及优质干草为宜。因为兔奶中的蛋白质、脂肪分别占10.4%和12.2%，高于牛奶3倍，所以用喂大兔的饲料是很难养活幼兔的。所喂饲料要清洁新鲜，带泥的青草，要洗净晾干后再喂。喂食要少喂多餐，青料一天3次，精料一天2次，此外可加喂一些矿物质饲料。

仔兔断奶后正是换毛时期，体内新陈代谢旺盛，需要营养较多，所以饲料给量应相应增加。毛用兔2月龄要把乳毛全部剪掉，以促进其生长发育。剪毛以后的仔兔，要加强护理，对体弱的毛用兔，要精心喂养，注意防寒保温，否则很容易发生死亡。3～6月龄的仔兔称青年兔(亦称中兔)。青年兔吃食量大，生长发育快。饲养以青粗饲料为主，适当补充矿物质饲料，加强运动，使它得到充分发育。青年兔已开始发情，为了防止早配，必须将公、母兔分开饲养。对4月龄以上的公兔要进行选择，凡是发育优良的留作种用，单笼饲养；凡不宜留种的公兔，要及时去除，采用群饲。

五、加强种公兔的饲养管理

饲养种公兔的目的主要是用于配种、繁殖后代。从遗传学理论看，公兔在群体中的遗传效应大于母兔，人们常说："母兔好，好一窝，公兔好，好一坡"。种公兔饲养的好坏不仅直接影响母兔的受胎率、产仔数，而且影响子兔的质量、生活力和生产力。在本交情况下，一只公兔一般可负担 8～12 只母兔的配种任务；在人工授精情况下，可提高到 50～150 只，如果采取冷冻精液，一只优良种公兔可担负上千只甚至上万只母兔的配种，其后代少说有 500～800 只，多者可达几十万只。这就要求我们必须精心培养种公兔，使之品种纯正，发育良好，体质健壮，性欲旺盛，精液品质优良，配种能力强。为达到上述目的，在公兔的基因确定之后，搞好种公兔的饲养管理是至关重要的。

1. 种公兔的饲养

对于选作种用的后备公兔，自幼就要注意饲料的品质，不宜喂体积过大或水分过多的饲料，特别是幼年期，如全喂青粗饲料，不仅增重慢，成年时体重小，而且精液品质也差，如形成草腹（大肚子），降低配种能力。

种公兔的营养与其精液的数量和质量有密切的关系，特别是蛋白质、维生素和矿物质等营养物质，对精液品质有着重要作用。

日粮中蛋白质充足时，种公兔的性欲旺盛，精液品质好，不仅一次射精量大，而且精子密度大、活力强，母兔受胎率高。低蛋白日粮会使种公兔的性欲低下，精子的数量和质量都降低。不仅制造精液需要蛋白质，而且在性机能的活动中，诸如激素、各种腺体的分泌物以及生殖系统的各器官也随时需要蛋白质加以修补和滋养。所以应从配种前 2 周起到整个配种期，采用精、青料搭配，同时添加熟大豆、豆粕或鱼粉饲喂，日粮中粗蛋白质含量为 16%～17%，使蛋白质供给充足，提高其繁殖力。实践证明，对精液品质不佳的种公兔，配种能力不强的种公兔，适量喂给鱼粉、豆饼及豆科饲料中的紫云英、苜蓿等优质蛋白质饲料，可以改善精液品质，提高配种力。

维生素与种公兔的配种能力和精液品质有密切关系，特别是维生素 A、维生素 E、维生素 D 和 B 族维生素。当日粮中维生素含量缺乏时，会导致生精障碍，精子数目减少，畸形精子增多，配种受胎率降低。处于生长期的公兔日粮中如缺乏维生素时，会导致生殖器官发育不全，性成熟推迟，种用性能下降。在上述情况发生时，如能及时补给富含维生素的优质青绿多汁饲料或复合维生素，情况可以得到改变。青绿饲料中含有丰富的维生素，所以夏秋季一般不会缺乏。但在冬季和早春时青绿饲料少，或长年喂颗粒饲料时，容易出现维生素缺乏症。这时应补饲青绿多汁饲料，如胡萝卜、白萝卜、大白菜等，或在日粮中添加复合维生素。

矿物质元素对精液品质也有明显的影响，特别是钙，日粮中缺钙会引起精子发育不全，活力降低，公兔四肢无力。在日粮中添加骨粉、蛋壳粉、贝壳粉或石粉，即可满足钙的需要。矿物元素磷为核蛋白形成的要素，并为生成精液所必需元素，日粮中配有谷物和糠麸时，磷不致缺乏。但应注意钙、磷的供给比例，应以（1.5～2）∶1为宜。锌对精子的成熟具有重要意义。缺锌时，精子活力降低，畸形精子增多。在生产中，可通过在日粮中添加复合微量元素添加剂的方法来满足公兔对矿物质元素的需要，以保证公兔具有良好的精液品质。

种公兔的饲养除了保证营养的全价性外，还要保持营养的长期稳定。因为精子是由睾丸中的精细胞发育而成的，而精子的发生过程需要较长的时间，约为47～52天，故营养物质的供给也应保持长期稳定。饲料对精液品质的影响较为缓慢，用优质饲料来改善种公兔的精液品质时，需29天左右的时间才能见效。因此，对一个时期集中使用的种公兔，应注意要在1个月前调整饲料配方，提高日粮的营养水平。在配种期间，也要相应增加饲喂量，并根据种公兔的配种强度，适当增加动物性饲料，以达到改善精液品质、提高受胎率的目的。

另外，还应注意种公兔不宜喂过多能量和体积大的秸秆粗饲料，或含水分高的多汁饲料，要多喂含粗蛋白质和维生素类的饲料。如配种期玉米等高能量饲料喂得过多，会造成种公兔过肥，导致性欲减退，精液品质下降，影响配种受胎率。喂给大量体积大的饲料，导致腹部下垂，配种难度大。对种公兔应实行限制饲养，防止体况过肥而导致配种力差，性欲降低，而且精液品质也差。可以通过对采食量和采食时间的限制而进行限制饲养。自由采食颗粒料时，每只兔每天的饲喂量不超过150克；另一种是料槽中一定时间有料，其余时间只给饮水，一般料槽中每天的有料时间为5h。

总之，对种公兔营养的供给应全面而持久。其日粮一般以全价配合料为主，青饲料和粗饲料为辅。蛋白质水平在16%左右，矿物质元素和维生素必须满足需要，能量水平不宜过高，粗纤维水平适宜。在冬春缺青季节要适量补充胡萝卜、白萝卜、麦芽、白菜等富含维生素的饲料，注重维生素、微量元素添加剂的补充。饲喂量应根据配种强度的大小和种公兔的体型、体况（膘情）灵活掌握，不可因营养过剩而造成肥胖，也不因营养不良使其体质下降，而影响种用性能。

2. 种公兔的管理

种公兔的管理与饲养同等重要。管理不当也会影响其种用性能，降低配种能力。

（1）及时分群，适时配种　对种公兔自幼就应进行选育，因为公兔的群居性差，好咬斗，如果几个公兔在一起饲养，轻则互相爬跨影响生长，重则互相咬斗，致残致伤，失去种用价值。肉兔是早熟家畜，3月龄以后即达性成熟，但距真正达到配种月龄还差一段时间。如果过早配种，不仅影响自身生长发育，还会影响后代的质量，降低配种能力，造成早衰，减少公兔的使用寿命。一般来说，公兔的早配由管理不当引起，即在兔达到性成熟时没有及时将它们隔离，造成偷配和早配。为防止此类事情的发生，当兔达到3月龄以后，应及时将留作种用的后备公兔单笼饲养，做到一兔一笼。当公兔达到体成熟后再进行配种。一般大型品种兔的初配年龄是7～8月龄，中型品种兔为5～6月龄，小型品种兔为4～5月龄。

（2）控制体重　不少人认为种公兔体重是种用价值的标志，即体重越大越好。这种观点是片面的、错误的。种公兔的种用价值不仅仅在于外表及样子的好坏，而在于配种能力的高低及是否能将其优良的品质遗传给后代。一般来说，种公兔的体重应适当控制，体型不可过大，否则将带来一系列的问题。首先，体型过大发生脚皮炎的概率增大。据笔者调查，体重5千克以上的种公兔，脚皮炎发病率在80%以上，而体重4～5千克的种公兔患病率为50%～60%，体重3～4千克的种公兔仅为20%～40%。体型在3千克以下的种公兔基本不发病。体型越大，脚皮炎的发生率越高，而且溃疡型脚皮炎所占比例也越高。种公兔一旦患脚皮炎，其配种能力大大降低，有的甚至失去种用价值。

其次，体型过大将会导致性情懒惰，爱静不爱动，反应迟钝，配种能力下降，配种占用时间长，迟迟不能交配成功。比如，一只4千克的种公兔，一日配种2～3次，可连续使用3天休息一天，配种时间较短，且一次成功率较高，一般每次平均10秒钟左右。而5千克以上的种公兔每天配种次数不能超过2次，连续2天需要休息一天，一次配种的成功率较低，多数是间歇性配种，平均占用时间在30秒以上。再者，体型越大，种用寿命越短。最后，体型越大，消耗的营养越多，经济上也不合算。控制种公兔体重是一个技术性很强的工作。在后备期开始，配种期坚持。采取限饲的方法，禁用自由采食。饲料质量要高，但平时控制在8分饱，使之不肥不瘦，不让过多的营养转变成脂肪。

（3）搞好初配公兔的调教　选择发情正常、性情温顺的母兔与其配种，使初配顺利完成，以建立良好的条件反射。

（4）注重配种程序　配种时，应把母兔捉到公兔笼内进行，不可颠倒。因为公兔离开了自己的领地，对环境不熟悉或者气味不同都会使之感到陌生，而抑制性活动机能，精力不集中，影响配种效果。

（5）减少频繁刺激　公兔笼应距母兔笼稍远些，避免经常受到异性刺激，特别是当母兔发情时，会使公兔焦躁不安，长此以往，影响公兔的性欲和配种效果。

（6）适当运动　有条件的兔场，可每天让种公兔运动1～2小时，以增强体质。长期缺乏运动的公兔，四肢软弱，体质较差，影响配种能力。进行室外活动，多晒太阳，可以促进食欲，增强体质，提高配种能力。

（7）确定合适种兔比例　公、母兔的比例应根据兔场的性质而定。在本交情况下，一般的商品兔场公、母比例以1∶（10～12）为宜。一般的种兔场，比例应缩小至1∶8左右。而以保种为目的的兔场应以1∶（5～6）为宜。兔场的规模越大，其中公、母兔比例也应适当增大，反之应缩小。为了防止意外事件的发生（如公兔生病、患脚皮炎、血缘关系一时调整不开等），应增加适量的种公兔作为后备。

种公兔的比例结构适宜。由于肉兔周转快，利用强度较大，而且老龄兔在配种能力上与青壮年兔有较大的差异，因此在种公兔群中，壮年公兔和青年后备公兔应占相当比例，及时淘汰老年公兔。其中壮年公兔应占 60%，青年公兔占 30%，老年公兔占 10% 为宜。

（8）控制配种强度　公兔的配种次数取决于公兔的体型、体质、年龄、季节和配种任务的大小。一般来说，对于初次配种的青年种公兔和 3 岁以上的老龄公兔，配种强度可适当控制，每天配种 1～2 次，隔日或隔 2 日休息一天；对于 1～2 岁的壮龄兔，可每天配种 2～3 次，每周休息 2 天。公兔的体型和体质对配种能力影响很大，对于体型较大和体质较差的公兔，绝不能超强度配种，否则体质会很快衰退而难以恢复。当公兔出现消瘦时，应停止配种 1 个月，待其体力和精液品质恢复后再参加配种。春秋季节配种比较集中。在保证种公兔营养的前提下，可适当在短期内增加配种强度。但在夏季高温季节，配种强度要严格控制，而且配种时间要安排在早晨和晚上。如果配种过于频繁，可导致种公兔生殖机能减退，精液品质下降，过早丧失配种能力，减少优良种公兔的利用年限。如果配种次数过少，公兔的性兴奋长期得不到满足，也会引起反射性机能减退，性欲降低，精液品质变差，身体过肥，影响其配种能力。

种公兔的利用年限应因兔而异。通常情况下不超过 3 年，特别优秀者最多不超过 5 年。因为过老的公兔精液品质变差，不仅影响母兔的受胎率，同时还会影响到后代的质量。

（9）控制饲养环境　公兔群是兔场最优秀的群体，应予特殊照顾，为其提供清洁卫生、干燥、凉爽、安静的生活环境。应尽量减少应激因素，适当增加活动空间。

① 抓好春繁　兔在春季的繁殖能力最强，公兔精液品质好，性欲旺盛，母兔的发情明显，发情周期缩短，排卵数多，受胎率高。这与气温逐渐升高和光照由短到长，刺激兔生殖系统活动有关。应利用这一有利时机争取早配多繁。但是，在多数农村家庭兔场，特别是在较寒冷地区，由于冬季没有加温条件，往往停止冬繁，公兔较长时间没有配种，造成在附睾里储存的精子活力低，畸形率高，最初配种的母兔受胎率较低。为此，应采取复配或双重配（商品兔生产时采用）措施，并及时摸胎，减少空怀。春季繁殖应首先抓好早春繁殖。对于我国多数地区夏季和冬季的繁殖有很大困难，而秋季由于公兔精液品质不能完全恢复，受胎率受到很大的影响。如果抓不住春季的有利时机，很难保证年繁殖 5 胎以上的计划。一般来说，春季第二胎采取频密繁

殖策略，对于膘情较好的母兔，在产后立即配种，缩短产仔间隔，提高繁殖率。但是第三胎采取半频密繁殖，即在母兔产后的 10～15 天进行配种，使母兔泌乳高峰期和仔兔快速发育期错开，这样可实现春繁 2 胎，为提高全年的繁殖率奠定基础。

　　② 夏季防暑　夏季防暑是养好公兔的首要任务，炎热地区有条件的兔场，在盛夏可将全场种公兔集中在有空调设备的房间里，以备秋季有良好的配种能力。

　　公兔睾丸对于高温十分敏感，高温条件下，兔的曲细精管变性，细胞萎缩，睾丸体积变小，暂时失去产生精子的机能。所以，夏季加强种公兔的特殊保护，对提高母兔配种受胎率有重要意义。一是提供适宜的环境温度。如果兔场的所有兔舍整体控温有困难，可设置一个"环境控制舍"，即建筑一个隔热条件较好的房间，安装控温设备（如空调），使高温期兔舍内温度始终控制在最佳范围之内，避免公兔睾丸受到高温的伤害，使公兔舒舒服服度过夏季，以保证秋配满怀。如果种公兔数量较多，环境控制舍不能全部容纳，可将种公兔进行鉴定，保证部分最优秀的公兔得到保护。没有条件的兔场，可建造地下室或利用山洞、地下窖、防空洞等，也可起到一定的保护作用。二是防止睾丸外伤。阴囊具有保护、承托睾丸和睾丸温度调节作用。睾丸温度始终低于体温 4～6℃，这主要是依靠阴囊的扩张和收缩来实现的。在低温情况下，阴囊收缩，可使睾丸贴近腹壁，甚至通过腹股沟管进入腹腔"避寒"。在高温情况下，阴囊下垂，扩大散热面积，以最大限度地保证睾丸降温。大型品种的种公兔，睾丸体积大，阴囊下垂可到达踏板表面。如果踏板表面有钉头毛刺，很容易划破阴囊甚至睾丸，造成发炎、脓肿，甚至丧失生精机能。因此，在入夏之前，应对踏板全面检查和检修，防止无谓损失。三是营养平衡。有人认为夏季公兔不配种，没有必要提供全价营养，这是片面的。精子的产生是一个连续的过程，并非在使用前增加营养即可排出合格的精液。尽管公兔暂时休闲，但也不能降低饲养水平。当然，与集中配种期相比，饲喂的数量要减少，防止营养过剩引起沉积脂肪过多，从而造成肥胖。一般按照配种期饲喂量的 80% 饲喂即可。必需氨基酸和维生素的水平不可降低。四是长毛兔公兔兔毛长度适宜。可 2～3 周剪一次毛。

　　③ 抓好秋繁　秋高气爽，温度适宜，饲料充足，是兔繁殖的第二

个黄金季节。但是，由于兔刚刚度过了夏季（体质较弱，公兔睾丸的破坏严重，公兔睾丸的生精上皮受到很大的破坏，精液品质不良，配种受胎率较低），第二次季节性换毛（代谢处于一种特殊时期，换毛和繁殖在营养方面发生了冲突）、光照时间进入渐短期（母兔卵巢活动弱，母兔的发情周期出现不规律，发情症状表现不明显）等因素不利于兔繁殖。为了保证秋季的繁殖效果，应重点抓好以下工作。一是保证营养。除了保证优质青饲料外，还应注重维生素 A 和维生素 E 的添加，适当增加蛋白质饲料的比例，使蛋白质达到 16%～18%。对于个别优秀种公兔可在饲料中搭配 3% 左右的动物性蛋白饲料（如优质鱼粉），以尽快改善精液品质，加速被毛的脱换，缩短换毛时间。二是增加光照。如果光照时间不足 14 小时，可人工补充光照。由于种公兔较长时间没有配种，应采取复配或双重配措施。三是对公兔精液品质进行全面检查。经过一个夏天，公兔精液品质发生很大的变化，但个体之间差异很大。因此，对所有种公兔普遍采精，进行一次全面的精液品质检查。对于精液品质很差（如活率低、死精和畸形精子比例高等）的公兔，查找原因，对症治疗，暂时修养，不参加配种。每 1～2 周检测一次，观察恢复情况。对于精液品质优良的种公兔，重点使用，以防盲目配种所造成受胎率低的损失。四是提高配种成功率。秋季公兔精液品质普遍低，而又处于兔换毛期，受胎率不容乐观。为了提高配种的成功率，可采取复配和双重配措施。对于种兔场，采用复配的方式，即母兔在一个发情期，用同一只公兔交配 2 次或 2 次以上。对于商品生产的兔场，母兔在一个发情期，可用两只不同的公兔交配。注意间隔时间在 4 小时以内。根据生产经验，每增加一次配种，受胎率可提高 5%～10%，产仔数可增加 0.5～1 只。

【注意】种公兔脚皮炎发生的比例较大，一是由于公兔性情活泼，运动量大，发现异常情况后多以后肢拍击踏板，造成对脚掌的损伤；二是由于公兔配种时两后肢负担过重。预防脚皮炎一方面要加强选种工作，选择和培育脚毛丰厚的个体；另一方面应加强管理，特别是提高踏板的质量。一般以竹板为原料，应做到平、直、挺，间隙适中（以 1.2 厘米为佳），不留钉头毛刺，平时保持干燥和干净，防止潮湿和粪便积累。夏季由于温度高，公兔的阴囊松弛，睾丸下垂，很容易被锐利物刺伤而发生睾丸炎，失去种用价值。而且，公兔的体重越大，睾丸发育越大，睾丸炎发生的比例越高，对此应特别注意。

（10）建立种公兔档案　做好配种记录，做到血缘清楚，防止近亲交配。每次配种都要详细做好记录，以便分析和测定公兔的配种能力和种用价值，为选种选配打下可靠基础。

六、注重种母兔的饲养管理

种母兔是兔群的基础，饲养的目的是提供数量多、品质好的仔兔。种母兔的饲养管理比较复杂，因为母兔在空怀、妊娠、哺乳阶段的生理状态各不相同，因此，在饲养管理上也应根据各阶段的特点，采取不同的措施。

（一）空怀母兔的饲养管理

母兔空怀期即是指仔兔断奶到再次配种怀孕的一段时期。

1. 空怀母兔的生理特点

空怀母兔由于在哺乳期消耗了大量养分，身体比较瘦弱，所以，需要各种营养物质来补偿以提高其健康水平。休闲期一般为 10～15 天。如果采用频密繁殖法则没有休闲期，仔兔断奶前配种，断奶后就已进入怀孕期。

2. 空怀母兔的饲养

饲养空怀母兔营养要全面，但营养水平不宜过高，在青草丰盛季节，只要有充足的优质青绿饲料和少量精料就能满足营养需要。在青绿饲料枯老季节，应补喂胡萝卜等多汁饲料，也可适当补喂精料。若在炎热的夏季和寒冷季节，可降低繁殖频度，营养水平不宜过高。空怀母兔应保持七八成膘的适当肥度，过肥或过瘦的母兔都会影响发情、配种，要调整日粮中蛋白质和碳水化合物含量的比例，对过瘦的母兔应增加精料喂量，迅速恢复体膘；过肥的母兔要减少精料喂量，增加运动。

3. 空怀母兔的管理

对空怀母兔的管理应做到兔舍内空气流通，兔笼及兔体要保持清洁卫生，对长期照不到阳光的兔子要调换到光线充足的笼内，以促进机体的新陈代谢，保持母兔性机能的正常活动。对长期不发情的母兔可采用异性诱导法或人工催情。一般情况下，为了提前配种、缩短空怀期，可多饲喂一些青饲料，增加维生素含量，饲喂一些具有促进发情的饲料，如鲜大麦芽和胡萝卜等。在配种前 7 ～ 10 天，实行短期优饲，每天增加混合精料 25 ～ 50 克，以利于早发情、多排卵、多受胎和多产仔。

兔具有常年发情、四季繁殖的特点。只要环境得到有效控制，特别是温度控制在适宜的范围之内，一年四季均可获得较好的繁殖效果。但是，我国多数兔场，尤其是农村家庭兔场，环境控制能力较差，夏季不能有效降低温度，给兔的繁殖带来极大困难。兔体温为38.5 ～ 39.5℃，适宜的环境温度为 15 ～ 25℃，临界上限温度为 30℃。也就是说，超过 30℃不适宜兔的繁殖。高温对兔整个妊娠期均有威胁，关键时期是妊娠早期和妊娠后期。妊娠早期，即胎儿着床前后对温度敏感。高温容易引起胚胎的早期死亡；妊娠后期，尤其是产前一周，胎儿发育迅速，母体代谢旺盛，需要的营养多，采食量大。如果此时高温，母兔采食量降低，造成营养的负平衡和体温调节障碍，不仅胎儿难保，有时母兔也会中暑死亡。母兔夏季的繁殖应根据兔场的具体情况而定。在没有防暑降温条件的兔场，6 月份就应停止配种。

（二）怀孕母兔的饲养管理

母兔怀孕期就是指配种怀孕到分娩的一段时期。母兔在怀孕期间所需的营养物质，除维持本身需要外，还要满足胚胎、乳腺发育和子宫增长的需要。所以，需消耗大量的营养物质。据测定，体重 3 千克的母兔，胎儿和胎盘的总重量可达 650 克以上。其中，干物质为16.5%，蛋白质为 10.5%，脂肪为 4.5%，无机盐为 2%。21 日胎龄时，胎儿体内的蛋白质含量为 8.5%，27 日龄时为 10.2%，初生时为12.6%。与此同时，怀孕母兔体内的代谢速度也随胚胎发育而增强。

1. 怀孕母兔的饲养

怀孕母兔的饲养上主要是供给母兔全价营养物质。根据胎儿的生长发育规律，可以采取不同的饲养水平。但是，怀孕母兔如果营养供给过多，使母兔过度肥胖，也会带来不良影响，主要表现为胎儿的床数和产后泌乳量减少。据试验，在配种后第九天观察受精卵的着床数，结果高营养水平饲养的德系长毛兔胚胎死亡率为44％，而正常营养水平饲养的只有18％。所以，一般怀孕母兔在自由采食颗粒饲料情况下，每天喂量应控制在150～180克；在自由采食基础饲料（青、粗料）、补加混合精料的情况下，每天补加的混合精料应控制在100～120克。怀孕母兔所需要的营养物质以蛋白质、无机盐和维生素为最重要。蛋白质是组成胎儿的重要营养成分，无机盐中的钙和磷是胎儿骨骼生长所必需的物质。如果饲料中蛋白质含量不足，则会引起死胎增多、仔兔初生重降低、生活力减弱。无机盐缺乏会使仔兔体质瘦弱，容易死亡。所以，保持母兔怀孕期、特别是怀孕后期的适当营养水平，对增进母体健康、提高泌乳量、促进胎儿和仔兔的生长发育具有重要作用。

2. 怀孕母兔的管理

怀孕母兔的管理工作，主要是做好护理，防止流产。母兔流产一般在怀孕后15～25天内发生。引起流产的原因可分为机械性、营养性和疾病等。机械性流产多因捕捉、惊吓、不正确的摸胎、挤压等引起。营养性流产多数由于营养不全，或突然改变饲料，或因饲喂发霉变质、冰冻饲料等引起。引起流产的疾病很多，如巴氏杆菌病、沙门氏杆菌病、密螺旋体病以及生殖器官疾病等。为了杜绝流产的发生，母兔怀孕后要1兔1笼，防止挤压；不要无故捕捉，摸胎时动作要轻；饲料要清洁、新鲜；发现有病母兔应查明原因，及时治疗。管理怀孕母兔还需做好产前准备工作，一般在临产前3～4天就要准备好产仔箱，清洗消毒后在箱底铺上1层晒干敲软的稻草。临产前1～2天应将产仔箱放入笼内，供母兔拉毛筑巢。产房要有专人负责，冬季室内要防寒保温，夏季要防暑防蚊。

如果冬季兔舍温度较低，白天没有产仔，在夜间缺乏照顾的情况下产的仔容易被冻死。因此，对于已经到了产仔期，但白天没有产仔的母兔，可采取人工催产的方式。方法有二：一是催产素催产，即肌内注射人用催产素，每支可注射 3 只母兔，10 分钟内即可产仔；二是吮乳法诱导分娩，即让其他一窝仔兔吮吸待产母兔乳汁 3～5 分钟，效果良好。

（三）哺乳母兔的饲养管理

母兔自分娩到仔兔断奶这段时期称为哺乳期。母兔哺乳期间是负担最重的时期，饲养管理的好坏对母兔、仔兔的健康都有很大影响。母兔在哺乳期，每天可分泌乳汁 60～150 毫升，高产母兔可达 200～300 毫升。兔奶除乳糖含量较低外，蛋白质和脂肪含量比牛、羊奶高 3 倍多，无机盐高 2 倍左右。据测定，母兔产后泌乳量逐渐增加，产后 3 周左右达到泌乳高峰期，之后，泌乳量又逐渐下降。

1. 哺乳母兔的饲养

哺乳母兔为了维持生命活动和分泌乳汁，每天都要消耗大量的营养物质，而这些营养物质，又必须从饲料中获得。所以饲养哺乳母兔必须喂给容易消化和营养丰富的饲料，保证供给足够的蛋白质、无机盐和维生素。如果喂给的饲料不能满足哺乳母兔的营养需要，就会动用体内储藏的大量营养物质，从而降低母兔体重，损害母兔健康和影响母兔产奶量。饲喂哺乳母兔的饲料一定要清洁、新鲜，同时应适当补加一些精饲料和无机盐饲料，如豆饼、麸皮、豆渣以及食盐、骨粉等，每天要保证充足的饮水，以满足哺乳母兔对水分的要求。为提高仔兔的生长速度和成活率，并保持母兔健康，必须为哺乳母兔提供充足的营养。供给营养全面，能量、蛋白质水平较高的饲粮：消化能水平最低为 10.88 兆焦/千克，可以高到 11.3 兆焦/千克，蛋白质水平应达到 18%。应注意母兔产后 2 天内采食量很少，不宜喂精饲料，要多喂青饲料。母兔产后 3 天才能恢复食欲，要逐渐增加饲料量，为了防止母兔发生乳房炎和仔兔黄尿病，产前的 3 天就要减少精料，增加青饲料，而产后的 3～4 天则要逐步增加精料，多给青绿多汁饲料，并增加鱼粉和骨粉，同时每天喂给磺胺噻唑 0.3～0.5 克和苏打片 1 片，每日 2 次，连喂 3 天。如果母兔产后乳汁少或无乳，除上述增加精料外，可采用催乳措施：①香菜每日早晨喂 10 克，2～3 天喂 1 次；

②蚯蚓 5 ～ 10 条洗净、用开水烫死，切成 5 厘米左右，拌入少量饲料中喂母兔，一般 1 次即可；③喂花生米，每天早晚各喂 1 次，每次 5 ～ 10 粒，喂至仔兔断奶为止；④口服人工催乳灵，每日 1 片，连用 3 ～ 5 天。饲养哺乳母兔的好坏，一般可根据仔兔的粪便情况进行辨别。如产仔箱内保持清洁干燥，很少有仔兔粪尿，而且仔兔吃得很饱，说明饲养较好，哺乳正常。如尿液过多，说明母兔饲料中含水量过高；粪便过于干燥，则表明母兔饮水不足。如果饲喂发霉变质饲料，还会引起下痢和消化不良。有的兔场采用母兔与仔兔分开饲养，定时哺乳的方法，即平时将仔兔从母兔笼中取出，安置在适当地方，哺乳时将仔兔送回母兔笼内。分娩初期可每天哺乳 2 次，每次 10 ～ 15 分钟，20 日龄后可每天哺乳 1 次。这种饲养方法的优点是：可以了解母兔泌乳情况，减少仔兔吊奶受冻；掌握母兔发情情况，做到及时配种；避免母仔抢食，增强母兔体质；减少球虫病的感染机会；培养仔兔独立生活能力。

2. 哺乳母兔的管理

（1）日常管理　哺乳母兔的管理工作主要是保持兔舍、兔笼的清洁干燥，应每天清扫兔笼，洗刷饲具和尿粪板，并要定期进行消毒。另外，要经常检查母兔的乳头、乳房，了解母兔的泌乳情况，如发现乳房有硬块，乳头有红肿、破伤情况，要及时治疗。

（2）抓好冬繁　冬季气温低，虽给兔的繁殖带来很大的困难，但低温也不利于病原微生物的繁衍。在搞好保温的情况下，冬繁的仔兔成活率相当高，而且疾病少。因此，抓好冬繁是提高养兔效益的重要一环。抓好冬繁应该注意如下问题。

① 舍内保温　可采用多种方法进行增温和保温。冬季兔舍温度达到最理想的温度（15 ～ 25℃）是不现实的。根据生产经验，平时保持在 10℃以上，最低温度控制在 5℃以上，繁殖是没有问题的。另外，保持产仔箱的局部高温（是指产仔箱温度要达到仔兔需要的温度）是搞好冬繁的有效措施。一方面产仔箱的材料具有隔热保温性，最好内壁镶嵌隔热系数较大的泡沫塑料板；另一方面，产箱内填充足够的保温材料作为垫草（以薄碎刨花作为垫草效果最佳），将垫草整理成四周高、中间低的浅锅底状，让仔兔相互靠拢，互相取暖，不容易离开，

就可实现保温防寒的目的。

②增强母性　母性对于仔兔成活率至关重要。凡是拉毛多的母兔，母性强，泌乳力高。而母性的强弱除了受遗传影响以外，受环境的影响也很大。据观察，洞穴养兔，没有人去管理母兔，其自行打洞、拉毛、产仔和护仔，没有发现母性差的母兔。也就是说，人工干预越多，对兔的应激越大，本性表现得就越差。据试验，建造人工洞穴，创造光线暗淡、环境幽雅、温度恒定的条件，就会唤起兔的本性，母性大增。因此，在产值箱上多下功夫，可以达到事半功倍的效果。母兔拉下的腹毛是仔兔极好的御寒物。对于不会拉毛的初产母兔，可人工诱导拉毛，即在其安静的情况下，用手将其乳头周围的毛拉下，盖在仔兔身上，可起到诱导母兔自己拉毛的作用。

③精细管理　有些兔场冬季繁殖成活率低的主要原因是仔兔产后3天内死亡严重，与管理不当有关。如产仔前没有准备产箱。环境不安静是造成母兔箱外产仔和仔兔吊奶的主要原因。吊奶是母兔在喂哺仔兔时，受到应激而逃出产箱，将正在吃奶的仔兔带出产箱。如果没有及时发现，多数被冻死。产箱过大、垫草少，仔兔不能相互集中，容易爬到产箱的角落被冻死。

【提示】影响兔繁殖力的主要因素及提高措施

●影响因素

（1）环境因素　一切作用于兔机体的外界因素，统称为环境因素，如温度、湿度、气流、太阳辐射、噪声、有害气体、致病微生物等。环境温度对兔的繁殖性能有较为明显的影响。超过30℃，即引起兔食欲下降、性欲减低。如果持续高温，可使公兔睾丸产生精子减少，甚至不产生精子。高温可影响公兔性欲，高温过后能很快恢复，但精液品质的恢复则需要两个月左右的时间。因为精子的产生到精子的成熟排出需要一个半月时间。这就是兔特别是长毛兔，立秋后天气虽然凉爽，母兔虽然发情，则不易受胎的主要原因。所以，立秋后必须对种兔进行半个月的营养补饲。低温寒冷对兔繁殖也有一定影响。由于兔要增加自身产热御寒，消耗较多的营养，低于5℃就会使兔性欲减退，影响繁殖。致病微生物往往伴随着温度和湿度对兔的繁殖产生影响。因为兔喜干厌湿、喜净厌污，潮湿污秽的环境，往往导致病原微生物的滋生，引起肠道病、球虫病、疥癣病的发生，影响兔健康，从而影响兔的繁殖。强烈的噪声、突然的声响能引起兔死胎或流产，甚至由于惊吓使母兔吞食、咬死仔兔或造成不孕。严寒的冬季贼风的袭击易使兔感冒和患肺炎，炎热的夏天太阳辐射易使兔中暑，这些都是影响兔繁殖的不良因素。

（2）营养因素　实践证明，高营养水平往往引起兔过肥，过肥的母兔卵巢结缔组织沉积了大量脂肪，影响卵细胞的发育，排卵率降低，造成不孕。营养水平过低或营养不全面，对兔的繁殖力也有影响。因为兔的繁殖性能在很大程度上受脑垂体机能的影响，营养不全面直接影响公兔精液品质和母兔脑垂体的机能，分泌激素能力减弱，使卵细胞不能正常发育，造成母兔长期空怀不孕。

（3）生理缺陷　如母兔产后子宫内留有死胎及阴道狭窄、公兔的隐睾和单睾等。因为隐睾或单睾不能使公兔产生精子，或者产生精子的能力较差，配种不能使母兔受胎或受胎率不高。患有子宫炎、子宫留有死胎、阴道狭窄都是影响母兔繁殖的因素。

（4）使用不当　母兔长期空怀或初配年龄过迟，往往使其卵巢机能减退，妊娠困难。公兔休闲期可能出现短暂的不育现象。公兔长期不配种或夏天过后的公兔，都是影响繁殖的因素。

（5）种兔年龄老化　实践证明，种兔的年龄明显地影响其繁殖性能。1～2岁的公、母兔随着年龄的增长，繁殖性能提高；2岁以后，繁殖性能逐渐下降；3年后一般失去繁殖能力，不宜再作种用。

●提高繁殖力的措施

（1）注意选种和合理配种　严格按选种要求选择符合种用的公、母兔，要防止近交，公、母兔保持适当的比例。一般商品兔场和农户，公、母比例为1∶8～1∶10，种兔场纯繁以1∶5～1∶6适宜。在配种时要注意公兔的配种强度，合理安排公兔的配种次数。

（2）加强配种公、母兔的营养　从配种前两周起到整个配种期，公、母兔都应加强营养，尤其是蛋白质和维生素的供给要充足。

（3）适时配种　包括安排适时配种季节和配种时间。虽然兔可以四季繁殖产仔，但盛夏气候炎热，多有"夏季不孕"现象发生，即公兔性欲降低，精液品质下降，母兔多数不愿接受交配，即使配上，产弱仔、死胎也较多。繁殖一般不宜在盛夏季，春秋两季是繁殖的好季节，冬季仍可取得较好的效果，但必须注意防寒保温。适时配种，除安排好季节外，母兔发情期内还要选择最佳配种时期，即发情中期，阴部大红或者含水量多、特别湿润时配种。

（4）人工催情 在实际生产中遇到有些母兔长期不发情，拒绝交配而影响繁殖，除加强饲养管理外，还可采用激素、性诱等人工催情方法。激素催情可用雌二醇、孕马血清促性腺激素等诱导发情，促排卵素3号对促使母兔发情、排卵也有较好效果。性诱催情对长期不发情或拒绝配种的母兔，可采用关养或将母兔放入公兔笼内，让其追、爬跨后捉回母兔，经2～3次后就能诱发母兔分泌性激素，促使其发情、排卵。

（5）重复配种和双重配种 重复配种是指第一次配种后，再用同一只公兔重配。重复配种可增加受精机会，提高受胎率和防止假孕，尤其是长时间未配过种的公兔，必须实行重复配种。这类公兔第一次射出的精液中，死精子较多。双重配种是指第一次配种后再用另一只公兔交配，双重配种只适宜于商品兔生产，不宜用于种兔生产，以防弄混血缘。双重配种可避免因公兔原因而引起的不孕，可明显提高受胎率和产仔数。在实施中必须注意，要等第一只公兔气味消失后再与另一只公兔交配，否则，因母兔身上有其他公兔的气味而可能引起斗殴，不但不能顺利配种，还可能咬伤母兔。

（6）减少空怀 配种后及时检胎，没有配上的要及时配重，减少空怀。

（7）正确采取频密繁殖法 频密繁殖又称"配血窝"或"血配"，即母兔在产仔当天或第二天就配，泌乳与怀孕同时进行。采用此法，繁殖速度快，但由于哺乳和怀孕同时进行，易损坏母兔体况，种兔利用年限缩短，自然淘汰率高，需要良好的饲养管理和营养水平。因此，采用频密繁殖生产商品兔，一定要用优质的饲料满足母兔和仔兔的营养需要，加强饲养管理，对母兔定期称重，一旦发现体重明显减轻时，就停止血配。在生产中，应根据母兔体况、饲养条件，将频密繁殖、半频密繁殖（产后7～14天配种）和延期繁殖（断奶后再配种）三种方法交替采用。

（8）减少应激 创造良好的环境，保持适当的光照强度和光照时间；做好保胎接产工作，怀孕期间不喂霉烂变质、冰冻和打过农药的饲料，防止惊扰，不让母兔受到惊吓，以免引起流产。

（四）种兔的其他管理措施

1. 捉兔方法

母兔发情鉴定、妊娠摸胎、种兔生殖器官的检查、疾病诊断和治疗（如：药物注射、口腔投药、体表涂药等）、注射疫苗、打耳号等，以及种兔的鉴定、后备兔体尺体重的称量、所有兔的转群和转笼等，都需要先捕捉兔。在捕捉前应将笼子里的食具取出，右手伸到兔子头的前部将其挡住（如果手从兔子的后部捕捉，兔子受到刺激而奔跑不止，很难捉住），顺势将其耳朵按压在颈肩部，抓住该部皮肤，将兔上提并翻转手腕，手心向上，使兔子的腹部和四肢向上（如果使兔子的四肢向下，则兔子的爪用力抓住踏板，很难将其往外拉出，而且还容易把脚爪弄断）撤出兔笼。如果为体型较大的种兔，此时左手应托住其臀部，使重心放在左手上。取兔时，一定要使兔子的四肢向外，背部对着操作者的胸部，以防被兔子抓伤。捉兔时绝不可提捉兔子的耳朵（因兔的耳朵大多是软骨，它不能承担全身的重量）、倒提后肢（因兔子有跳跃向上的习惯，倒提时必使其挣扎向上而易导致脑部充血死亡和内脏受伤）或前肢、腰部（引起腰部骨折）及其他部位。对于妊娠母兔在捕捉中更应慎重，以防流产。

2. 性别鉴定

鉴别初生仔兔性别对于决定是否保留和重点培养有一定的意义，可根据阴孔和肛门的形状、大小和两者的距离判断。公兔的阴孔呈圆形，稍小于其后面的肛门孔洞，距离肛门较远，大于1个孔洞的距离；母兔的阴孔呈扁形，其大小与肛门相似，距离肛门较近，约1个孔洞或小于1个孔洞的距离。也可以将小兔握在手心，用手指轻轻按压小兔阴孔，使之外翻。公兔阴孔上举，呈柱状，母兔阴孔外翻呈两片小豆叶状。性成熟前的兔可通过外阴形状来判断。一手抓住耳朵和颈部皮肤，一手食指和中指夹住尾根，大拇指往前按压外阴，使之黏膜外翻，呈圆柱状上举者为公兔，呈尖叶状下裂接近肛门者为母兔。性成熟后的公兔阴囊已经形成，睾丸下坠入囊，按压外阴即可露出阴茎头部。对于成年兔的性别鉴定应注意隐睾的兔。不能因为没有见到睾丸就认为是母兔。隐睾是一种遗传性疾病，一侧睾丸隐睾可有生育能力，但配种能力降低，不可留种。两侧睾丸隐睾，由于腹腔内的温度始终在35℃以上，兔的睾丸不能产生精子，不具备生育能力。

3. 年龄鉴定

在集市上购买种兔，或对兔群进行鉴定，以决定种兔的选留和淘汰，判断其年龄是非常必要的。生产中常用的方法是根据兔子的眼睛、牙齿、被毛和脚爪来进行判断，见表2-4。

表2-4　兔的年龄鉴定

兔的年龄	眼睛	门齿	趾爪	被毛	状态
青年兔（6个月至1.5岁）	圆而明亮、凸出	洁白短小，排列整齐	表皮细嫩，爪根粉红。爪部中心有一条红线（血管），红线长度与白色（无血管区域）长度相等，约为1岁，红色多于白色，多在1岁以下。青年兔爪短，平直，无弯曲和畸形	皮板薄而富有弹性	行动敏捷、活泼好动
壮龄兔（1.5～2.5岁）	较大而明亮	牙齿白色，表面粗糙，较整齐	趾爪较长、稍有弯曲，白色略多于红色	皮肤较厚、结实、紧密	行动灵活
老龄兔（2.5岁以上）	眼皮较厚，眼球深凹于眼窝中	门齿暗黄，厚长，有破损，排列不整齐	趾爪粗糙，长而不齐，向不同的方向歪斜，有的断裂	皮板厚，弹性较差	行动缓慢，反应迟钝

注：獭兔的脚毛短，很难掩盖脚爪，因此，以脚爪露出脚毛的多少判断年龄的方法不适于獭兔。以上判断方法，仅是一种粗略估测方法，不十分准确。而且兔子的年龄越大，误差也越大。而靠以上方法只能作出初步判断。准确知道兔子的年龄必须查找种兔档案。

4. 修爪技术

兔的脚爪是皮肤衍生物。兔的每一指（趾）的末节骨上都附有爪。前肢5指5爪，后肢4指4爪。爪的功能是保护脚趾、奔跑抓地、挖土打洞和御敌搏斗等。兔的爪具有终身生长的特性。保持适宜的长度，才能使兔感到舒服。在野生条件下，兔在野外奔跑和挖土打洞，将过

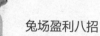

长的爪磨短。但是，在笼养条件下，兔失去了挖土的自由，随着月龄的增加，其脚爪不断生长，越来越长，不仅影响活动，而且在走动中很容易卡在笼底板间隙内，导致爪被折断。同时，由于爪部过长，脚着地的重心后移，迫使跗关节着地，是造成脚皮炎的主要原因之一。因此，及时给种兔修爪很有必要。在国外有专用修爪剪刀，我国还没有专用工具，可用果树修剪剪刀代替。方法是：将种兔保定，放在胸前的围裙上，使之臀部着力，露出四肢的爪，剪刀从脚爪红线前面0.5～1厘米处剪断即可，不要切断红线，如果一人操作不方便，可让助手配合操作；剪断爪之后，可用锉刀将其端部锉尖，以便种兔着地舒服。种兔一般从1岁以后开始剪爪，每年修剪2～3次。

第三招
提高商品兔的商品率

【提示】

根据兔的生活习性，为其提供最适宜的环境条件，加强商品兔的饲养管理和季节管理，生产更多的产品。

一、掌握兔的生活习性

掌握兔的生活习性，根据生活习性有针对性地对兔进行饲养管理，有利于兔的生产性能提高，生产更多的产品，获得更大的经济效益。兔的生活习性主要有如下几方面。

1. 胆小怕惊

兔尽管在人工条件下生活，但其胆小怕惊的特性经常可以见到。如动物(狗、猫、鼠、鸡、鸟等)的闯入、闪电的掠过、陌生人的接近、突然的噪声(如鞭炮的爆炸声、雨天的雷声、动物的狂叫声、物体的撞击声、人们的喧哗声)等,都会使兔群发生惊场现象,使兔精神高度紧张,在笼内狂奔乱窜,呼吸急促,心跳加快。如果这种应激强度过大,兔不能很快恢复正常的生理活动,将产生严重后果:妊娠母兔发生流产、早产;分娩母兔停产、难产、死产;哺乳母兔拒绝哺喂仔兔,泌乳量急剧下降,甚至将仔兔咬死、踏死或吃掉;幼兔出现消化不良、腹泻、胀肚现象,并影响生长发育,也容易诱发其他疾病。故有"一次惊场,三天不长"之说,国内外也曾有肉兔在火车鸣笛、燃放鞭炮后暴死的报道。因此,在建兔场时应远离噪声源,谢绝参观,防止动物闯入,逢年过节不放鞭炮。在日常管理中动作要轻,经常保持环境的安静与稳定。饲养管理要定人、定时,严格遵守作息时间。

2. 昼伏夜行

兔有白天善于休息、夜间喜欢活动的生活习性。有人又称其为夜行性。这种习性的形成与野生穴兔在野外生活的环境有关。野生兔体格弱小,没有任何侵袭其他动物的能力,也没有反击其他动物侵袭的工具和本领。为了生存繁衍,被迫白天穴居于洞中,不敢外出,而在夜间外出活动与觅食,久而久之,形成了昼伏夜行的习性。尽管野生穴兔驯化已有上千年的历史,但昼伏夜行的习性至今仍然不同程度地保留。兔在白天多安静休息,除采食和饮水外,常常爬卧在笼子里,眼睛半睁半闭地睡眠或休息。当太阳落山之后,兔开始兴奋,活动增加,采食和饮水欲望增强。据测定,在自由采食的情况下,兔在夜间的采食量和饮水量占全天的70%左右。根据生产经验,兔在夜间配种受胎率和产仔数也高于白天。尤其是在天气炎热的夏季和昼短夜长的冬季,这种现象更加突出。根据兔的这一习性,应当合理地安排饲养管理日程,白天让兔安静休息,晚上提供足够的饲草和饲料,并保证饮水。

3. 喜干怕潮

兔喜欢干燥,厌恶潮湿。这是由于干燥有利于兔健康,潮湿容易诱发兔发生多种疾病。兔对疾病的抵抗力较低,潮湿的环境利于各种细菌、真菌及寄生虫滋生繁衍,易使兔感染疾病,特别是疥癣病、皮肤真菌病、肠炎和幼兔的球虫病,给兔场造成极大的损失。生产中发现，有的兔场种兔的脚皮炎比较严重，这除了与兔的品种（大型品种易发此病）、笼底板质量等有关外，笼具潮湿是主要的诱发因素。当笼具潮湿时，兔的脚毛吸收水分而容易脱落，失去保护脚部皮肤的作用。后肢是兔体重的主要支撑点和受力部位，如果没有脚毛的保护，皮肤在坚硬的踏板上摩擦，形成厚厚的脚垫型脚皮炎；当受到外力伤及皮肤因接触到钉头毛刺等物而受到外伤，没有感染时，会形成疤痕型脚皮炎；当外伤感染病原菌之后，皮肤破溃，产生脓肿，而形成溃疡型脚皮炎。种兔一旦发生溃疡型脚皮炎，基本上失去了种用价值。生产中发现，如果将一块木板或砖块放入兔笼内，兔将很快爬卧在木板或砖块上，这是由于兔善于选择地势较高的地方，即在干燥的环境下生活。根据兔的这一特性，在建造兔舍时应选择地势高燥的地方，禁止在低洼处建筑兔场。平时保持兔舍干燥，减少无谓的水分产生。尽量减少粪尿沟内粪尿的堆积，减少水分的蒸发面积，保持常年适宜的通风条件，以降低兔舍湿度。

4. 喜洁怕污

兔喜欢干净，厌恶污浊。污浊的环境使兔感到不爽，容易发生疾病。污浊的环境包括空气污浊、笼具污浊、饲料和饮水污染等。空气污浊是指兔舍内通风不良，有害气体（主要指氨气、硫化氢和二氧化碳等）含量增加时，氧气分压降低，有害气体就会对兔的上皮黏膜产生刺激，容易发生眼结膜炎、传染性鼻炎等。当兔患有传染性鼻炎时，加之氧分压降低，会加重呼吸系统负担，容易诱发肺炎。因此说，发病率很高的传染性鼻炎的主要诱发因素是兔舍有害气体浓度超标。

笼具污浊主要指踏板的污浊和产箱不卫生。踏板是兔的直接生活环境，兔基本上每时每刻都与踏板接触。当踏板表面沾满粪尿时，容易导致兔的脚皮炎和肠炎。生产中发现，越是发生肠炎的兔笼越是粪尿污染严重，越是粪尿污染严重的兔笼越容易发生肠炎，形成恶性循环。当踏板污染后，母兔爬卧在踏板上，污浊的踏板使母兔乳房上沾满了病原微生物，当其哺喂仔兔后，很容易使仔兔发生大肠杆菌性肠炎而大批死亡。产箱不卫生来自垫草被污染和产箱表面污浊，这对仔兔成活率产生很大的影响，也容易造成母兔乳房的炎症。

饲料和饮水污染是造成兔消化道疾病的主要因素。饲料污染在饲料原料生产、饲料加工、运输和饲喂的每个环节，特别是被老鼠、麻雀、狗和猫的粪便污染，会导致兔消化道疾病的发生；饮水污染一方面是水源的污染，一方面是饮水在兔舍内饮水系统的污染，如自动饮水器塑料输水管道长苔、开放式饮水器被粪尿污染等。欲养好兔，必保洁净，这是养兔的基本常识。

5. 耐寒怕热

兔的正常体温一般为38.5～39.5℃，昼夜间由于环境温度的变化，体温有时相差1℃左右，这与其体温调节能力差有关。兔被毛浓密，汗腺退化，呼吸散热是其主要的体温调节方式。但其胸腔比例较小，肺不发达，在炎热气候条件下，仅仅靠呼吸很难维持体温恒定。因此，兔较耐寒冷而惧怕炎热。兔最适宜的环境温度为15～25℃，临界温度为5℃和30℃。也就是说，在15～25℃的环境中，其自身生命活动所产生的热量即可满足维持正常体温的需要，不需另外消耗自身营养，此时兔感到最为舒适，生产性能最高。在临界温度以外，对兔是有害的。特别是高温的危害性远远超过低温。在高温环境下，兔的呼吸、心跳加快，采食减少，生长缓慢，繁殖率急剧下降。在我国南方一些地区出现"夏季不育"的现象，就是由于夏季高温使公兔睾丸生精上皮变性，暂时失去了产生精子的能力。而这种功能的恢复一般是45～60天，如果热应激强度过大，恢复的时间更长，特别严重时，将不可逆转。生产中还可发现，如果夏季通风降温不良，有可能发生兔中暑死亡现象，尤以妊娠后期的母兔严重。

相对于高温，低温对兔的危害要轻得多。在一定程度的低温环境下，兔可以通过增加采食量和动员体内营养物质的分解来维持生命活动和正常体温。但是冬季低温环境也会造成生长发育缓慢和繁殖率下降，饲料报酬降低，经济效益下降。

獭兔是毛皮动物，毛皮质量与气候有关。低温有助于刺激被毛生长，在相同的营养条件下，适当的低温兔毛生长快。所以，我国长江以北地区，特别是三北地区（东北、西北和华北）饲养的獭兔，生产的皮张质量要好于长江以南地区，冬季的皮张要好于夏季。因此，可在毛兔产毛期，如商品獭兔出栏前和种兔淘汰前，提供适宜的低温环境，以提高皮毛质量。

特别需要指出，虽然大兔惧怕炎热而较耐寒冷，但出生后的小兔惧怕寒冷而需要较高的温度（出生后适宜温度是 33 ～ 35℃），随着日龄的增加体温调节能力逐渐增强。提高环境温度是提高仔兔成活率的关键。

温度是兔的最重要环境因素之一。提高兔的生产性能必须重视这一因素。尤其是兔舍设计时就应充分考虑这些问题，给兔提供最理想的环境条件，做到夏防暑、冬防寒。

6. 三敏一钝

兔嗅觉、味觉、听觉发达，视觉较差，故称"三敏一钝"。

兔鼻腔黏膜内分布着很多味觉感受器，通过鼻子可分辨不同的气味，辨别异己、性别。比如，母兔在发情时阴道释放出一种特殊气味，可被公兔特异性地接受，刺激公兔产生性欲。当把一只母兔放到公兔笼子内时，公兔并不是通过视觉识别，而是通过鼻闻识别。如果一只发情的母兔与一只公兔交配后马上放到另一只公兔笼子里，这只公兔不是立即去交配，而是去攻击这只母兔。因为这只母兔带有另一只公兔的气味，使这只公兔误认为是公兔进入它的领地。母兔识别自己的仔兔也是通过鼻子闻出来的。当寄养仔兔时，应尽量避免被保姆兔识别出来。可通过让两部分小兔的充分混合，气味相投，混淆母兔的嗅觉，或在被寄养的仔兔身上涂上这只母兔的尿液，母兔就误认为这是它的孩子而不虐待被寄养的仔兔。

在兔的舌面布满了味觉感受器——味蕾，不同的区域分工明确，辨别不同的味道。一般来说，在舌头的尖部分布大量的感受甜味的味蕾，而在舌根部则布满了感受苦味的感受器。因而，使兔的舌头很灵敏，对于饲料味道的辨别力很强。在野生条件下，兔子有根据自身喜好选择饲料的能力，而这种能力主要是通过位于舌头上的味蕾实现的。兔子对于酸、甜、苦、辣、咸等不同的味道有不同的反应。实践证明，兔子爱吃具有甜味的草和苦味的植物性饲料，不爱吃带有腥味的动物性饲料和具有不良气味（如发霉变质、酸臭味）的东西。在平时如果添加了它们不喜爱的饲料，有可能造成兔拒食或扒食现象。国外为了增加兔的采食量和便于颗粒饲料的成形，往往在饲料中添加适量蜂蜜或糖浆。如果在饲料中加入鱼粉等具有较浓腥味的饲料，兔子不爱吃，有时拒食。对于必须添加的而且兔不爱吃的饲料，应该由少到多逐渐增加，充分拌匀，必要时可加入一定的调味剂（如甜味剂）。

兔的耳朵对于声音反应灵敏。兔子具有一对长而高举的耳朵，酷似一对声波收集器，可以向声音发出的方向转动，以判断声波的强弱、远近。野生条件下穴兔靠着灵敏的耳朵来掌握"敌情"。公羊兔两耳长大下垂，封盖了耳穴，对外界反应迟钝，对声音失去灵敏性，看似胆大。耳朵灵敏对于野生条件下兔子的生存是有利的，但是过于灵敏对于日常的饲养管理带来一定的困难，需要我们时刻注意，防止噪声对兔子的干扰。同时我们可以利用这一特点，通过饲养人员和兔子的长期接触、"对话"，使它们与饲养人员之间建立"感情"，通过特殊的声音训练，建立采食、饮水等条件反射。据报道，在兔舍内播放轻音乐，可使兔采食增加，消化液分泌增强，母兔性情温顺，泌乳量提高。

兔的眼睛对于光的反应较差。兔的两个眼睛长在脸颊的两侧，外凸的眼球，使他不转头便可看到两侧和后面的物体。也就是说，兔的视觉很广。但由于鼻梁的阻隔，其看不到鼻子下面的物体，即所谓的"鼻下黑"。兔对于不同的颜色分辨力较差，距离判断不明，母兔分辨仔兔是否为自己的孩子，不是通过眼看而是依赖鼻闻，同样，对于饲槽内的饲料好坏的判断不是通过眼睛而是通过鼻子和舌头。

了解兔"三敏一钝"的习性，利用其优点，避免其缺点，挖掘其遗传潜力，提高饲养效果。

7. 同性好斗

小兔喜欢群居，这是由于小兔胆小，群居条件下相互依靠，具有壮胆作用。但是随着月龄的增大，群居性越来越差。特别是性成熟后的公兔，在群养条件下经常发生咬斗现象。这是生物界"物竞天择，适者生存"的体现。为了获得繁殖后代的机会，雄性公兔就需要在与其他公兔的竞争中处于有利地位，奋力战胜自己的"情敌"。母兔性情虽然较温和，很少发生激烈的咬斗现象。兔有领域行为，即在笼具利用上先入为主，一旦其他兔进入，有被驱逐出境的现象。根据兔的这些特点，在饲养管理中需引起注意，性成熟后的公兔要单笼饲养，不留种的公兔一般去势，以便群养，提高饲养密度和设备的利用率。母兔在非妊娠期和非泌乳期可两个或多个养在同一笼内，但在妊娠后期和泌乳期一定要单笼饲养，防止互相干扰而造成不良后果。

8. 穴居性

穴居性是指兔具有打洞穴居，并且在洞内产仔育仔的本能行为。尽管兔经过长期的人工选育和培育，并在人工笼具内饲养，远离地面。但只要不进行人为限制，兔一旦接触地面，打洞的习性立即恢复，尤以妊娠后期的母兔为甚，并在洞内理巢产仔。穴居性是兔长期进化过程中逐渐形成的习性或特点。野生条件下，兔的敌害很多，而自身的防御能力有限。为了生存，必须具备防御或躲避敌害的能力。因此，逐渐形成了在地下打洞生活繁衍的习性。研究表明，地下洞穴具有光线暗淡、环境安静、温度稳定、干扰少等优点，适合兔的生物学特性。母兔在地下洞穴产仔，其母性增强，仔兔成活率提高。因此，在笼养条件下，要为繁殖母兔尽可能地模拟洞穴环境做好产仔箱，并置于最安静和干扰少的地方。但是，地下洞穴具有潮湿、通风不良、管理不便、卫生条件难以控制和占用面积较多、不适于规模化养殖等缺点。在建造兔舍和选择饲养方式时，还必须考虑到兔的这一习性，以免由于选择的建筑材料不合适，或者兔场设计考虑不周到，使兔在舍内乱打洞穴，造成无法管理的被动局面。小规模家庭养兔，可考虑地下洞穴和地上笼养相结合的方式，以充分利用二者的优势。

9. 啮齿性

兔的第一对门齿是恒齿，出生时就有，永不脱换，而且不断生长。如果处于完全生长状态，上颌门齿每年生长约 10 厘米，下颌门齿每年生长约 12.5 厘米。由于其不断生长，兔必须借助采食和啃咬硬物不断磨损，才能保持其上下门齿的正常咬合。这种借助啃咬硬物磨牙的习性，称为啮齿行为。在生产中经常会发现兔啃咬笼具的现象，其主要原因是牙齿得不到应有的磨损，牙齿过度生长。避免发生兔啃咬笼具的现象，关键是保证饲料中有一定的粗纤维含量，不要把粗饲料磨得过细。以颗粒饲料的形式提供是最佳方案。由于颗粒饲料有一定的硬度，可以帮助磨损牙齿。也可在笼内投放一些树枝类的东西，既可以提供营养，也可以预防啃咬笼具。此外，在修建兔笼时，要注意材料的选择，尽量使用兔不能啃咬的材料；同时尽量做到笼内平整，不留棱角，使兔无法啃咬，以延长兔笼的使用年限。由于兔门齿终身生长，如果上下门齿咬合不佳，得不到相互磨损，就会出现门齿过长甚至弯曲等现象，导致兔不能采食。

二、满足兔饲养和管理的基本要求

（一）兔饲养的基本要求

1. 保证营养，注重青粗饲料

兔体小而代谢旺盛，生长发育快，繁殖率高，需要提供充足而全价的营养。养兔要以青粗饲料为主，精料为辅，但是应根据不同生产类型和不同生理阶段去灵活掌握，如獭兔对营养的要求高于肉兔，肉兔对低水平营养饲料的耐受性较强，特别是我国本地品种及大型肉兔品种较耐粗饲，提供过高的营养效果往往不甚理想。而低营养水平的日粮不仅造成獭兔生长速度降低，而且使被毛品质下降，生产中，仅靠青草和粗饲料是养不好獭兔的。

兔发达的盲肠有利用粗纤维的微生物区系及其环境条件。如果饲料中缺乏粗纤维或粗纤维含量不足，淀粉、蛋白等其他营养物质含量较高，一些非纤维的营养物质进入盲肠，为大肠杆菌、魏氏梭菌等一些有害微生物的活动创造良好条件，将打破盲肠内的微生物平衡，有害微生物大量繁殖，产生毒素而发生肠炎。青粗饲料是粗纤维的主要来源，饲粮中含一定比例的青粗饲料，一方面满足兔的消化生理需要，另一方面能降低养兔成本。因此，在保证兔营养需要的前提下，尽量饲喂较多的青粗饲料。

2. 多种饲料，科学搭配

不同的饲料有不同的营养特点和经济特点，生产中，没有任何单一饲料能满足兔的营养需要，需要将多种不同的饲料科学地进行组合搭配，相互取长补短，既可满足兔的需要，又能最大限度地发挥不同饲料的效能。比如，一般禾本科籽实含蛋氨酸较多，而含赖氨酸和色氨酸较少；豆科籽实含色氨酸较多，而蛋氨酸较少。因此，在配制兔日粮时，将禾本科和豆科饲料合理搭配，其效果要优于两种饲料单独使用。生产中应注意饲料的配伍问题，做到精粗搭配，青干配合，品种多样，营养互补。正如农民所说："兔要好，百样草""花草花料，活蹦乱跳；单一饲料，多吃少膘"。

选择和配制饲料要注意饲料的品质。如饲料的霉变，饲料原料发霉变质，特别是粗饲料（如甘薯秧、花生秧、花生皮）由于含水量超标在储存过程中发霉变质以及颗粒饲料在加工过程中由于加水过多没有及时干燥而发霉；带露水的草、被粪尿污染的草（料）、喷过农药的草、路边草（公路边的草往往被汽车尾气中的有毒物质污染，小公路边的草往往被牧羊粪尿污染）、有毒草（本身具有毒性或经过一系列变化而具有一定毒性的草或料，如黑斑甘薯和发芽马铃薯等）、堆积草（青草刈割之后没有及时饲喂或晾晒而堆积发热，大量的硝酸盐在细菌的作用下被还原为剧毒的亚硝酸盐）、冰冻料、沉积料（饲料槽内多日没有吃净的料沉积在料槽底部，很容易受潮而变质）、尖刺草（带有硬刺的草或树枝叶容易刺破兔子口腔而发炎）、影响其他营养物质消化吸收的饲料（如菠菜、牛皮菜等含有较多的草酸盐，影响钙的吸收利用）等都会引起兔的发病和死亡。限量饲喂有一定毒性的饲料（如棉籽饼、菜籽饼等），科学处理含有有害生物物质的饲料（如生豆饼或豆腐渣等含有胰蛋白酶抑制因子，应高温灭活后饲喂），规范饲料配合和混合搅拌程序，特别是使那些微量成分均匀分布，预防由于混合不匀造成严重的损失。

3. 因地制宜，科学饲喂

饲料形态和兔的生理状态不同，饲喂方法也就不同。如粉料不适于兔的采食习性，饲喂前需要加入一定的水拌潮，使饲料的含水率达到50%左右，无论是在炎热的夏季，还是在寒冷的冬季，饲料都容易发生一些变化而对兔产生不良的影响，就需要定时定量；颗粒饲料含水率较低，投放在料槽中后相对较长的时间不容易发生变化，因此，既可自由采食，也可分次投喂；青饲料和块料是兔饲料的补充形式，每天投喂 1～2 次即可；而粗饲料一般不单独作为兔的主料，或粉碎后与其他饲料一起组成配合饲料，或投放在草架上，让兔自由采食，以防止配合饲料由于粗纤维不足所造成的肠炎和腹泻。

兔的生理阶段不同，对营养需求的数量和质量要求也不同，应采取不同的饲喂程序和饲养方法。后备种兔、空怀母兔、种公兔非配种期、母兔的妊娠前期，特别是膘情较好的母兔等，营养的供应量应适当控制，最好采取定时定量的饲喂方式。过量的投喂不仅增加了饲养成本，而且对兔带来不良后果。比如，后备兔、种公兔的自由采食，会造成体胖而降低日后的繁殖能力；空怀母兔自由采食时间过长，会使卵巢周围脂肪沉积，卵巢、输卵管等脂肪浸润，导致久不发情或久配不孕，也会造成产仔减少等；妊娠前期营养供应过量，会使胚胎的早期死亡数增加，产仔数减少等。对于生长兔、妊娠后期的母兔，特别是泌乳期的母兔，营养需要量大，供料不足，就会影响生产性能，因此，最好采取自由采食的方法。

4. 饲料更换，逐渐过渡

兔子是单胃草食家畜，其消化机能的正常依赖于盲肠微生物的平衡。当有益微生物占据主导地位时，兔子的消化机能正常；反之，有害微生物占据上风时，兔正常的消化机能就会被打乱，出现消化不良、肠炎或腹泻，甚至导致死亡。胃肠道消化酶的分泌与饲料种类有关，而消化酶的分泌有一定的规律，盲肠微生物的种类、数量和比例也与饲料有关，特别是与进入盲肠的食糜关系密切，频繁的饲料变更，使兔子不能很快适应变化了的饲料，造成消化机能紊乱，所以，饲料及其组成要相对稳定，不能突然更换饲料。需要更换饲料时，要逐渐进行，有5～7天的过渡期。如从外地引种，要随兔带来一些原场饲料，并根据营养标准和当地饲料资源情况，配制本场饲料，采取三步到位法：前3天，饲喂原场饲料2/3，本场饲料1/3；再3天，本场饲料2/3，原场饲料1/3；此后，全部饲喂本场饲料。饲料过渡还应注意在季节交替过程中饲料原料的变化。如春季到来之后，青草、青菜和树叶相继供应，如果突然给兔子一次提供大量的青绿饲料，会导致兔子腹泻。同样应采取由少到多、逐渐过渡的方法。

5. 适应习性，强化夜饲

野生穴兔是兔的祖先，昼伏夜行是兔继承其祖先的一个突出习性之一。兔子白天较安静，多趴卧在笼内休息，而夜间特别活跃。据测定，约70%的饲料是在夜间（日落后至日出前）采食的。正如人们所说："马不吃夜草不肥，兔不夜饲不壮"。所以，要根据兔的生活习性，合理安排饲喂人员的作息时间，将日粮的绝大多数安排在夜间投喂。

6. 充足供水，保证水质

水是兔最重要的营养之一，饮水不足和饮用不合乎要求的水，不仅影响生产，而且危害健康。生产中存在"兔子喝水多了易拉稀"的错误观点，其实，正常饮用质量合格的水不会引起兔子的任何疾病，饮水不足往往是造成兔子消化道疾病的诱因。兔子具有根据自己需要调节饮水量的能力，只要兔子饮水，就说明它需要水。所以，任何季节，都应保证兔子自由饮水，尤其是夏季，缺水的后果是非常严重的。同时，要保证饮水质量。兔饮水应符合人饮用水标准，最理想的水源为深井水。做到不饮被粪便、污物、农药等污染的水，不饮死塘水（不流动的水源，特别是由降雨而形成的坑塘水，质量很难保障），不饮隔夜水（开放性饮水器具，如小盆、小碗、小罐等，很容易受到粪尿、落毛、微生物和灰尘的污染），不饮冰冻水，不饮非饮用井水（长期不用的非饮用井水的矿物质、微生物、有机质等项指标往往不合格）等。因此，兔场建筑前，应对地下水源进行检测，使用过程中注意水源的保护和定期检测消毒，保证兔子饮水安全。

（二）兔管理的基本要求

1. 保持适宜的环境

兔的抗病力、免疫力差，对恶劣环境的耐受力和适应性差，要求提供稳定、舒适、安静和洁净的环境。

（1）搞好卫生　搞好卫生，环境洁净，可以减少疾病发生，有利于维持兔体健康和生产性能发挥。注意搞好兔舍内的空气卫生（如加强通风换气，保持舍内空气新鲜；及时清理粪便，降低兔舍湿度，降低有害气体的产生量。人进入兔舍后应没有刺鼻、刺眼和不舒服的感觉）、笼具和用具卫生（定期清洁和消毒笼底板、食具、饮具、产箱等；及时清理和消毒被病兔污染的设备用具）、兔体卫生（注意兔的乳房卫生和外阴卫生）、饲料卫生、饮水卫生和饲养人员的自身卫生（如饲养人员的工作服要定期清洗消毒，进入生产区和兔舍要消毒，工作前要洗手消毒等）等。

（2）环境适宜　温热环境影响兔体的热调节和体温恒定，从而影响兔的健康和生产性能发挥，必须为兔提供舒适而稳定的温热环境，即提供适宜温度、湿度和通风。我国属于大陆性季风气候，一年四季分明，冬季寒冷，夏季炎热，春秋气温变化剧烈，加之气流和湿度的变化，对兔产生不良的影响。所以，要根据我国各地的气候特点，在兔舍和其他设施上加以改造，做好冬季保温，夏季防暑，春秋防气候突变，四季防潮湿，每天进行适量通风，保持空气新鲜。

（3）保持安静　兔胆小怕惊，对环境的变化敏感，需要提供安静的环境。尤其是母兔的妊娠后期、产仔期、授乳期和断乳后的小兔，突然的噪声会造成严重后果，如母兔流产、难产、产死胎、吃仔、踏仔等。但过于安静的环境在实际生产中很难做到。经常在过于安静环境里生活的兔子对于应激因素的敏感度增加。因此，饲养人员在兔舍内进行日常管理时，可与兔子说话，饲喂前可轻轻敲击饲槽等，产生一定的声音，也可播放一定的轻音乐，有意识地打破过于寂静的环境，对于兔子对环境的适应性提高有一定帮助。但是，一定避免噪声（尤其是爆破音，如燃放鞭炮、急促的警笛等）、其他动物闯入和陌生人的接近。尽量避免在兔舍内的粗暴动作和急速的跑动。

（4）定期消毒　消毒是减少病原种类和数量的有效手段。兔场要制定科学的消毒程序，进行有效的消毒。

2. 分群管理

不同品种、不同生产用途以及不同性别、年龄和生理阶段的兔子对饲养环境和饲养管理的要求也不同，疾病发生的种类也有一定差异。因此，应该分群管理，各有侧重。如，幼兔对球虫病敏感，威胁性很大；成年兔尽管有球虫寄生，但没有任何临床症状，即对球虫不敏感。成年兔的带虫率很高（70％左右），在成兔的粪便里经常排出球虫卵囊，成为对仔兔和幼兔最主要的传染源。如果大、小兔混养，对小兔是很危险的；由于兔子的性成熟早，如不及早分开饲养，偷配现象难兔发生。大小混养，小兔在竞争中永远处于劣势地位，对生长发育不利。因此，种兔应实行单笼饲养，后备兔的公兔及早分开饲养，幼兔和育肥兔可小群饲养。为了有效地预防球虫病，有条件的兔场，在哺乳期实行母仔分养。规模化兔场，实行批量配种，专业化生产，应将空怀母兔、妊娠母兔和泌乳期的母兔按区域分布，以便实行程序化管理，提高养殖效率和效果。

3. 合理作息

兔有昼伏夜行的习性，耐寒怕热的特点，昼夜消化液分泌不均衡的规律等，我国幅员广阔，纬度和经度跨越较大，每个地区的日出日落时间不同，每个区域的气候特点不一，应根据具体情况作出合理安排。其基本原则是：将一天70%左右的饲料量安排在日出前和日落后添加；饮水器具内经常保证有清洁的水；粪便每天清理一次，减少粪便在兔舍内的储存时间，清粪最好安排在早饲后，将一昼夜的粪便清理掉；摸胎在早晨饲喂前空腹进行；母子分离，定时哺乳安排在母乳分泌最旺盛、乳汁积累最多的时间，一般在清晨，应保持时间的相对固定；病兔的隔离治疗应在饲喂工作完成后进行，处理完后及时消毒；消毒应在最大限度发挥药物作用的时间进行，以中午为佳；小兔的管理、编刺耳号、产箱摆放和疫苗的注射等应在大宗管理工作的间隙进行；档案的整理应在每天晚上休息之前完成等。

4. 认真观察

兔是无言的动物，通过认真仔细的观察，可以及时发现问题，防患于未然。日常观察是饲养管理的重要程序，是养兔者的职业行为和习惯。观察要有目的和方法。如每次进入兔舍喂兔时，首先要做的工作应是对兔群进行一次全面或重点检查，包括：兔群的精神和食欲（饲槽内是否有剩料）、粪便的形态、大小、颜色和数量，尿液的颜色，有无异常的声音（如咳嗽、喷嚏声）和伤亡，有无拉毛、叼草和产仔，有无发情的母兔等。其实这些工作对于有经验的饲养员来说，一边喂兔，一边观察，一边记录或处理。如果个别兔子异常，对其进行及时处理。如怀疑存在传染病，应及时隔离。如果异常兔数量多，应引起高度重视，及时分析原因，并采取果断措施。

5. 定期检查

兔的管理有日常检查和定期检查。日常检查包括每天对食欲、精神、粪便、发情等的细致观察，而定期检查是根据兔的不同生理阶段和季节进行的常规检查。一般结合种兔的鉴定，对兔群进行定期的检查。检查的主要内容有：一是重点疾病，如耳癣、脚癣、毛癣、脚皮炎、鼻炎、乳房炎和生殖器官炎症；二是种兔体质，包括膘情、被毛、牙齿、脚爪和体重；三是繁殖效果的检查，对繁殖记录进行统计，按成绩高低排队，作为选种的依据；剔除出现有遗传疾病或隐性有害基因携带者，淘汰生产性能低下的个体和老弱病残兔，调整配种效果不理想的组合；四是生长发育和发病死亡，如果生长速度明显不如过去，应查明原因，是饲料的问题，还是管理的问题或其他问题；发病率和死亡率是否在正常范围，主要的疾病种类和发病阶段。定期检查要进行及时记录登记，并作为历史记录，以便为日后提供参考。每年都要进行技术总结，以便填写本场的技术档案。重点疾病的检查一般每月进行一次，而其他三种定期检查则保证每季度一次。

6. 防止鼠害

老鼠不仅会给兔带来啮齿棒状杆菌、泰泽氏菌、沙门氏杆菌、衣原体、支原体等几十种疾病，而且老鼠常常偷吃小兔，污染饲料，因此必须彻底灭鼠。

三、加强商品肉兔的饲养管理

兔肉是养兔业提供的重要产品之一，兔的产肉能力高于猪和牛。

1. 选择优良品种和杂交组合

育肥是在短期内增加体内的营养储积，同时减少营养消耗，使肉兔采食的营养物质除了维持必需的生命活动外，能大量储积在体内，以形成更多的肌肉和脂肪。育肥效果的好坏在很大程度上取决于育肥兔的基因组成。基因组合好可使肉兔生长快，饲养期短，饲料报酬高，肉质好，效益高。用于育肥的兔主要有以下两种。一种是专用于育肥的商品兔，包括用优良品种直接育肥，即选生长速度快的大型品种如佛兰德兔、塞北兔、哈白兔等，或中型品种如新西兰兔、加利福尼亚兔等进行纯种繁育，其后代直接用于育肥；采用经济杂交，如用良种公兔和本地母兔或优良的中型品种交配，如佛兰德兔♂×太行山兔♀、塞北兔♂×新西兰兔♀，也可以3个品种轮回杂交。饲养配套系（饲养优良品种比原始品种要好，经济杂交比单一品种的效果好，配套系的育肥性能和效果比经济杂交更好）是目前生产商品兔的最佳形式。不过目前我国配套系资源不足，大多数地区还不能实现直接饲养配套系。一般来说，引入品种与我国的地方品种杂交，均可表现一定的杂种优势。另一种是在不同时期或因不同原因淘汰的种兔。用作育肥的淘汰兔，应选择肥度适中者，经过一个月左右的时间快速育肥，使体重增加1千克左右即可。过瘦的种兔需要较长的时间，一般经济效益不高，可直接上市或作他用。

2. 抓断乳体重

育肥速度在很大程度上取决于早期增重的快慢。凡是断奶体重大的仔兔，育肥期的增重就快，就容易抵抗环境应激，顺利度过断乳期。相反，断奶体重越小，断奶后越难养，育肥期增重越慢。30天断乳，中型兔体重500克以上，大型兔体重600克以上。为提高断奶体重，应重点抓好如下方面。

（1）提高母兔的泌乳力 仔兔在采食饲料之前的半个多月的时间里，母乳是唯一的营养来源。因此，母兔泌乳量的高低决定了仔兔生长速度，同时，也决定了仔兔成活率的高低。提高母兔泌乳力，应该从增加母兔营养方面着手，特别是保证蛋白质、必需氨基酸、维生素、矿物质等营养的供应，保证母兔生活环境的幽静舒适。

（2）调整母兔哺育的仔兔数 母兔一般8个乳房，1天哺喂1次。每次哺喂的时间，仅仅几分钟。因此，如果仔兔数超过乳头数，多出的仔兔就得不到乳汁。凡是体质弱、体重小的仔兔，在捕捉乳头的竞争中，始终处于劣势和被动局面。要么吃不到乳，要么吃少量的剩乳。久而久之饥饿而死，即便不死也成为永远长不大的僵兔，丧失饲养价值和商品价值。因此，针对母兔的乳头数和泌乳能力，在母兔产后及时进行仔兔调整，即寄养，将多出的仔兔调给产仔数少的母兔哺育。如果没有合适的保姆兔，果断淘汰多余的小兔也比勉强保留效益高。

（3）抓好仔兔的补料　母兔的泌乳量是有限的，随着仔兔日龄的增加，对营养的要求越来越高。因此，仅仅靠母乳不能满足其营养需要，必须在一定时间补充一定的人工料，作为母乳的营养补充。一般仔兔 15 日龄出巢，此时牙齿生长，牙床发痒，正是开始补料的适宜时间。生产中一般从仔兔 16 日龄以后开始补料，一直到断乳为止。在 16～25 日龄仍然以母乳为主，补料为辅。此后以补料为主，母乳为辅。仔兔料注意营养价值要高，易消化，适当添加酶制剂和微生态制剂等。

3. 过好断奶关

断乳对仔兔是一个难以逾越的坎。首先，由母子同笼突然到独立生活，甚至离开自己的同胞兄妹；其次，由乳料结合到完全采食饲料；最后，由原来的笼舍转移到其他陌生环境。无论是对其精神上、身体上，还是胃肠道都是非常大的应激。因此，仔兔从断奶向育肥的过渡非常关键。如果处理不好，在断奶后 2 周左右增重缓慢，停止生长或减重，甚至发病死亡。断奶后最好原笼原窝饲养，即采取移母留仔法。若笼位紧张，需要调整笼子，一窝的同胞兄妹不可分开。育肥期实行小群笼养，切不可一兔一笼，或打破窝别和年龄，实行大群饲养。这样会使刚断奶的仔兔产生孤独感、生疏感和恐惧感。断奶后 1～2 周内应饲喂断奶前的饲料，以后逐渐过渡到育肥料。否则，突然改变饲料，2～3 天内仔兔即出现消化系统疾病。仔兔在断乳后前 2 周最容易出现腹泻。预防腹泻是断乳仔兔疾病预防的重点。以微生态制剂强化仔兔肠道有益菌，对于控制消化机能紊乱是非常有效的。

4. 直接育肥

肉兔在 3 月龄前是快速生长阶段，且饲料报酬高。应充分利用这一生理特点，提高经济效益。肉兔的育肥期很短，一般从断奶（30 天）到出栏仅 40～60 天的时间。而我国传统的"先吊架子后填膘"育肥法并不科学。仔兔断奶后不可用大量的青饲料和粗饲料饲喂，应采取直接育肥法，即满足幼兔快速生长发育对营养的需求，使日粮中蛋白质（17%～18%）、能量（10.47 兆焦／千克以上）保持较高的水平，粗纤维控制在12%左右。使其顺利完成从断奶到育肥的过渡，不因营养不良而使生长速度减慢或停顿，并且一直保持到出栏。据笔者试验，小公兔不去势的育肥效果更好。因为肉用品种的公兔性成熟在3月龄以后，而出栏在3月龄以前，在此期间其性行为不明显，不会影响增重。相反，睾丸分泌的少量雄激素会促进蛋白质合成，加速兔子的生长，提高饲料的利用率。生产中发现，在3月龄以前，小公兔的生长速度大于小母兔，也说明了这一问题。再者，不论采取刀骟也好，药物去势也好，由于伤口或药物刺激所造成的疼痛，以及睾丸组织的破坏和伤口的恢复，都是对兔的不良刺激，都会影响兔子的生长发育，不利于育肥。

5. 控制环境

育肥效果的好坏，在很大程度上取决于为其提供的环境条件，主要是指温度、湿度、密度、通风和光照等。温度对于肉兔的生长发育十分重要，过高和过低都是不利的，最好保持在25℃左右，在此温度下体内代谢最旺盛，体内蛋白质的合成最快。适宜的湿度不仅可以减少粉尘污染，保持舍内干燥，还能减少疾病的发生，最适宜的湿度应控制在55%～60%。饲养密度应根据温度和通风条件而定。在良好的条件下，每平方米笼养面积可饲养育肥兔18只。在生产中由于我国农村多数兔场的环境控制能力有限，过高的饲养密度会产生相反的作用，一般应控制在每平方米14～16只；育肥兔由于饲养密度大，排泄量大，如果通风不良，会造成舍内氨气浓度过大，不仅不利于兔的生长，影响增重，还容易使兔患呼吸道等多种疾病。因此，育肥兔对通风换气的要求较为迫切。光照对兔的生长和繁殖都有影响。育肥期采用弱光或黑暗，仅让兔子看到采食和饮水，能抑制性腺发育，延迟性成熟，促进生长，减少活动，避免咬斗，快速增重，提高饲料的利用率。

6. 科学选用饲料和添加剂

保证育肥期间营养水平达到营养标准是肉兔育肥的前提。除满足育肥兔对蛋白、能量、纤维等主要营养的需求外，维生素、微量元素及氨基酸添加剂的合理使用，对于提高育肥性能有举足轻重的作用。

维生素 A、维生素 D、维生素 E 以及微量元素锌、硒、碘等能促进体内蛋白质的沉积，提高日增重；含硫氨基酸能刺激消化道黏膜，起到健胃的作用，并能增加胆汁内胆汁酸的合成，从而增强消化吸收能力，还可以改善菌体蛋白质品质，提高营养物质的利用率。此外，不同的饲料形态对育肥有一定影响。试验表明，使用颗粒饲料比粉料增重提高 8%～13%，饲料利用率提高 5%以上。

除常规营养以外，可选用一定的高科技饲料添加剂。如稀土添加剂具有提高增重和饲料利用率的功效；杆菌肽锌添加剂有降低发病率和提高育肥效果的作用；腐殖酸添加剂可提高兔的生产性能；酶制剂可帮助消化，提高饲料利用率；微生态制剂有强化肠道内源有益菌群，预防微生态失调的作用；寡糖有提供有益菌营养、增强免疫和预防疾病的作用；抗氧化剂不仅可防止饲料中一些维生素的氧化，也具有提高增重、改善肉质品质的作用；草药饲料添加剂由于组方不同，效果各异。总之，根据生产经验和兔场的实际情况，在饲料添加剂方面投入，经济上是合算的，生产上是可行的。

7. 自由采食和饮水

我国传统肉兔育肥，一般采用定时、定量、少喂、勤添的饲喂方法和"先吊架子后填膘"的育肥策略。现代研究表明，让育肥兔自由采食，可保持较高的生长速度。只要饲料配合合理，不会造成育肥兔的过食、消化不良等现象。自由采食适于饲喂颗粒饲料，而粉拌料不宜自由采食，因为饲料的霉变问题不易解决。在育肥期总的原则是让育肥兔吃饱吃足，只有多吃，才能多长。有的兔场采用自由采食的方式，出现兔消化不良或腹泻现象，其主要原因是在自由采食之前采用少喂勤填的方法，突然改为自由采食，兔的消化系统不能立即适应。可采取逐渐过渡的方式，经过 1 周左右的时间即可调整过来。为了预防因自由采食出现的副作用，可在饲料中增加酶制剂和微生态制剂，降低高增重带来的高风险。水对于育肥兔是不可缺少的营养。饮水量与气温量呈正相关，与采食量呈正相关。保证饮水是促进育肥不可缺少的环节。饮水过程中注意水的质量，保证其符合畜禽饮用水标准。防止水被污染，定期检测水中的大肠杆菌数量。尤其是使用开放式饮水器的兔场更应重视饮水卫生。

8. 控制疾病

肉兔育肥期很短，育肥强度大，在有限的空间内基本上被剥夺了运动自由，对疾病的耐受性差。一旦一只发病，同笼及周边小兔容易被传染。即便发病没有死亡，也会极大影响生长发育，使育肥出栏同期化成为泡影。因此，在短短的育肥期间，安全生产、健康育肥、降低发病、控制死亡是肉兔育肥的基本原则。肉兔育肥期易感染的主要疾病是球虫病、腹泻和肠炎、巴氏杆菌病及兔瘟。球虫病是育肥兔的主要疾病，全年发生，以6～8月份为甚。应采取药物预防、加强饲养管理和搞好卫生相结合的方法积极预防。预防腹泻和肠炎的方法是提倡卫生调控、饲料调控和微生态制剂调控相结合，尽量不用或少用抗生素和化学药物，不用违禁药物。卫生调控就是搞好环境卫生和饮食卫生，粪便堆积发酵，以杀死寄生虫卵。饲料调控的重点是饲料配方中粗纤维含量的控制，一般应控制在12%，在容易发生腹泻的兔场可增加到14%。选用优质粗饲料是控制腹泻和提高育肥效果的保障。微生态制剂调控是一项新技术，其效果确实，投资少，见效快。预防巴氏杆菌病，一方面搞好兔舍的环境卫生和通风换气，加强饲养管理；另一方面在疾病的多发季节适时进行药物预防。对于兔瘟，只有定期注射兔瘟疫苗才可控制。一般断奶后（35～40日龄注射最好）每只皮下注射1毫升即可至出栏。对于兔瘟顽固性发生的兔场，最好在第一次注射20天后强化免疫一次。

9. 适时出栏

出栏时间应根据品种、季节、体重和兔群表现而定。在目前我国饲养条件下，一般肉兔9日龄达到2.5千克即可出栏。大型品种，骨骼粗大，皮肤松弛，生长速度快，但出肉率低，出栏体重可适当大些。但其生长速度快，90日龄可达到2.5千克以上。因此，3月龄左右即可出栏。中型品种骨骼细，肌肉丰满，出肉率高，出栏体重可小些，达2.25千克以上即可。春秋季节，青饲料充足，气温适宜，兔生长较快，育肥效益高，可适当增大出栏体重。如果在冬季育肥，维持消耗的营养比例较高，尽量缩短育肥期，只要达到最低出栏体重即可出售。兔育肥是在有限的空间内，高密度养殖。育肥期疾病的风险很大。如果在育肥期周围发生了传染性疾病，应封闭兔场，禁止出入，严防病原菌侵入。若此时育肥期基本结束，兔群已基本达到出栏体重，为了降低继续饲养的风险，可立即结束育肥。每批肉兔育肥，应进行详细的记录登记。尤其是存栏量、出栏量、饲料消耗和饲养成本。计算出栏率和料肉比。总结成功的经验和失败的教训，为日后的工作奠定基础。

四、加强商品皮兔的饲养管理

皮兔饲养管理的基本要求与其他兔种大同小异，此处主要介绍商品獭兔饲养管理要点和与毛皮质量等方面的关系。

1. 獭兔毛皮的生长特点

獭兔绒毛生长及脱换有一定的规律，仔兔出生第 3 天起开始长绒毛，并可看出固有色型；15 日龄被毛光亮；15 ～ 30 日龄被毛生长最快，之后即停止生长；60 日龄左右开始换胎毛；4 ～ 4.5 月龄第一次年龄性换毛，此时被毛光润并呈标准色彩，此时体重已达 2 ～ 2.5 千克，即可取皮；6 ～ 6.5 月龄第二次年龄性换毛，此时不仅毛皮品质优良，而且皮张面积大，但由于饲养期较长，经济效益不高。

2. 商品獭兔饲养管理要点

饲养獭兔的最终目的是获得优质毛皮，商品獭兔饲养管理的好坏，直接影响毛皮质量，从而影响到经济效益。因此，必须做好以下几项工作。

（1）科学饲养

① 抓早期增重　獭兔的生长和毛囊的分化存在明显的阶段性。根据试验测定，在 3 月龄以前，无论是体重的生长，还是毛囊的分化，都相当强烈。而且被毛密度与早期体重呈现正相关的趋势，即体重增长越快，毛囊分化越快，二者是同步的。超过 3 月龄以后，体重增长和毛囊分化急剧下降。因此，獭兔体重和被毛密度在很大程度上取决于早期发育。提高断乳体重和断乳到 3 月龄的体重是养好獭兔的最关键时期。一般要求仔兔 30 日断乳重 500 克，3 月龄体重达到 2000 克以上，即可实现 5 月龄有理想的皮板面积和被毛质量。资料表明以蛋

白 17.5％日粮饲喂生长獭兔，5 月龄体重可达到 2718 克，被毛密度 5 月龄达到 13983 根／平方厘米，优于日粮蛋白 16.0％和 14.5％。由此可见早期营养的重要性以及被毛密度对蛋白水平的依赖性。

②前促后控　獭兔的育肥期比肉兔时间长，不仅要求商品獭兔有一定的体重和皮板面积，还要求皮张质量，特别是遵循兔毛的脱换规律，使被毛的密度和皮板达到成熟，如果仅仅考虑体重和皮板面积，一般在良好的饲养条件下 3.5 月龄可达到一级皮的面积，但皮板厚度、韧性和强度不足，皮张的利用价值低。根据笔者试验，如果商品獭兔在整个育肥期全程高营养，有利于前期的增重和被毛密度的增加，但后期出现营养过剩现象（如皮下脂肪沉积），对皮张的处理产生不利影响。因此，采取前促后控的育肥技术：即断乳到 3.5 月龄，提高营养水平（蛋白质含量 17.5％），采取自由采食，充分利用其早期生长发育速度快的特点，挖掘其生长的遗传潜力，多吃快长；此后适当控制，一般有两种控制方法，一是控质法，一是控量法。前者是控制饲料的质量，使其营养水平降低，如能量降低 10％，蛋白降低 1 ～ 1.5 个百分点，仍然采取自由采食的方法；后者是控制喂料量，每天投喂相当于自由采食 80％～ 90％的饲料，而饲养标准和饲料配方与前期相同。采取前促后控的育肥技术，不但可以节省饲料，降低饲养成本，而且使育肥兔皮张质量好，皮下不会有多余的脂肪和结缔组织。

（2）合理分群　商品獭兔实行分小群饲养，断奶后的幼公兔除留种外全部去势，然后按大小、强弱分群，每笼为一群，每群 4 ～ 5 只（笼面积约 0.5 平方米）。淘汰种兔按公母分群，每群 2 ～ 3 只，经短期饲养上市。饲养密度不能太大，以免因互相抢食和抢休息地盘而打架，咬伤皮肤。

（3）公兔去势　在肉兔育肥过程中，公兔不需要去势，是由于肉兔的育肥期短，在 3 月龄甚至 3 月龄以前即可出栏，而性成熟在出栏以后，因此，无需去势。但獭兔的育肥期长（5 ～ 6 月龄出栏），性成熟（3 ～ 4 月龄）早，育肥出栏期在性成熟以后，如果不进行去势，群养育肥条件下，会出现以下严重问题：一是公兔之间相互咬斗，大面积皮肤破损，降低皮张质量；二是公兔追配母兔，或相互爬跨，影响采食和生长，或光吃不长，消耗饲料，增加成本；三是公母混养情况下，造成偷配乱配，母兔早期妊娠，影响生长和降低皮张质量；四是如果实行群养，不便于管理。如果实行个体单养，占用大量的笼具，增加投入，降低房舍利用率。

公兔去势时间以 2.5～3 月龄进行最佳。因为獭兔的睾丸生长在腹腔，2 月龄后进入腹股沟。所以，去势过早睾丸不容易获得，去势过晚会影响饲养管理。去势方法如表 3-1 所示。

表 3-1　公兔的去势方法和操作

方法	操作步骤	优缺点
刀骟法	将兔仰卧保定，将两侧睾丸从腹腔挤入阴囊并固定捏紧，用 2% 的碘酒涂擦手术部位（阴囊中部纵向切割），然后用 75% 的酒精涂擦，以消毒后的手术刀切开一侧阴囊和睾丸外膜 2～3 厘米，并挤出睾丸，切断精索。用同样方法处理另一侧睾丸。手术后在切口处涂些抗生素或碘酒即可	刀骟法将睾丸一次去掉，干净彻底，尽管当时剧烈疼痛，但很快伤口愈合，总的疼痛时间短。需要动手术，伤口有感染的危险性
结扎法	将睾丸挤入阴囊并捏紧，以橡皮筋在阴囊基部反复缠绕扎紧，使之停止血液循环和营养供应，自然萎缩脱落	结扎法有肿胀和疼痛时间长的问题
药物法	药物去势是以不同的化学药物注入睾丸，破坏睾丸组织而达到去势的目的。常用的化学药物有：2%～3% 的碘酒、甲钙溶液（10% 的氯化钙 +1% 的甲醛）、7%～8% 的高锰酸钾溶液和动物专用去势液等。其方法是以注射器将药液注入每侧睾丸实质中心部位，根据兔子年龄或睾丸的大小，每侧注射 1～2 毫升	药物法去势睾丸严重肿胀，兔子疼痛时间长，操作简便，没有感染的危险，但有时去势不彻底

（4）环境舒适　环境污浊可使毛皮品质下降，还可使獭兔患病，因此，兔笼兔舍应经常保持清洁、干燥。兔笼要每天打扫，及时清除粪尿及其他污物，避免污染兔的毛皮，以保持兔体清洁卫生。

（5）及时预防和治疗疾病　兔舍要定期按常规消毒，切断疾病传染源，用药物预防或及时治疗直接损害毛皮的毛癣病、兔痘、兔坏死杆菌病、兔疥癣病、兔螨病、兔虱病、湿性皮炎和黄尿病等疾病。

（6）适时出栏　獭兔的出栏与肉兔不同。后者只要达到一定体重，有较理想的肉质和产肉率即可出栏。很少考虑其皮张质量如何。因为肉兔的主产品是肉，副产品是皮等。獭兔不同，其主产品是皮，副产品是肉和其他。因此，屠宰时间以皮张和被毛质量为依据。

獭兔具有换毛性，又分年龄性换毛和季节性换毛。前者指生后小兔到 6 月龄之间进行 2 次年龄性换毛，后者指 6 月龄以后的獭兔一年中在春秋两季分别进行的一次季节性换毛。在换毛期是绝对不能打皮的。因此，獭兔的屠宰应错开换毛期。

獭兔皮板和被毛需经过一定的发育期方可成熟。被毛成熟的标志是被毛长齐，密度大，毛纤维附着结实，不易脱落；皮板成熟的标志是达到一定的厚度，具有相当的韧性及耐磨力。也就是说，在被毛和皮板任何一种没有达到成熟时，均不宜屠宰。对于商品獭兔，5 ～ 6 月龄时，皮板和被毛均已成熟，是屠宰打皮的最佳时机，提前和错后都不利；对于淘汰的成年种兔，只要错过春秋换毛季节即可；但母兔应在小兔断奶一定时间，腹部被毛长齐后再淘汰。

五、加强商品毛兔的饲养管理

专门用作产毛的兔称为商品毛兔。尽管毛用种兔也产毛，但其主要任务是繁殖，在饲养管理方面与商品毛兔有所区别。饲养商品毛兔的目的是生产量多优质的兔毛，而兔毛产量是由兔毛生长速度、兔毛密度和产毛有效面积决定的，与品种、性别、营养、季节及光照有密切关系。

1. 商品毛兔的饲养

（1）抓早期增重　加强早期营养可以促进毛囊分化，提高被毛密度，同时增加体重及表面积，这是养好毛兔的关键措施。一般掌握断乳到 3 月龄以较高营养水平的饲料饲喂（消化能 10.46 兆焦 / 千克，粗蛋白 16.8% ～ 17%，蛋氨酸 0.7%）。

（2）控制最终体重　尽管体重越大产毛面积越大，产毛量越多，但是，体重并非越重越好。过大的体重产毛效率低，即用于产毛的营养与维持营养的比例小，利用时间短。体重一般控制在 4 ～ 4.5 千克。营养水平采取前促后控的原则。一般掌握能量降低 5%，蛋白低 1 个百分点，保持蛋氨酸水平不变；也可以采取控制采食量的办法，即提供自由采食的 85% ～ 90%，而营养水平保持不变。

（3）注意营养的全面性和阶段性　毛兔的产毛效率很高，高产毛兔的年产毛量可占体重的 40% 以上，远远大于其他产毛动物（如绵羊）。产毛需要较高水平的蛋白质和必需氨基酸，尤其是含硫氨基酸。据估算，毛兔每产毛 1 千克，相当于肉兔产肉 7 千克消耗的蛋白质，同时，其他营养（如能量、纤维、矿物质和维生素等）必须保持平衡。营养的阶段性指毛兔剪毛前后环境发生了很大的变化，因而营养要求要适应这种变化的需要。尤其在寒冷的季节，剪毛后突然失去了厚厚的保温层，维持体温要求较多的能量，同时剪毛刺激兔毛生长，需要大量的优质蛋白。因此，在剪毛后 3 周内，饲料中的能量和蛋白水平要适当提高，饲喂量也应有所增加，或采取自由采食的方法，以促进兔毛的生长。为了提高产毛量和兔毛品质，可在饲料中添加含硫物质和促进兔毛生长的生理活性物质，如羽毛粉、松针粉、土茯苓、蚕砂、硫黄、胆碱、甜菜碱等。

2. 商品毛兔的管理

（1）笼具质量和单笼饲养　毛兔的被毛生长很快，可达到 10 厘米多。很容易被周围物体挂落或污染，影响产量和质量。因此，饲养毛兔的笼具四周最好用表面光滑的物料如水泥板。由于铁网笼具很容易缠挂兔毛，给消毒带来一定困难，同时还容易诱发食毛，一般不采用这种笼具。为了防止毛兔之间相互接触而诱发食毛症，有条件的兔场应该单笼饲养。

（2）及时梳毛　兔毛生长到一定长度，容易缠结。特别是被毛密度较低的毛兔，缠毛现象更加严重。梳毛没有固定的时间，主要根据毛兔的品种和兔毛生长状况而定。只要兔毛有缠结现象，应及时梳理。

（3）适时采毛　兔毛生长有一定的规律性，剪毛后刺激皮肤毛球，使血液循环加快，毛纤维生长加速。据测定，剪毛后 1～3 周，每周兔毛增长 5 毫米，3～6 周为 4.8 毫米，7～9 周为 4.1 毫米，9～11 周为 3.7 毫米，出现递减趋势。因此，增加剪毛次数可提高产毛量。一般南方较温暖地区每年剪毛 5 次，养毛期 73 天，北部地区可剪毛 4 次或 9 次。为了提高兔毛质量和毛纤维的直径，可采取拔毛的方式采毛。在较寒冷地区更为适用。

（4）剪毛期管理　正如上面所述，剪毛前后环境发生了很大的变化，管理工作必须跟上，否则，容易诱发呼吸道、消化道及皮肤疾病。剪毛应选择晴朗的天气进行，气温低时，剪毛后应适当增温和保温。剪毛对兔来说是一个较大的应激，在剪毛前后，可适当服用抗应激物质，如维生素 C，或复合维生素（速补 14、维补 18 等水可弥散型维生素、氨基酸和微量元素合剂）；为了预防消化道疾病，可在饮水中加入微生态制剂；预防感冒添加一定的抗感冒药物（以草药为佳）；对于有皮肤病（疥癣和真菌病）的兔场，剪毛 7～10 天进行药浴效果较好。

六、加强不同季节兔的饲养管理

（一）春季的饲养管理

1. 注意气温变化

　　春季气温渐暖，空气干燥，阳光充足，是兔繁殖的最佳季节。但是由于春季的气候多变，给养兔带来更多的不利因素。从总体来说，春季的气温是逐渐升高的。但是，在这一过程中并不是直线上升的，而是升中有降，降中有升，气候多变，变化无常。在华北以北地区，尤其是在 3 月份，倒春寒相当严重，寒流、小雪、小雨不时袭来，很容易诱发兔患感冒、巴氏杆菌病、肺炎、肠炎等病。特别是刚刚断奶的小兔，抗病力较差，容易发病死亡，应精心管理。尽管春季是兔生产的最佳季节，但给予生产的理想时间是很短的。原因在于春季的气候变化十分剧烈，而稳定的时间很短。由冬季转入春季为早春，此时的整体温度较低，以较寒冷的北风为主，夹杂着雨雪。此期应以保温和防寒为主。每天中午适度打开门窗，进行通风换气。而由春季到夏季的过渡为春末，气候变化较为激烈。不仅温度变化大，而且大风频繁，时而有雨。此期应控制兔舍温度，防止气候骤变。平时打开门窗，加强通风，遇到不良天气，及时采取措施，为春季兔的繁殖和小兔的成活提供最佳环境。

2. 保障饲料供应

　　春季是兔的换毛季节，此期冬毛脱落，夏毛长出，要消耗较多的营养，对处于繁殖期的种兔，加重了营养的负担。兔毛是高蛋白物质，需要含硫氨基酸较多。为了加速兔毛的脱换，在饲料中应补加蛋氨酸，使含硫氨基酸达到 0.6% 以上；同时，早春又是饲料青黄不接的时候，应利用冬季储存的萝卜、白菜或生大麦芽等，提供一定的维生素营养。春季兔容易发生饲料中毒事件，尤其是发霉饲料中毒，给生产造成较大的损失，其原因是冬季存储的甘薯秧、花生秧、青干草等在户外露天存放，冬春的雪雨使之受潮发霉，在粉碎加工过程中如果不注意挑选，用发霉变质的草饲喂兔，就会发生急性或慢性中毒。此外，冬储的白菜、萝卜等受冻或受热，发生霉坏或腐烂，也容易造成兔中毒。冬季向春季过渡期，饲料也同时经历一个不断的过渡。随着气温的升高，青草不断生长并被采集喂兔。由于其幼嫩多汁，适口性好，兔喜食。如果不控制喂量，兔子的胃肠不能立即适应青饲料，会出现腹泻现象，严重时造成死亡。一些有毒的草返青较早，要防止兔误食。一些青菜，如菠菜、牛皮菜等含有草酸盐较多，影响钙、磷代谢，对于繁殖母兔及生长兔更应严格控制喂量。

3. 预防疾病

　　春季万物复苏，各种病原微生物活动猖獗，是兔多种传染病的多发季节，防疫工作应放在首要的位置。①要注射有关的疫苗，兔瘟疫苗必须保证注射。其他疫苗可根据具体情况灵活掌握，如魏氏梭菌疫苗、巴氏 - 波氏二联苗、大肠杆菌疫苗等。②将传染性鼻炎型为主的巴氏杆菌病作为重点。由于气温的升降，气候多变，会诱发兔患呼吸道疾病，应有所防范。③预防肠炎。尤其是断乳小兔的肠炎作为预防的重点。可采取饲料营养调控、卫生调控和微生态制剂调控相结合的方法，尽量不用或少用抗生素和化学药物。④预防球虫病。春季气温低，湿度小，容易忽视了春季球虫病的预防。目前我国多数实行室内笼养，其环境条件有利于球虫卵囊的发育。如果预防不利，有暴发的危险。⑤有针对性地预防感冒和口腔炎等。前者应根据气候变化进行，后者的发生尽管不普遍，但在一些兔场连年发生。应根据该病发生的规律进行有效防治。⑥控制饲料品质，预防饲料发霉。可在饲料中添加霉菌毒素吸附剂，同时加强饲料原料的保管，缩短成品饲料的储存时间，控制饲料库的湿度等。⑦加强消毒。春季的各种病原微生物活动猖獗，应根据饲养方式和兔舍内的污染情况酌情消毒。在兔的换毛期，可进行一次到两次火焰消毒，以焚烧脱落的兔毛。

4. 做好防暑准备

在我国北方，春季似乎特别短，4～5月份气温刚刚正常，高温季节马上来临。由于兔惧怕炎热，而我国多数兔场的兔舍保温隔热条件较差，尤以农村家庭兔场的兔舍更加简陋，给夏季防暑工作带来很大的难度。应采取投资少、见效快、效果好、简便易行的防暑降温措施，即在兔舍前面栽种藤蔓植物，如丝瓜、吊瓜、苦瓜、眉豆、葡萄、爬山虎等，既起到防暑降温效果，又起到美化环境、净化空气的作用，还可有一定的瓜果收益，一举多得。

（二）夏季的饲养管理

夏季气温高，湿度大，蚊蝇多，给兔的生长和繁殖带来很大的难度。同时，由于高温高湿气候利于球虫卵囊的发育，幼兔极易暴发球虫病。因此有"寒冬易度，盛夏难熬"之说。首先应采取多种措施进行防暑降温，保持环境卫生，减少疾病发生。

1. 防暑降温

（1）环境绿化遮阳　通过绿化可以改善兔场和兔舍的温热环境。在兔舍的前面和西面一定距离栽种高大的树木（如树冠较大的梧桐），或丝瓜、眉豆、葡萄、爬山虎等藤蔓植物，以遮挡阳光，减少兔舍的直接受热；如果为平顶兔舍，而且有一定的承受力，可在兔舍顶部覆盖较厚的土，并在其上种草（如草坪）、种菜或种花，对兔舍降温有良好作用；在兔舍顶部、窗户的外面拉折光网，实践证明是有效的降温方法，其折光率可达70%，而且使用寿命达4～5年；对于室外架式兔舍，为了降低成本，可利用柴草、树枝、草帘等搭建凉棚，起到折光造荫降温作用，是一种简便易行的降温措施。

（2）墙面刷白　不同颜色对光的吸收率和反射率不同。黑色吸光率最高，而白色反光率很强，可将兔舍的顶部及南面、西面墙面等受到阳光直射的地方刷成白色，以减少兔舍的受热度，增强光反射。可在兔舍的顶部铺放反光膜，降低舍温2℃左右。

（3）蒸发降温　兔舍内的温度来自太阳辐射，舍顶是主要的受热部位。降低兔舍顶部热能的传递是降低舍温的有效措施。如果为以水泥或预制板为材料的平顶兔舍，在搞好防渗的基础上，可将舍顶的四周垒高，使顶部形成一个槽子，每天或隔一定时间往顶槽里灌水，使之长期保持有一定的水，降温效果良好。如果兔舍建筑质量好，采用这样的措施，兔舍内夏季可保持在30℃以下，使母兔夏季继续繁殖；无论何种兔舍，在中午太阳照射强烈时，往舍顶部喷水，通过水分的蒸发降低温度，效果良好。美国的一些简易兔舍，夏季在兔舍顶脊部通一根水管，水管的两侧均匀钻有很多小孔，使之往两面自动喷水，是很有效的降温方式。当天气特别炎热时，可配合舍内通风、地面喷水，以迅速缓解热应激。

（4）加强通风　通风是兔舍降温的有效途径，也是兔对流散热的有效措施。在天气不十分炎热的情况下，在兔舍前面栽种藤蔓植物的基础上，打开所有门窗，可以实现兔舍的降温或缓解高温对兔舍造成的压力。

兔舍的窗户是通风降温的重要工具，但生产中发现很多兔场窗户的位置较高。这样造成上部通风效果较好，而下部通风效果不良，导致通风的不均匀性。此外，兔舍的湿度产生于下部粪尿沟，如果仅仅在上面通风，下面粪尿沟没有空气流动，或流动较少，起不到降低湿度的作用。因此，在建筑兔舍时，可在大窗户的下面，接近地面的地方，设置下部通风窗。这对于底部兔笼的通风和整个兔舍湿度的降低产生积极效果。但是，当外界气温居高不下，始终在33℃以上时，仅仅靠自然通风是远远不够的，应采取机械通风，强行通风散热。机械通风主要靠安装电扇，加强兔舍的空气流动，减少高温对兔的应激程度，小型兔场可安装吊扇，对于局部空气流动有一定效果，但不能改变整个兔舍的温度，仅仅使局部兔笼内的兔感到舒服，达到缓解热应激的程度。因此，其作用是很有限的。大型兔场可采取纵向通风的方式，有条件的兔场，采取增加湿帘和强制通风相结合的方式，效果更好。

2. 科学饲养管理

（1）降低饲养密度　高温季节兔舍热量来源一是太阳辐射热进入兔舍或通过墙壁和舍顶辐射进入兔舍，增加舍内热量；二是粪尿分解产生热量；三是兔本身的散热。饲养密度越大，向外散热量越多，越不利于防暑降温。因此，降低饲养密度是减少热应激的一条有效措施。为了便于散热降温，对兔舍内的兔进行适宜的疏散。泌乳母兔最好与仔兔分开，定时哺乳，既利于防暑，又利于母兔的体质恢复和仔兔的生长，还有助于预防仔兔球虫病。育肥兔实行低密度育肥，每平方米底板面积饲养 10～12 只，由群养改为单笼饲养或小群饲养。三层重叠式兔笼，由三层养兔改为两层养兔，即将最上面的笼具空置（上层的温度高于下层）。

（2）合理喂料　饲喂时间、饲喂次数、饲喂方法和饲料组成，都对兔的采食和体热调节产生影响，所以，从饲喂制度到饲料配方等均应进行适当调整。

① 喂料时间调整　采取"早餐早，午餐少，晚餐饱，夜加草"的方式，把一天饲料的 80% 安排在早晨和晚上。由于中午和下午气温高，兔没有食欲，应让其好好休息，减少活动量，降低产热量，不要轻易打扰兔，即便喂料，它们也多不采食。

② 饲料种类调整　增加蛋白质饲料的含量，减少能量饲料的比例，尽量多喂青绿饲料。尤其是夜间，气温下降，兔的食欲旺盛，活动增加，可满足其夜间采食。家庭养兔，可以大量的青草保证自由采食。使用全价颗粒料的兔场，也可投喂适量的青绿饲料，以改善兔胃肠功能，提高食欲。阴雨天，空气湿度大，笼具的病原微生物容易滋生，通过饲料和饮水进入兔体内，导致腹泻。可在饲料中添加 1%～3% 的木炭粉，以吸附病原菌和毒素。

③ 喂料方法调整　粉料湿拌喂可增强食欲，但加水量应严格控制，少喂勤添，一餐的饲料量分两次添加，防止剩料发霉变质。

（3）充足供水　水是兔机体重要的组成部分，机体内的任何代谢活动，几乎都与水有密切关系。研究表明，假如完全不提供水，成年兔只能活 4～8 天；而供水不供料，兔可以活 30～31 天。一般来说，兔的饮水量是采食量的 2～4 倍。随着气温的升高而增加。有人试验，在 30℃ 环境下兔饮水比 20℃ 时饮水量增加 50%。有人对生长后期的兔进行了限制饮水和自由饮水对增重的影响试验。限制饮水组每只兔日供水 50 毫升，试验组自由饮水。试验期 30 天。结果表明，限制饮水组日增重平均 0.63 克，而试验组为 15.5 克。试验组是对照组的 24

倍之多。饮水不足必然对兔的生产性能和生命活动造成影响。其中妊娠母兔和泌乳母兔受到的影响最大。妊娠母兔除了自身需要外，胎儿的发育更需要水。泌乳母兔饮水量要比妊娠母兔增加50%，因为，泌乳高峰期的母兔日泌乳量高达250毫升，而乳中70%是水。生长兔代谢旺盛，相对地需水量大。兔夏季必须保证自由饮水。为了提高防暑效果，可在水中加入人工盐；为了预防消化道疾病，可在饮水中添加一定的微生态制剂；为了预防球虫病，可让母兔和仔、幼兔饮用0.01%～0.02%的稀碘液。

3. 搞好卫生

夏季气温高，蚊蝇滋生，病原微生物繁殖速率快，饲料和饮水容易受到污染。夏季空气湿度大，兔舍和笼具难以保持干燥，不仅不利于细菌性疾病的预防，还给球虫病的预防增加了难度，往往发生球虫和细菌的混合感染，因而，兔消化道疾病较多，所以搞好卫生非常重要。

（1）饲料卫生　饲料原料要保持较低的含水率，否则霉菌容易滋生而产生毒素；室外存放的粗饲料，要预防雨水浸入；室内存放的饲料原料，很容易通过地面和墙壁的水分传导而受潮结块，应进行防潮处理；饲料原料在储存期间，要预防老鼠和麻雀的污染；颗粒饲料是最佳的饲料形态，但夏季由于气温高、湿度大，存放时间不宜过长，以控制在3周内为最佳；小型颗粒饲料机压制的颗粒饲料含水率一定要控制。当加入的水分较多时，一定要经晾晒，使含水率低于14%方可入库存放；粉料湿拌饲喂，一次的喂料量不宜过多，以控制在20分钟之内吃完为度，不能使含水率较高的粉料长期在饲料槽内存放；青饲料喂兔，一定要放在草架上，尽量降低被污染的机会。

（2）饮水卫生　饮水卫生对于兔的健康非常重要。对于用开放性饮水器（如瓶、碗、盆等器皿）的兔场，水容易受到污染，应经常清洗消毒饮水器具，每天更换新水；重视对水源的保护，防止被粪便、污水、动物和矿物等污染；定期化验水质，尤其是兔场发生无原因性腹泻时应首先考虑是否水源被污染；以自动饮水器供水，可保持水的清洁。目前国内生产的塑料管容易长苔，对兔的健康形成威胁，应选用不透明的塑料管。

（3）环境卫生　环境卫生对于降低兔夏季疾病发病率是非常重要

的。在兔的生活环境中，直接与兔接触的环境对兔的健康影响最大。尤其是脚踏板，兔每时每刻都离不开踏板。当湿度较大时，残留在踏板上的有机物很容易成为微生物的培养基，尤其是兔发生腹泻后，带有很多病原微生物的粪便黏附在踏板上。因此，踏板是消毒的重点。舍内粪便、污物等容易发酵分解，产生有害气体等，要勤清粪和清扫舍内污物，加强通风换气，保持舍内空气清洁卫生。

此外，还应注意消灭苍蝇、蚊子和老鼠。它们是造成饲料和饮水污染的罪魁祸首之一。兔舍的窗户上面安装窗纱，涂长效灭蚊蝇药物，可对蚊蝇有一定的预防效果。加强饲料库房的管理，防止老鼠污染料库。采取多种方法主动灭鼠，可降低老鼠的密度，减少其对饲料的污染。

4. 预防球虫病

夏季温度高、雨水多、湿度大，是兔球虫病的高发期。尤其是1～3月龄的幼兔最易感染，是严重危害幼兔的一种传染性寄生虫病。多年来，人们都非常重视球虫病的防治工作，但是，近年发现兔球虫病有些新的特点，即发病的全年化、抗药性的普遍化、药物中毒的严重化、混合感染的复杂化、临床症状的非典型化和死亡率提高等，为有效控制这种疾病带来很大的难度。兔球虫病是兔夏季的主要疾病，应采取综合措施进行防控：一是搞好饮食卫生和环境卫生，对粪便实行集中发酵处理，以降低感染机会；二是减少母仔接触机会，或严格控制通过母兔对仔兔的感染；三是加强药物预防，选用高效药物，交替使用药物、准确用量和严格按照程序用药等，若采取中西结合或复合药物，防治效果更好。兔对不同药物的敏感性不同，如兔对马杜霉素非常敏感，正常剂量添加即可造成中毒。因此，该药物不可用于兔球虫病的预防和治疗。另外，多种疾病并发，即混合感染，如球虫和大肠杆菌、球虫和线虫混合感染等，在诊断和治疗中应引起重视。

（三）秋季的饲养管理

1. 科学饲养

秋季是兔繁殖的繁忙季节，也是换毛较集中的季节，同时是饲料种类变化最大的季节。饲养应针对季节和兔代谢特点进行。

（1）调整饲料配方　随着季节的变化，饲料种类的供应发生一定变化，饲料价格也发生一定的变化。为了降低饲料成本，同时也根据季节和兔的代谢特点进行饲料配方的调整。以新的饲料替代以往饲料时，如果没有可靠的饲料营养成分含量，应进行实际测定。尤其是地方生产的大宗饲料品种，更应进行实际测定，以保证饲料的理论营养值和实际值的相对一致。

（2）预防饲料中毒　立秋之后，一些饲料产生一定的不良反应。比如，露水草、霜后草、二茬高粱苗、棉花叶、萝卜缨、龙葵、蓖麻、青麻、苍耳、灰菜等，本身就含有一定的毒素。农村家庭兔场喂兔，一是要控制喂量，二是掌握喂法，防止饲料中毒。

（3）做好饲料过渡　深秋之后，青草逐渐不能供应，由青饲料到干饲料要有一个过渡阶段。由一种饲料配方到另一种配方要有一个适应过程。否则，饲料突然变化，会造成兔消化机能紊乱。生产中可采取两种方式：一种是两种饲料逐渐替代法，即开始时，原先饲料占2/3，新的饲料占1/3，每3～5天，更替30%左右，使之平稳过渡；一种是有益菌群强化法。饲料改变造成腹泻的机理在于消化道内微生物种类和比例的失调。也就是说，平时以双歧杆菌、乳酸菌等占绝对优势，而大肠杆菌、魏氏梭菌等有害微生物处于劣势地位。当饲料突然改变后，导致兔消化道不能马上适应变化的饲料，肠道的内环境发生改变，进入盲肠内的内容物也发生改变，为有害菌的繁殖提供机遇。欲防止肠道菌群的变化，也可以在饲料中或饮水中大量添加微生态制剂，使外源有益菌与内源有益菌共同抑制有害微生物，保持肠道内环境的稳定和消化机能的正常。

2. 饲料储备

秋季是饲草饲料收获的最佳季节。抓住有利时机，收获更多更好的饲草饲料，特别是优质青草、树叶和作物秸秆等粗饲料，为兔准备充足优质的营养物质，是每个兔场必须考虑的问题。应做到以下几点：

（1）适时收获　立秋之后，寸草结籽，各种树叶开始凋落，农作物相继收获，及时采收是非常重要的。否则，采收不及时，其营养物质的转化非常迅速，将有利于兔消化吸收的可溶性营养物质转化成难以吸收利用的纤维素和木质素，营养价值大大降低。立秋之后，植物茎叶的水分含量逐渐降低，干物质含量增加，是收获的有利时机，应在它们的颜色保持绿色的时候收获。

（2）及时晾晒　秋季天高气爽，风和日丽，有利于青草的晾晒干制。要在晴朗的天气尽快将饲草晒干。但是有时候秋雨连绵，对饲草的晾晒造成很大的困难。有条件的饲草公司进行人工干燥，可保证青干草的质量。若自然干燥遇到不良天气，应及时避雨、经常翻动，防止堆积发酵。否则，很容易造成青草受损破坏。在晾晒期间，应与气象部门取得联系，获得最新气象信息，避开不良天气，趁晴朗天气抓紧将草晒干。

（3）妥善保管　青草或作物秸秆晒干后要妥善保管。由于其体积大，占据很大的空间，多垛在室外，然后用苫布保护。在保管过程中应注意防霉、防晒、防鼠、防雨雪。防霉即当草没有晒得特别干，或晾晒不均匀时，在保存过程中预防回潮，霉菌滋生而霉坏；防晒即在保存过程中，避免阳光直射，刚刚干制的青干草是绿色的，如果长期暴露在阳光下，受紫外光的破坏作用，其颜色逐渐变成黄色和白色，丧失营养价值；防鼠即在保存过程中，防止老鼠对草的破坏和污染；防雨雪即在保存过程中，一定要防止苫布出现破洞而渗漏雨雪。在干草的保存过程中，应定期抽查，发现问题，及时解决。

3. 预防疾病

秋季的气候变化无常，温度忽高忽低，昼夜温差较大，是兔主要传染病发生的高峰期间，应引起高度重视。

（1）注意呼吸道传染病的预防　秋冬过渡期气温变化剧烈，最容易导致兔暴发呼吸道疾病，特别是巴氏杆菌病对兔群造成较大的威胁。生产中，单独的巴氏杆菌感染所占的比例并非很多，而多数是巴氏杆菌和波氏杆菌等多种病原菌混合感染。除了注意气温变化以外，适当的药物预防作为预防的补充。应有针对性地进行疫苗注射。根据生产经验，单独注射巴氏杆菌或波氏杆菌疫苗效果都不理想，应注射其二联苗。

（2）预防兔瘟　兔瘟尽管是全年发生，但在气候凉爽的秋季更易流行，应及时注射兔瘟疫苗。注射疫苗应注意三个问题：一是尽量注射单一兔瘟疫苗，不要注射二联或三联苗，否则对兔瘟的免疫产生不利影响；二是注射时间要严格控制，断乳仔兔最好在 40 日龄左右注射，过早会造成兔疫力不可靠，免疫过晚有发生兔瘟的危险；三是检查免疫记录，观察成年兔群，免疫期是否已经超过 4 个月，凡是超过或接近 4 个月的种兔最好统一注射。

（3）重视球虫病预防　由于秋季的气温和湿度仍适于球虫卵囊的发育，预防幼兔球虫病不可麻痹大意。应有针对性地注射有关疫苗、投喂药物和进行消毒。

（4）强化消毒　秋季的病原微生物活动较猖獗，又是兔换毛季节，通过脱落的被毛传播疾病的可能性增加，特别是真菌性皮肤病。因此，在集中换毛期，应用火焰喷灯进行 1 ～ 2 次消毒。这样也可避免脱落的被毛被兔误食而发生毛球病。

（四）冬季的饲养管理

1. 加强兔舍保温

保温是冬季管理的中心工作。应从减少热能的放散、冷空气的进入和增加热能的产生等几个方面入手。

（1）减少舍内热量散失　如关门窗、挂草帘、堵缝洞等措施，减少兔舍热量外散和冷空气进入。兔舍屋顶最好设置具有一定隔热能力的天花板（有的在兔舍内上方设置塑料布作为天花板），可降低顶部散热；为减少墙壁散热，可增加墙，特别是北墙的厚度或选用隔热材料等。

（2）增加外源热量　在兔舍的阳面或整个室外兔舍扣塑料大棚。利用塑料薄膜的透光性，白天接受太阳能，夜间可在棚上面覆盖草帘，减少热能散失。安装暖气系统是解决冬季兔舍温度的普遍做法。有条件的兔场可利用太阳能供暖装置，或通过锅炉进行汽暖或水暖。小型兔场可安装土暖气，或直接安装火炉，但要用烟管把煤气导出，避免兔中毒。

（3）建造保温舍　在高寒地区，可挖地下室，山区可利用山洞等。这样的兔舍不仅保温，夏季可起到降温作用。

2. 注意通风换气

生产中发现，冬季兔的主要疾病是呼吸道疾病，占发病总数的 60% 以上，而且相当严重。其主要原因是冬季兔舍通风换气不足，污浊气体浓度过高，特别是有毒有害气体（如硫化氢）对兔黏膜（如鼻腔黏膜、眼结膜）的刺激而发生炎症，黏膜的防御功能下降，病原微生物乘虚而入，容易发生传染性鼻炎，有时继发急性和其他类型的巴氏杆菌病（这些疾病仅靠药物和疫苗效果不好，兔舍空气环境改善，症状很快减轻）。因此，冬季应注意通风换气，在晴朗的中午应打开一定窗户，排出浊气。较大的兔舍应采取机械通风和自然通风相结合的方式。为了减少污浊气体的产生，粪便不可在兔舍内堆放时间过长，每天定时清理，以降低湿度和减少臭气。使用添加剂，如微生态制剂——生态素，按0.1%的比例添加在饮水中或直接喷洒在颗粒饲料表面，让兔自由饮水或采食，不仅有效地控制兔的消化道疾病，而且使兔舍内的不良气味大幅度减少。

3. 科学管理

根据冬季气候特点，采取以下饲养管理方法：

（1）科学饲喂　冬季气温低，兔维持体温需要消耗的能量较其他季节高，即兔子需要的营养要高于其他季节。无论是在喂料数量上，还是在饲料的组成上，都应做适当调整。比如，饲料中能量饲料适当提高，蛋白饲料相对降低；喂料量要比平时提高10%以上。在饲喂时间方面，更应注意夜间饲喂。尤其是在深夜入睡前，草架上应加满饲草，任其自由采食。冬季气温低，光照短，青绿饲料缺乏，要注意维生素的补给。

（2）适时出栏　冬季商品兔育肥的效率低，应采取小群育肥，笼养或平养。平养条件下，如果地面为水泥或砖面，应铺垫干柴草，以减少热量的传递，防止育肥兔腹部受凉。冬季育肥用于维持体温的能量比例高，因此，只要达到出栏的最低体重即可出栏。否则，饲养期越长，经济上越不合算。

（3）合理剪毛　冬季天气寒冷可刺激被毛生长。但是剪毛之后如果保温不当会引起感冒等疾病。因此，多采用拔毛的办法，拔长留短，缩短拔毛间隔，可提高采毛量。如果采取剪毛的方式，在做好保温工作的同时，可预防性投药，或在饲料中添加抗应激制剂。

（4）防好球虫　冬季保温的兔场，应注意球虫病的预防。

（5）注意防潮　冬季通风不良，兔舍湿度大，容易发生疥癣病和皮肤真菌病。因此，应做好防潮工作，注意传染性皮肤性疾病的发生。

图片来源·视觉中国 www.vcg.com

第四招
使兔群更健康

【提示】

使兔群更健康，必须注重预防，遵循"防重于治""养防并重"的原则。加强饲养管理（采用科学的饲养方式、提供适宜的环境条件、保证舍内空气清新洁净、提供营养全面平衡的优质日粮），增强兔体抗病力，注重生物安全（隔离、卫生、消毒、免疫），避免病原侵入兔体，以减少疾病的发生。

一、科学饲养管理

科学的饲养管理可以增强兔群的抵抗力和适应力，从而提高兔体的抗病力。

（一）满足营养需要

饲料为兔提供营养，兔依赖从饲料中摄取的营养物质而生长发育、生产和提高抵抗力，从而维持健康和较高的生产性能。兔在生长和生产过程中，需要各种各样的营养物质，主要包括能量、粗蛋白、维生素、矿物质和水。每一种营养物质都有其特定的生理功能，各种营养物质相互联系、相互作用，对兔的生长、生产、繁殖和健康产生影响。

常见的营养素对兔的影响见表4-1。

表4-1 常见的营养素对兔的影响

营养素	功能	需要量	缺乏病与症状	中毒症状、损伤与不良效应
能量	满足生理过程需要	8.0～11.5兆焦/千克	饲料利用率与生长速度下降，皮下脂肪多	耗料量下降，其他营养素的需要量增加，脂肪肝
蛋白质	是组成生命活动需要的各种物质的原料，也是构成各种畜产品的原料	12%～21%	生长速度、产蛋量与饲料报酬下降、被毛生长不良	痛风症，肾脏损害
钙、磷	钙、磷是兔体内含量最多的元素，是主要构成骨骼和牙齿生长需要的元素，此外还对维持神经、肌肉等正常生理活动起重要作用	钙0.5%～1.1%；磷0.22%～0.8%	缺乏主要表现为骨骼病变。幼兔出现佝偻病，成兔出现骨质疏松症。兔缺钙会导致痉挛、母兔产后瘫痪、泌乳期跛行等。缺磷主要表现为厌食、生长不良	磷过多，饲粮适口性差，甚至引起兔拒食
氯、钠、钾	对维持机体渗透压、酸碱平衡与水的代谢有重要作用。食盐既是营养物质又是调味剂，它能增进兔的食欲，促进消化，提高饲料利用率	食盐占日粮精料0.5%（1%抑制生长）；钾0.6%～1.0%	缺钠和氯时，幼兔生长受阻，食欲减退，出现异食癖。钾缺乏时，肌肉弹性和收缩力降低，肠道膨胀。在热应激条件下，易发生低血钾症	食盐过量抑制兔生长，甚至引起中毒；钾过量钠的利用率降低，血细胞凝集

续表

营养素	功能	需要量	缺乏病与症状	中毒症状、损伤与不良效应
镁	构成骨质必需的元素，酶的激活剂，有抑制神经兴奋性等功能。它与钙、磷和碳水化合物的代谢有密切关系	0.25%～0.75%	镁缺乏时，肌肉痉挛，神经过敏。幼兔生长停滞，成兔耳朵明显苍白，毛皮粗劣	食欲减退，舌肌发育差
铁	为形成血红蛋白、肌红蛋白等必需的元素。体内铁的存在与作用：兔体内65%的铁存在于血液中，它与血液中氧的运输、细胞内的生物氧化过程关系密切	50～100毫克/千克	缺铁发生营养性贫血症，其表现是生长减慢，精神不振，背毛粗糙，皮肤多皱及黏膜苍白	佝偻病，脱腱症，骨骼畸形
铜	在血红素红细胞的形成过程中起催化作用。铜还与骨骼发育、中枢神经系统的正常代谢有关，也是肌体内各种酶的组成成分与活化剂	3～5毫克/千克；每千克饲粮加入200毫克硫酸铜能促生长	缺铜发生与缺铁相同的症状	黑粪，渗出性素质病，肌肉营养不良
锌	兔体多种代谢所必需的营养物质，参与维持上皮细胞和被毛的正常形态、生长和健康以及维持激素正常作用	25～50毫克/千克饲粮	缺锌时兔生长受阻，被毛粗乱，脱毛，皮炎，繁殖机能障碍	生长抑制，食欲减退，贫血，渗出性素质病，肌肉营养不良

营养素	功能	需要量	缺乏病与症状	中毒症状、损伤与不良效应
锰	锰是几种重要生物催化剂（酶系）的组成部分，与激素关系十分密切。对发情，排卵，胚胎，乳房及骨骼发育，泌乳及生长都有影响	8.5～20毫克/千克	导致骨骼变形，四肢弯曲和缩短，关节肿胀式跛行，生长缓慢等；摄入量过多，会影响钙、磷的利用率，引起贫血	过量（1000～2000毫克/千克）能抑制血红蛋白形成产生其他不良反应
碘	是合成甲状腺素的主要成分，对营养物质代谢起调节作用	0.2毫克/千克	缺碘发生代偿性甲状腺肿大。母兔生的仔兔体弱或死胎	过量（250～1000毫克/千克）能使新生仔兔死亡率提高并引起碘中毒
硒	作用与维生素E作用相似。补硒可降低兔对维生素E的需要量，并减轻因维生素E缺乏给兔带来的损害	加入维生素E方能缓解和治疗	缺硒，出现肝坏死，肌肉营养不良及白肌病、肺出血等	生长速度下降，贫血，死亡
维生素A	可以维持呼吸道、消化道、生殖道上皮细胞或黏膜结构完整与健全，增强机体对环境的适应力和对疾病的抵抗力	6000～12000国际单位/千克	出现夜盲症，长期缺乏会引起永久性失明；出现干眼症；肠炎发生率高；公兔精子生成停止；妊娠母兔易流产或胎儿弱小；出现神经性跛行、痉挛、麻痹和瘫痪	干扰维生素E的利用

续表

营养素	功能	需要量	缺乏病与症状	中毒症状、损伤与不良效应
维生素 D	降低肠道 pH 值，从而促进钙、磷的吸收，保证骨骼正常发育	900～1000 国际单位/千克	影响钙、磷的吸收，其缺乏症如同钙、磷缺乏症。饲料内钙、磷含量充足，比例也合适，如果维生素 D 不足，会影响钙、磷的吸收与利用	软组织钙化，干扰维生素 A、维生素 E 与维生素 K 的利用，脚腿脆弱
维生素 E	是一种抗氧化剂和代谢调节剂，维持兔正常的繁殖机能所必需。与硒协同作用，保护细胞膜的完整性，维持睾丸、组织及胎儿正常机能。保护体内维生素 A 免受氧化	40～60 毫克/千克饲粮	兔对维生素 E 缺乏非常敏感，不足时，容易导致肌肉营养性障碍即骨骼肌和心肌变性，运动失调，瘫痪，还会造成脂肪肝及肝坏死，繁殖机能受损，母兔受胎率下降、不孕，死胎和流产，新生仔兔死亡率增高，公兔精液品质下降	干扰维生素 A 的利用
维生素 K	催化合成凝血酶原（具有活性的是维生素 K_1、维生素 K_2 和维生素 K_3）	1～2.0 毫克/千克饲粮	凝血时间过长，易出现皮下出血，妊娠母兔的胎盘出血、流产	营养失衡，增加脂溶性维生素需要量
维生素 B_1（硫胺素）	参与碳水化合物的代谢，维持神经组织和心肌正常，提高胃肠消化机能	最低需要量 1 毫克/千克饲粮	食欲减退，胃肠机能紊乱，心肌萎缩或坏死，神经发生炎症、疼痛、痉挛等	营养失衡，增加了其他营养素的需要，干扰抗球虫药安普洛里（氨丙嘧吡啶）的活性

续表

营养素	功能	需要量	缺乏病与症状	中毒症状、损伤与不良效应
维生素B$_2$（核黄素）	参与机体复杂的氧化还原反应，是需多酶系统的重要组成部分	6.0毫克/千克饲粮	引起物质和能量代谢紊乱。消瘦，厌食，被毛粗糙、易脱落、脱色；黏膜黄染、流泪，繁殖力下降	营养失衡，增加了其他营养素的需要
维生素B$_3$（泛酸）	是辅酶A的组成成分，与碳水化合物、脂肪和蛋白质的代谢有关	20毫克/千克饲粮（生长兔）	常发生皮肤和眼的疾病，严重时母兔几乎不能繁殖	营养失衡，增加了其他营养素的需要量
维生素B$_5$（烟酸或尼克酸）	某些酶类的重要成分，与碳水化合物、脂肪和蛋白质的代谢有关	180毫克/千克饲粮（生长兔）	食欲下降或消失，下痢，生长不良，被毛粗糙（癞皮病）	营养失衡，增加了其他营养素的需要
维生素B$_6$（吡哆醇）	对体内氧化还原、调节细胞呼吸、维持胚胎正常发育及仔兔的生命活力起重要作用	39毫克/千克饲粮	食欲不振，生长停止，发生皮炎、脱毛，神经系统受损，表现为运动失调，严重时痉挛	营养失衡，增加了其他营养素的需要
生物素（维生素B$_4$）	以辅酶形式广泛参与各种有机物的代谢	一般不需添加	过度脱毛、皮肤溃烂和皮炎、眼周渗出液、嘴黏膜炎症、蹄横裂、脚垫裂缝并出血	营养失衡，增加了其他营养素的需要
胆碱	胆碱是构成卵磷脂的成分，参与脂肪和蛋白质代谢；蛋氨酸等合成时所需的甲基来源	1300～1500毫克/千克	生长迟缓，脂肪肝和肝硬化，以及肾小管坏死，发生进行性肌肉营养不良	

营养素	功能	需要量	缺乏病与症状	中毒症状、损伤与不良效应
维生素 B_{11}（叶酸）	以辅酶形式参与嘌呤、嘧啶、胆碱的合成和某些氨基酸的代谢	一般不需添加	贫血和白细胞减少，繁殖和泌乳紊乱	
维生素 B_{12}（钴胺素）	以钴酰胺辅酶形式参与各种代谢活动；有助于提高造血机能和日粮蛋白质的利用率	10微克/千克饲料	生长缓慢，贫血，被毛粗乱，后肢运动失调，母兔繁殖能力下降	营养失衡，增加了其他营养素的需要量
维生素 C（抗坏血酸）	具有可逆的氧化和还原性，广泛参与机体的多种生化反应；能刺激肾上腺皮质合成；促进肠道内铁的吸收，使叶酸还原成四氢叶酸	体内可以合成。在高温、转群、运输、断奶和其他应激时应补充 300～500 毫克/千克	易患坏血病，生长停滞，体重减轻，关节变软，身体各部出血、贫血，适应性和抗病力降低	

（二）供给充足卫生的饮水

水是最廉价的营养素，也是最重要的营养素，水的供应情况和卫生状况对维护兔体健康有着重要作用，必须保证充足而洁净卫生的饮水。兔场饮水的水质检测项目及标准见表4-2。

表4-2 兔场饮水的水质检测项目及标准

检测项目	标准值
色度	＜5
浑浊度	＜2
臭气	无异常

续表

检测项目	标准值
味	无异常
氢离子浓度/pH 值	5.8～8.6
硝酸氮及亚硝酸氮/（毫克/升）	<10
盐离子/（毫克/升）	<200
过锰酸钾使用量/（毫克/升）	<10
铁/（毫克/升）	<0.3
普通细菌/（毫克/升）	<100
大肠杆菌	未检出
残留氯/（毫克/升）	0.1～1.0

1. 适当的水源位置

水源位置要选择远离生产区的管理区内，远离其他污染源（兔舍与井水水源间应保持适宜的距离），建在地势高燥处。兔场可以打自建深水井和建水塔，深层地下水经过地层的过滤作用，又是封闭性水源，受污染的机会很少。

2. 加强水源保护

水源附近不得建厕所、粪池、垃圾堆、污水坑等，井水水源周围30米、江河水取水点周围20米、湖泊等水源周围30～50米范围内应划为卫生防护地带，四周不得有任何污染源。保护区内禁止一切破坏水环境生态平衡的活动以及破坏水源林、护岸林、与水源保护相关植被的活动；严禁向保护区内倾倒工业废渣、城市垃圾、粪便及其他废弃物；运输有毒有害物质、油类、粪便的船舶和车辆一般不准进入保护区；保护区内禁止使用剧毒和高残留农药，不得滥用化肥；避免污水流入水源。最易造成水源污染的区域，如病兔隔离舍化粪池或堆粪场更应远离水源，粪污进行无害化处理，并注意排放时防止流进或渗进饮水水源。

3. 搞好饮水卫生

定期清洗和消毒饮水用具和饮水系统，保持饮水用具的清洁卫生，保证饮水的新鲜。

4. 注意饮水的检测和处理

定期检测水源的水质，污染时要查找原因，及时解决；当水源水质较差时要进行净化和消毒处理。地面水一般水质较差，需经沉淀、过滤和消毒处理；地下水较清洁，可只进行消毒处理，也可不做消毒处理。地面水源常含有泥沙、悬浮物、微生物等，在水流减慢或静止时，泥沙、悬浮物等靠重力逐渐下沉，但水中细小的悬浮物，特别是胶体微粒因带负电荷，相互排斥不易沉降，因此，必须加混凝剂，混凝剂溶于水可形成带正电的胶粒，可吸附水中带负电的胶粒及细小悬浮物，形成大的胶状物而沉淀，这种胶状物吸附能力很强，可吸附水中大量的悬浮物和细菌等一起沉降，这就是水的沉淀处理。常用的混凝剂有铝盐（如明矾、硫酸铝等）和铁盐（如硫酸亚铁、三氯化铁等）。经沉淀处理，可使水中悬浮物沉降 $70\% \sim 95\%$，微生物减少 90%。水的净化还可用过滤池，用滤料将水过滤、沉淀和吸附后，可阻留消除水中大部分悬浮物、微生物等而得以净化。常用滤料为砂，以江河、湖泊等作分散式给水水源时，可在水边挖渗水井、砂滤井等，也可建砂滤池；集中式给水一般采用砂滤池过滤。经沉淀过滤处理后，水中微生物数量大大减少，但其中仍会存在一些病原微生物，为防止疾病通过饮水传播，还必须进行消毒处理。消毒的方法很多，其中加氯消毒法投资少、效果好，较常采用。氯在水中形成次氯酸，次氯酸可进入菌体破坏细菌的糖代谢，使其致死。加氯消毒效果与水的 pH 值、浑浊度、水温、加氯量及接触时间有关。大型集中式给水可用液氯消毒，液氯配成水溶液，加入水中；大型集中式给水或分散式给水多采用漂白粉消毒。

（三）减少应激发生

转群、免疫接种、运输、饲料转换、无规律的供水供料等生产管理因素，以及饲料营养不平衡或营养缺乏、温度过高或过低、湿度过大或过小、不适宜的光照、突然的声响等环境因素，都可引起应激。加强饲养管理和改善环境条件，避免和减轻应激因素对兔群的不良影响，也以在应激发生的前后 2 天内在饲料或饮水中加入维生素 C、维生素 E 和电解多维以及镇静剂等。

二、保持适宜的环境条件

（一）科学设计建筑兔舍

建造兔舍的目的是保暖防寒，便于南方地区降温防暑，北方地区防冻免受风寒侵害。同时，利于各类兔群管理。专业性强的规模兔场，兔舍建造应考虑不同生产类型的特殊生理需求，以保证兔群有良好的生活环境。

1. 兔舍的类型

（1）封闭式兔舍　兔舍上部有顶，四周有墙，前后有窗，是规模化养殖最为广泛的一种兔舍类型。可分为单列式和双列式，见图 4-1。

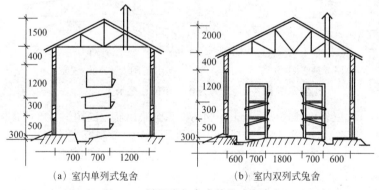

（a）室内单列式兔舍　　　（b）室内双列式兔舍

图 4-1　封闭式兔舍（单位：毫米）

① 单列式　兔笼列于兔舍内的北面，笼门朝南，兔笼与南墙之间为工作走道，兔笼北墙之间为清粪道，南北墙距地面 20 厘米处留对应的通风孔。这种兔舍的优点是冬暖夏凉，通风良好，光线充足；缺点是兔舍利用率低。

② 双列式　两列兔笼背靠背排列在兔舍中间，两列兔笼之间为清粪沟，靠近南北墙各一条工作走道。南北墙有采光通风窗，接近地面处留有通风孔。这种兔舍，室内温度易于控制，通风透光良好，但朝

北的一列兔笼光照、保暖条件较差。由于空间利用率高,饲养密度大,在冬季门窗紧闭时有害气体浓度也较大。

(2)地下或半地下式 利用地下温度较高而稳定、安静、噪声低、对兔无惊扰的特点,在地下建造兔舍。尤其适于高寒地区兔的冬繁。应选择地势高燥、背风向阳处建舍,管理中注意通风换气和保持干燥。

(3)室外笼舍 在室外修建的兔舍。由于建在室外,通风透光好,干燥卫生,兔的呼吸道疾病的发病率明显低于室内饲养。但这种兔舍受自然环境影响大,温湿度难以控制。特别是遇到不良气候,管理很不方便。常分为室外单列式兔舍和室外双列式兔舍。见图4-2。

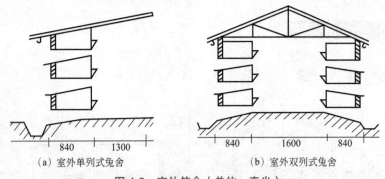

(a)室外单列式兔舍   (b)室外双列式兔舍

图4-2 室外笼舍(单位:毫米)

① 室外单列式 兔笼正面朝南,兔舍采用砖混结构,为单坡式屋顶,前高后低,屋檐前长后短,屋顶采用水泥预制板或波形石棉瓦,兔笼后壁用砖砌成,并留有出粪口,承粪板为水泥预制板。为了适应露天条件,兔舍地基宜高些,兔舍前后最好要有树木遮阳。

② 室外双列式 为两排兔笼面对面而列,两列兔笼的后壁就是兔舍的两面墙体,两列兔笼之间为工作走道,粪沟在兔舍的两面外侧,屋顶为双坡式屋顶或钟楼式。兔笼结构与室外单列式兔舍基本相同。与室外单列式兔舍相比,这种兔舍保暖性能较好,饲养人员可在室内操作,但缺少光照。

(4)塑料棚舍 在室外的笼舍上部架一塑料大棚。塑料膜为单层或双层,双层膜之间有缓冲层,保温效果好。这种兔舍适于寒冷地区或其他地区冬季繁殖。

2. 兔舍的建筑要求

（1）兔舍坚固耐用　一是基础要坚固，一般比墙宽10～15厘米，埋置深度在当地上层最大冻结深度以下；二是墙体要坚固，要抗震、防水、防火、抗冻和使于消毒，同时具备良好的保温隔热性能；三是屋顶和天花板要严密、不透气，多雨多雪和大风较多的地区，屋顶坡度适当大些；四是地板要致密，平坦而不滑，耐消毒液及其他化学物质的腐蚀，容易清扫，保温隔热性能好，地板要高出舍外地面20～30厘米；五是兔笼材料要坚固耐用，防止被兔啃咬损坏。

（2）门窗合理设置　门窗关系到兔舍的通风、采光、卫生和安全。兔舍门与窗要结实，开启方便，关闭严实，一般向外拉启。此外要求门表面无锐物，门下无台阶。兔舍的外门一般宽1.2米、高2米。较长的兔舍应在阳面墙的中间设门，寒冷地区北墙不宜设门。窗户对于采光、自然通风换气及温湿度的调节有很大影响。一般要求兔舍地面和窗户的有效采光面积之比为：种兔舍10：1左右，幼兔舍10：1左右，入射角不小于25°，透光角不小于5°。

（3）有利于舍内干燥　兔舍内要设置排水系统；排粪沟要有一定坡度，以便在打扫和舍内用水时能将粪尿顺利排出舍外，通往蓄粪池，也便于尿液随时排出舍外，降低舍内湿度和有害气体浓度。

（4）保持适宜的高度　兔舍的高度和规格根据笼具形式及气候特点而定。在寒冷地区，兔舍高度宜低，以2.5米左右为宜；炎热地区和实行多层笼养的地区，其高度应再增加0.5～1米，单层兔笼可低些，3层兔笼宜高。兔舍的跨度没有统一规定，一般来说，单列式应控制在3米以内，双列式在4米左右，三列式5米左右，四列式6～7米。兔舍的长度没有严格的规定，一般控制在50米以内，或根据生产定额，以一个班组的饲养量确定兔舍长度。

（二）舍内环境控制

环境是指影响兔生长、发育、繁殖和生产等的一切外界因素。这些外界因素有自然因素，也有人为因素。具体地说，兔的环境包括作用于兔身体的一切物理性、化学准、生物性和社会性因素。物理性因素主要有兔舍、笼具、温度、湿度、光照、通风、灰尘、噪声、海拔和土壤等；化学性因素有空气、有害气体和水等；生物性因素包括草料、病原体、微生物等；社会因素有饲养、管理以及与其他家畜或兔的群体之间的关系等。

由于兔驯化比较晚，再加之个体较小，各种感觉器官都非常灵敏，神经敏锐，对环境变化的反应非常敏感，非常容易发生应激反应，因此，环境好坏对兔生产有着很大的影响，不同的环境因素，对兔产生的作用方式和影响程度也不同。例如温度过高，会引起公兔和母兔繁殖机能下降，尤其是长毛兔在夏季高温时会出现高温不孕现象。温度过低时，如果没有做好保暖工作，容易引起仔、幼兔的大量死亡；噪声导致兔产生应激反应，从而引起代谢紊乱，严重时甚至会引起健康兔的死亡和妊娠母兔流产、化胎；草料质量的好坏直接影响到兔的生长、发育和健康状况；病原微生物的存在有可能引起兔发病，严重时甚至全军覆灭，对兔生产造成极大的损失。当然，影响兔的环境因素的作用并不仅仅表现在某一个方面，各因素相互之间存在着协同作用，对兔的生产产生综合影响。了解和掌握影响兔生产的各种环境因素，可以有目的地针对这些因素加以控制，尽可能减少这些因素对兔生产的影响，创造符合兔生理要求和行为习性的理想环境，以增加养兔生产的经济效益。

1. 温度控制

温度是主要的环境因素之一，舍内温度的过高过低都会影响兔体的健康和生产性能的发挥。

（1）舍内温度对兔体的影响

① 影响兔体健康　一是影响兔体热调节。动物生命活动过程中伴随产热和散热两个过程，动物机体产热和散热是保持对立过程的动态平衡，只有保持动态平衡，才能维持机体体温恒定。兔是恒温动物，在一定范围的环境温度下，通过自身的热调节过程能够保持体温恒定。当环境温度过高或过低时，超出了调节范围，热平衡破坏，兔的体温升高或降低，使兔体受到直接伤害，严重时引起死亡。二是影响兔的抵抗力。温度影响兔体的免疫状态，热应激状态下容易引起某些疫苗的免疫失败。三是间接致病。一定的环境温度和湿度有利病原体和媒介虫类的生存繁殖，从而危害兔体健康。如各种寄生虫卵及幼虫在体

外存活时间明显受到环境影响，球虫病在高温高湿时容易感染发病。四是影响兔群的营养状态和饲养管理。天气炎热时，兔采食量下降，营养供应不足，最后导致营养不良，兔抵抗力下降，容易发病。饲料易酸败变质和发生霉变，饲料利用率下降，容易出现消化不良和发生曲霉菌病或曲霉菌毒素中毒。天气寒冷时，兔采食升高，代谢增强，如饲料供应不足，也会造成营养不良，抵抗力下降。冬季一些块根块茎类、青绿多汁饲料容易冰冻或饮水的温度过低，兔采食或饮用后容易发生消化不良、腹泻等消化道疾病。冬季兔舍密封过紧，通风不良易引起呼吸道疾病等。

② 影响生产性能 不同种类、不同性别、不同饲养条件和不同饲养阶段的兔对环境温度有不同的要求，如果温度不适宜，会影响生长和生产。如肉兔的临界温度是 5 ～ 30℃，环境温度超过 30℃，只要连续几天就会使肉兔的繁殖力下降，公兔精液品质恶化，母兔难孕，胚胎早期死亡率增加；如果环境温度超过 35℃，兔将出现虚脱现象，甚至死亡。

（2）适宜的舍内温度 各种日龄兔的适宜温度见表4-3。

表4-3 各种日龄兔的适宜温度　　　　　　　　单位：℃

日龄	1	5	10	20 ～ 30	45	60 天以上	成年兔
肉兔的温度	35	30	25 ～ 30	20 ～ 30	18 ～ 30	18 ～ 24	15 ～ 25
长毛兔的温度	35	30	25 ～ 30	20 ～ 25	15 ～ 20	15 ～ 20	5 ～ 15

（3）舍内温度的控制措施

① 兔舍的防寒保暖 一般来说，兔怕热不怕冷，环境温度在 5 ～ 30℃的范围内变化，兔自身可通过各种途径来调节其体温，对生产性能无显著影响。但仔兔和幼兔由于体小质弱、被毛稀薄、体温调节机能不健全，对低温的适应能力差（另外，温度低时，兔饲料消耗多，生长速度慢），需要较高温度。冬季外界气温过低，也会影响到兔的生长和繁殖，所以，必须做好兔舍的防寒保暖工作。

加强兔舍保温设计。兔舍保温隔热设计是维持兔舍适宜温度的最经济最有效的措施。根据不同类型兔舍对温度的要求设计兔舍的屋顶和墙体，使其达到保温要求。在高寒地区，可挖地下室，山区可利用山洞等，这样的兔舍不仅保温，夏季还可起到降温作用。

减少舍内热量散失。如关门窗、挂草帘、堵缝洞等措施，减少兔舍热量外散和冷空气进入。兔舍屋顶最好设置具有一定隔热能力的天花板（有的在兔舍内上方设置塑料布作为天花板），可降低顶部散热；为减少墙壁散热，可增加墙特别是北墙的厚度或选用隔热材料等。

增加外源热量。在兔舍的阳面或整个室外兔舍扣塑料大棚。利用塑料薄膜的透光性，白天接受太阳能，夜间可在棚上面覆盖草帘，降低热能散失。安装暖气系统是解决冬季兔舍温度的普遍做法。有条件的兔场可利用太阳能供暖装置，或通过锅炉进行汽暖或水暖。小型兔场可安装土暖气，或直接安装火炉，但要用烟管把煤气导出，避免中毒。

防止冷风吹袭兔体。舍内冷风可以来自墙、门、窗等缝隙和进出气口、粪沟的出粪口，局部风速可达 4～5 米／秒，使局部温度下降，影响兔的生产性能，冷风直吹兔体，增加兔体散热，甚至引起伤风感冒。冬季到来前要检修好兔舍，堵塞缝隙，进出气口加设挡板，出粪口安装插板，防止冷风对兔体的侵袭。

② 兔舍的防暑降温　夏季，环境温度高，兔舍温度更高，使兔发生严重的热应激，轻者影响生长和生产，重者导致发病和死亡。因此，必须做好夏季防暑降温工作。

加强兔舍的隔热设计。加强兔舍外维护结构的隔热设计，特别是屋顶的隔热设计，可以有效地降低舍内温度。

环境绿化遮阳。在兔舍的前面和西面一定距离栽种高大的树木（如树冠较大的梧桐），或丝瓜、眉豆、葡萄、爬山虎等藤蔓植物，以遮挡阳光，减少兔舍的直接受热；如果为平顶兔舍，而且有一定的承受力，可在兔舍顶部覆盖较厚的土，并在其上种草（如草坪）、种菜或种花，对兔舍降温有良好作用；在兔舍顶部、窗户的外面拉折光网，实践证明是有效的降温方法，其折光率可达 70%，而且使用寿命达 4～5 年；对于室外架式兔舍，为了降低成本，可利用柴草、树枝、草帘等搭建凉棚，起到折光造荫降温作用，是一种简便易行的降温措施。

墙面刷白。不同颜色对光的吸收率和反射率不同。黑色吸光率最高，而白色反光率很强，可将兔舍的顶部及南面、西面墙面等受到阳光直射的地方刷成白色，以减少兔舍的受热度，增强光反射。可在兔舍的顶部铺放反光膜，降低舍温2℃左右。

蒸发降温。兔舍内的温度来自太阳辐射，舍顶是主要的受热部位。降低兔舍顶部热能的传递是降低舍温的有效措施。如果为以水泥或预制板为材料的平顶兔舍，在搞好防渗的基础上，可将舍顶的四周垒高，使顶部形成一个槽子，每天或隔一定时间往顶槽里灌水，使之长期保持有一定的水，降温效果良好。如果兔舍建筑质量好，采取这样的措施，兔舍内夏季可保持在30℃以下，使母兔夏季继续繁殖；无论何种兔舍，在中午太阳照射强烈时，往舍顶部喷水，通过水分的蒸发降低温度，效果良好。美国一些简易兔舍，夏季在兔舍顶脊部通一根水管，水管的两侧均匀钻有很多小孔，使之往两面自动喷水，是很有效的降温方式。当天气特别炎热时，可配合舍内通风、地面喷水，以迅速缓解热应激。

加强通风。通风是兔舍降温的有效途径，也是兔对流散热的有效措施。在天气不十分炎热的情况下，在兔舍前面栽种藤蔓植物的基础上，打开所有门窗，可以实现兔舍的降温或缓解高温对兔舍造成的压力。

兔舍的窗户是通风降温的重要工具，但生产中发现很多兔场窗户的位置较高。这样造成上部通风效果较好，而下部通风效果不良，导致通风的不均匀性。此外，兔舍的湿度产生在下部粪尿沟，如果仅仅在上面通风，下面粪尿沟没有空气流动，或流动较少，起不到降低湿度的作用。因此，在建筑兔舍时，可在大窗户的下面，接近地面的地方，设置下部通风窗，这对于底部兔笼的通风和整个兔舍湿度的降低产生积极效果。但是，当外界气温居高不下，始终在33℃以上时，仅仅靠自然通风是远远不够的，应采取机械通风，强行通风散热。机械通风主要靠安装电扇，加强兔舍的空气流动，减少高温对兔的应激程度，小型兔场可安装吊扇，对于局部空气流动有一定效果，但不能改变整个兔舍的温度，仅仅使局部兔笼内的兔感到舒服，达到缓解热应激的程度。因此，其作用是很有限的。大型兔场可采取纵向通风，有条件的兔场，采取增加湿帘和强制通风相结合的方式，效果更好。

2. 舍内湿度的控制

湿度是指空气的潮湿程度，生产中常用相对湿度表示。相对湿度是指空气中实际水汽压与饱和水汽压的百分比。兔体排泄和舍内水分的蒸发都可以产生水汽而增加舍内湿度。舍内上下湿度大，中间湿度小（封闭舍）。如果夏季门窗大开，通风良好，差异不大。保温隔热不良的畜舍，空气潮湿，当气温变化大时，气温下降时容易达到露点，凝聚为雾。虽然舍内温度未达露点，但由于墙壁、地面和天棚的导热性强，温度达到露点，即在畜舍内表面凝结为液体或固体，甚至由水变成冰。水渗入围护结构的内部，气温升高时，水又蒸发出来，使舍内的湿度经常很高。潮湿的外围护结构保温隔热性能下降，常见天棚、墙壁生长绿霉或灰泥脱落等。

（1）湿度对兔体的影响　湿度作为单一因子对兔的影响不大，常与温度、气流等因素一起对兔体产生一定影响。

① 高温高湿　高温高湿影响兔体的热调节，加剧高温的不良反应，破坏热平衡。兔体由于有致密的被毛，不利于高温时的传导、辐射和对流散热，主要依靠呼吸道蒸发散失热量。蒸发散热量正比于兔体蒸发面水汽压与空气水汽压之差，舍内空气湿度大，兔体蒸发面（皮肤和呼吸道）水汽压与空气水汽压变小，不利于蒸发散热，加重机体热调节负担，热应激更严重；高温高湿，兔体的抵抗力降低，有利于传染病发生，传染病的发生率提高，机体病后沉重；高温高湿，有利于病原体的存活和繁殖，如有利于球虫病的传播，有利于细菌如大肠杆菌、布氏杆菌、鼻疽放线菌的存活，有利于病毒如无囊膜病毒的存活，有利于真菌如湿疹、疥癣、霉菌等的滋生繁殖；高温高湿的季节，兔的寄生虫病、皮肤病和霉菌病及中毒症容易发生。

② 低温高湿　低温高湿时机体的散热容易，潮湿的空气使兔的被毛潮湿，保温性能下降，兔体感到更加寒冷，加剧了冷应激，特别是对仔兔和幼兔影响更大。兔易患感冒性疾病，如风湿症、关节炎、肌肉炎、神经痛等以及消化道疾病（下痢）。寒冷冬季，相对湿度＞85%，对兔的生长有不利影响，饲料转化率会显著下降。

③ 低湿　高温低湿的环境中，能使兔体皮肤或外露的黏膜发生干裂，降低了对微生物的防卫能力，而招致细菌、病毒感染等，可导致被毛粗糙，兔毛品质下降。低湿，舍内尘埃增加，容易诱发呼吸道疾病。

（2）舍内适宜的湿度　兔性喜干燥环境，最适宜的相对湿度为

60%～65%，一般不应低于55%或高于70%。

（3）舍内湿度调节措施 舍内相对湿度低时，可在舍内地面散水或用喷雾器在地面和墙壁上喷水，水的蒸发可以提高舍内湿度。如是仔兔舍或幼兔舍，舍内温度过低时可以喷洒热水。可以在仔兔舍内的供暖炉上放置水壶或水锅，使水蒸发提高舍内湿度。

当舍内相对湿度过高时，可以采取如下措施：

① 加大换气量 通过通风换气，驱除舍内多余的水汽，换进较为干燥的新鲜空气。舍内温度低时，要适当提高舍内温度，避免通风换气引起舍内温度下降。

② 提高舍内温度 舍内空气水汽含量不变，提高舍内温度可以增大饱和水汽压，降低舍内相对湿度。特别是冬季或仔兔舍，加大通风换气量对舍内温度影响大，可提高舍内温度。

（4）防潮措施 兔较喜欢干燥，潮湿的空气环境与高温度协同作用，容易对兔产生不良影响。所以，应该保证兔舍干燥。保证兔舍干燥需要做好兔舍防潮，除了选择地势高燥、排水好的场地外，采取以下措施：一是兔舍墙基设置防潮层，新建兔舍待干燥后使用，特别是仔兔舍，有的刚建好就立即使用，由于仔兔舍密封严密，舍内温度高，没有干燥的外围护结构中存在的大量水分很容易蒸发出来，使舍内相对湿度一直处于较高的水平，晚上温度低的情况下，大量的水汽变成水在天棚和墙壁上附着，舍内的热量容易散失；二是舍内排水系统畅通，粪尿、污水及时清理；三是尽量减少舍内用水，舍内用水量大，舍内湿度容易提高，防止饮水设备漏水，能够在舍外洗刷的用具可以在舍外洗刷或洗刷后的污水立即排到舍外，不要在舍内随处抛撒；四是保持舍内较高的温度，使舍内温度经常处于露点以上；五是使用垫草或防潮剂（如撒生石灰、草木灰），及时更换污浊潮湿的垫草。

3. 舍内通风的控制

室外饲养由于受到外界环境影响大，不易控制和管理，冬季繁殖率很低。因此，多数兔场都采用舍内笼养。通风可调节兔舍温湿度，加大舍内气流速度，使兔体感到舒适，降低夏季热应激；通风还可排除兔舍内的污浊气体、灰尘和过多的水汽，能有效地降低呼吸道疾病的发病率，控制巴氏杆菌病、传染性感冒等疾病的蔓延。控制舍内的通风，维持舍内适宜的气流速度，可以缓解热应激，保持兔舍内的空气新鲜。通风方式一般可分为自然通风和机械通风两种。小型兔场常用自然通风方式，利用门窗的空气对流或屋顶的排气孔和进气孔进行调节。大中型兔场常采用抽气式或送气式的机械通风，这种方式多用于炎热的夏季，是自然通风的辅助形式。

4. 舍内光照的控制

光照对兔的生理机能有着重要的调节作用。适宜的光照有助于增强兔的新陈代谢，增进食欲，促进钙、磷的代谢作用；光照不足则可导致兔的性欲和受胎率下降。此外，光照还具有杀菌、保持兔舍干燥和预防疾病等作用。生产实践表明，公、母兔对光照要求是不同的。一般而言，繁殖母兔要求长光照，以每天光照 14～16 小时为好，表现为受胎率高，产仔数多，可获得最佳的繁殖效果；种公兔在长光照条件下，则精液品质下降，而以每天光照 10～12 小时效果最好。目前，小型兔场一般采用自然光照，兔舍门窗的采光面积应占地面的 15％左右，但要避免太阳光的直接照射；大中型兔场，尤其是集约化兔场多采用人工光照或人工补充光照，光源以白炽灯光较好，每平方米地面 3～4 瓦，灯高一般离地面 2～2.5 米。光照控制是要保证兔舍内的光照强度和光照时数要求符合，并且光线均匀。兔舍一般采用自然光照与人工补光相结合的方式。

5. 舍内有害气体控制

兔舍内兔群密集，因呼吸、排泄物和生产过程中的有机物分解，有害气体成分要比舍外空气成分复杂和含量高。在规模养兔生产中，兔舍中有害气体含量超标，可以直接或间接引起兔群发病或生产性能下降，影响兔群安全和产品安全。

（1）舍内有害气体的种类及分布　兔舍中主要有害气体种类及分布见表 4-4。

表4-4 兔舍中主要有害气体种类及分布

种类	理化特性	来源和分布	标准/（毫克/立方米）
氨	无色、具有刺激性臭味气体，比空气轻，易溶于水，在0℃时，1升水可溶解907克氨	氨来源于兔的粪尿、饲料残渣和垫草等有机物分解的产物；舍内含量多少决定于兔的密集程度、舍地面的结构、舍内通风换气情况和舍内管理水平。上下含量高，中间含量低	20
硫化氢	无色、易挥发的恶臭气体，比空气重，易溶于水，1体积水可溶解4.65体积的硫化氢	来源于含硫有机物的分解。当兔采食富含蛋白质饲料而又消化不良时排出大量的硫化氢。粪便厌氧分解也可产生；硫化氢产自地面和畜床，比重大，故愈接近地面浓度愈大	8
二氧化碳	无色、无臭、无毒、略带酸味气体，比空气重	来源于兔的呼吸；由于二氧化碳比重大于空气，因此聚集在地面上	1500
一氧化碳	无色、无味、无臭气体，比重0.967	来源于火炉取暖的煤炭不完全燃烧，特别是冬季夜间畜舍封闭严密，通风不良，可达到中毒程度；畜舍上部	

（2）有害气体的危害 有害气体含量超标，可以引起慢性中毒和中毒。氨和硫化氢含量高，兔体质变弱，表现精神萎靡，抗病力下降，对某些病敏感（如对结核病、大肠杆菌、肺炎球菌感染过程显著加快），采食量、生产性能下降（慢性中毒）；二氧化碳和一氧化碳含量高，易造成缺氧；高浓度氨可以通过肺泡进入血流置换氧基，破坏血液的运氧功能。可直接刺激机体组织引起碱性化学性灼伤，使组织溶解坏死；还可引起中枢神经麻痹、中毒性肝病、心肌损伤等。高浓度的硫化氢可直接抑制呼吸中枢，引起窒息和死亡；高浓度的氨气和硫化氢可以破坏黏膜，降低兔体的屏障功能，影响兔体抗病力，容易发生疾病。

（3）消除措施

① 加强场址选择和合理布局，避免工业废气污染 合理设计兔场

和兔舍的排水系统，粪尿、污水处理设施。

②加强防潮管理，保持舍内干燥　有害气体易溶于水，湿度大时易吸附于材料中，舍内温度升高时又挥发出来。

③加强兔舍管理　一是舍内地面、畜床上铺设麦秸、稻草、干草等垫料，可以吸附空气中有害气体，并保持垫料清洁卫生；二是保证适量的通风，特别是注意冬季的通风换气，处理好保温和空气新鲜的关系；三是做好卫生工作，及时清理污物和杂物，排出舍内的污水，加强环境的消毒等。

④加强环境绿化　绿化不仅美化环境，而且可以净化环境。绿色植物进行光合作用可以吸收二氧化碳，生产出氧气。如每公顷阔叶林在生长季节每天可吸收 1000 千克二氧化碳，产出 730 千克氧气；绿色植物可大量地吸附氨，如玉米、大豆、棉花、向日葵以及一些花草都可从大气中吸收氨而生长；绿色林带可以过滤阻隔有害气体，有害气体通过绿色地带至少有 25% 被阻留，煤烟中的二氧化硫 60% 被阻留。

⑤采用化学物质消除　使用过磷酸钙、丝兰属植物提取物、沸石以及木炭、活性炭、煤渣、生石灰等具有吸附作用的物质吸附空气中的臭气。

⑥提高饲料消化吸收率　科学选择饲料原料；按可利用氨基酸需要合理配制日粮；科学饲喂；利用酶制剂、酸制剂、微生态制剂、寡聚糖、草药添加剂等可以提高饲料利用率，减少有害气体的排出量。

6. 舍内微粒的控制

微粒是以固体或液体微小颗粒形式存在于空气中的分散胶体。兔舍中的微粒来源于兔的活动、采食、鸣叫、饲养管理过程，如清扫地面、分发饲料、饲喂及通风除臭等机械设备运行。兔舍内有机微粒较多。

（1）微粒对兔体健康的影响　灰尘降落到兔体体表，可与皮脂腺分泌物、兔毛、皮屑等粘混在一起而妨碍皮肤的正常代谢，影响兔毛品质；灰尘吸入体内还可引起呼吸道疾病，如肺炎、支气管炎等；灰尘还可吸附空气中的水汽、有毒气体和有害微生物，产生各种过敏反应，甚至感染多种传染性疾病；微粒可以吸附空气中的水汽、氨、硫化氢、细菌和病毒等有毒有害物质造成黏膜损伤，引起血液中毒及各种疾病的发生。

（2）消除措施　一是改善畜舍和牧场周围地面状况，实行全面的绿化、种树、种草和种农作物等。植物表面粗糙不平，多绒毛，有些植物还能分泌油脂或黏液，能阻留和吸附空气中的大量微粒。含微粒的大气流通过林带，风速降低、大径微粒下沉，小的被吸附。夏季可吸附 35.2% ～ 66.5% 微粒。二是兔舍远离饲料加工厂，分发饲料和饲喂动作要轻。三是保持兔舍地面干净，禁止干扫；更换和翻动垫草动作也要轻。四是保持适宜的湿度。适宜的湿度有利于尘埃沉降。五是保持通风换气，必要时安装过滤设备。

7. 舍内噪声的控制

物体呈不规则、无周期性振动所发出的声音叫噪声。兔舍内的噪声来源主要有：外界传入；场内机械产生和兔自身产生。

（1）噪声对兔体健康的影响　兔胆小怕惊，对环境的变化敏感，需要提供安静的环境。尤其是母兔的妊娠后期、产仔期、授乳期和断乳后的小兔，突然的噪声会造成严重后果，如母兔流产、难产、产死胎、吃仔、踏仔等，以及使正常的生理功能失调，免疫力和抵抗力下降，危害健康，甚至导致死亡。

（2）改善措施

① 选择场地　兔场选在安静的地方，远离噪声大的地方，如交通干道、工矿企业和村庄等。

② 选择设备　选择噪声小的设备。

③ 搞好绿化　场区周围种植林带，可以有效地隔声。

④ 科学管理　生产过程的操作要轻、稳，尽量保持兔舍的安静。为提高兔对环境的适应能力，在兔舍内进行日常管理时，可与兔子说话，饲喂前可轻轻敲击饲槽等，产生一定的声音，也可播放一定的轻音乐，有意识地打破过于寂静的环境。

（三）场区环境控制

1. 选择适宜的场址

兔场场址的选择直接关系到场区环境的控制和舍内小气候的维持。

（1）场地　兔场应选在地势高、有适当坡度、背风向阳、地下水位低、排水良好的地方。低洼潮湿、排水不良的场地不利于兔体热调节，而有利于病原微生物的滋生，特别是适合寄生虫（如蜡虫、球虫等）的生存。为便于排水，兔场地面要平坦或稍有坡度，以1%～3%为宜；兔场的地形要开阔、整齐、紧凑，不宜过于狭长或边角过多，以便缩短道路和管线长度，提高场地的利用效率，节约资金和便于管理。可利用天然地形、地物（如林带、山岭、河川等）作为天然屏障和场界。

（2）土质　理想的土质为砂壤土，其兼具砂土和黏土的优点，透气透水性好，雨后不会泥泞，易于保持适当的干燥。其导热性差，土壤温度稳定，既利于兔子的健康，又利于兔舍的建造和延长使用寿命。

（3）水源　一般兔场的需水量比较大，除了人和兔的直接饮用外，粪便的冲刷、笼具的消毒、用具和衣服的洗刷等需用的水更多，必须要有足够的水源。同时，水质状况直接影响兔和人员的健康。对水源的要求是水量足，不含过多的杂质、细菌和寄生虫，不含腐败有毒物质，矿物质含量不应过多或不足，还要便于保护和取用。最理想的水为地下水。

作为兔场水源的水质，必须符合卫生要求（表4-5、表4-6）。当饮用水含有农药时，农药含量不能超过表4-7中的规定。

表4-5　畜禽饮用水质量

项目	自备水	地面水	自来水
大肠杆菌值／（个／升）	3	3	
细菌总数／（个／升）	100	200	
pH值	5.5～8.5		
总硬度／（毫克／升）	600		
溶解性总固体／（毫克／升）	2000		
铅／（毫克／升）	Ⅳ地下水标准	Ⅳ地下水标准	饮用水标准
铬（六价）／（毫克／升）	Ⅳ地下水标准	Ⅳ地下水标准	饮用水标准

表 4-6　水的质量标准

[《无公害食品 畜禽饮用水水质》（NY 5027—2008）]

指标	项目	畜（禽）标准
感官性状及一般化学指标	色度	≤30°
	浑浊度	≤20°
	臭和味	不得有异臭异味
	肉眼可见物	不得含有
	总硬度（$CaCO_3$ 计）/（毫克/升）	≤1500
	pH 值	5.5～9.0（6.5～8.5）
	溶解性总固体/（毫克/升）	≤4000（2000）
	硫酸盐（SO_4^{2-} 计）/（毫克/升）	≤500（250）
细菌学指标	总大肠杆菌群数/（个/100 毫升）	成畜≤100；幼畜和禽≤10
毒理学指标	氟化物（F^- 计）/（毫克/升）	≤2.0
	氰化物/（毫克/升）	≤0.2（0.05）
	总砷/（毫克/升）	≤0.2
	总汞/（毫克/升）	≤0.01（0.001）
	铅/（毫克/升）	≤0.1
	铬（六价）/（毫克/升）	≤0.1（0.05）
	镉/（毫克/升）	≤0.05（0.01）
	硝酸盐（N 计）/（毫克/升）	≤10（3.0）

表 4-7　畜禽饮用水中农药限量指标　　　　单位：毫克/毫升

项目	马拉硫磷	内吸磷	甲基对硫磷	对硫磷	乐果	林丹	百菌清	甲萘威	2,4-D
限量	0.25	0.03	0.02	0.003	0.08	0.004	0.01	0.05	0.1

（4）交通　兔场建成投产后，物流量比较大，如草料等物资的运进、兔产品和粪肥的运出等，对外联系也比一般兔场多，若交通不便则会给生产和工作带来困难，甚至会增加兔场的开支。因此兔场一定要交通方便。

（5）场地面积　兔场面积要根据兔场生产方向、饲养规模和饲养管理方式等来确定。在计划时既要考虑满足生产需要，又要为扩大发展留有余地。一般以 1 只种兔及其仔兔占 0.8 平方米建筑面积计算，兔场的建筑系数为15%，则500只基础母兔需要的兔场需要占地约700平方米。

（6）周边环境　兔场的周围环境主要包括居民区、交通、电力和其他养殖场等。兔生产过程中形成的有害气体及排泄物会对大气和地下水产生污染，因此兔场不宜建在人烟密集的繁华地带，而应选择相对隔离的偏僻地方，有天然屏障（如河塘、山坡等）作隔离则更好。大型兔场应建在居民区之外500米以上，处于居民区的下风头，地势低于居民区。但应避开生活污水的排放口，远离造成污染的环境，如化工厂、屠宰场、制革厂、造纸厂、牲口市场等，并处于它们的平行风向或上风头。兔子胆小怕惊，因此兔场应远离噪声源，如铁路、石场、打靶场和爆破声的场所。集约化兔场对电力条件有很强的依赖性，应靠近输电线路，同时应自备电源。但为了防疫，应距主要道路300米以上（如设隔离墙或有天然屏障，距离可缩短一些），距一般道路100米以上。

2. 科学规划布局

（1）分区规划　兔场建筑物布局的要求是：应从人和兔的保健角度出发，建立最佳的生产联系和卫生防疫条件，合理安排不同区域的建筑物，特别是在地势和风向上进行合理的安排和布局（图4-3）。

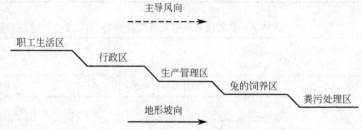

图4-3　场区的生产联系和卫生防疫示意图

具有一定规模的兔场要分区布局，一般分成生活区、管理区、生产区、隔离区四大块。

① 生活区　生活区主要包括职工宿舍、食堂和文化娱乐场所。为了防疫应与生产区分开，并在两者入口连接处设置消毒设施。办公区应占全场的上风向和地势较好的地段。至于各个区域内的具体布局，

则本着利于生产和防疫、方便工作及管理的原则，合理安排。

②管理区　管理区是办公和接待来往人员的地方，通常由办公室、接待室、陈列室和培训教室组成。其位置应尽可能靠近大门口，使对外交流更加方便，也减少对生产区的直接干扰。供水设施和供电设施可以设置在管理区内。

③生产区　生产区即养兔区，是兔场的主要建筑，包括种兔舍、繁殖舍、育成舍、育肥舍或幼兔舍等。生产区是兔场的核心部分，其排列方向应面对该地区的长年风向。为了防止生产区的气味影响生活区，生产区应与生活区并列排列并处偏下风位置。优良种兔舍（即核心群）应置于环境最佳的位置，育肥舍和幼兔舍应靠近兔场一侧的出口处，以便于出售。生产区入口处以及各兔舍的门口处，应有相应的消毒设施，如车辆消毒池、脚踏消毒池、喷雾消毒室、紫外灯消毒室等。兔舍间距保持 10～20 米；饲料加工车间、饲料库（原料库和成品库）等靠近生产区，兼顾饲料的运进和饲料的分发；生产区的运料路线（清洁道）与运粪路线（污染道）不能交叉。

④隔离区　尸体处理处、粪场、变电室、兽医诊断室、病兔隔离室等，应单独成区，与生产区隔开，设在生产区、管理区和生活区的下风，以保证整个兔场的安全。

兔场的布局如图 4-4 所示。

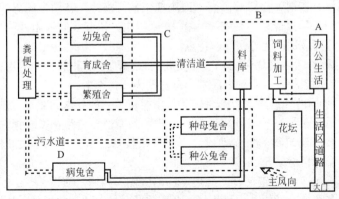

图 4-4　兔场布局示意图

A—生活福利区；B—管理区；C—生产区；D—兽医隔离区

（2）兔舍朝向和间距　兔舍朝向直接影响到兔舍的温热环境维持和卫生，一般应以当地日照和主导风向为依据，使兔舍的长轴方向与夏季主导风向垂直。如我国夏季盛行东南风，冬季多为东北风或西北风，所以，南向的兔场场址和兔舍朝向是适宜的。兔舍之间应该有20米左右的距离。

（3）兔场道路　兔场设置清洁道和污染道，清洁道供饲养管理人员、清洁的设备用具、饲料和健康兔等使用，污染道供清粪、污浊的设备用具、病死和淘汰兔使用。清洁道在上风向，与污染道不交叉。

（4）储粪场　兔场设置粪尿处理区。粪场可设置在多列兔舍的中间，靠近道路，有利于粪便的清理和运输。储粪场（池）设置注意：一是储粪场应设在生产区和兔舍的下风处，与住宅、兔舍之间保持有一定的卫生间距（距兔舍30～50米），并应便于运往农田或其他处理；二是储粪池的深度以不受地下水浸渍为宜，底部应较结实，储粪场和污水池要进行防渗处理，以防粪液渗漏流失污染水源和土壤；三是储粪场底部应有坡度，使粪水可流向一侧或集液井，以便取用；四是储粪池的大小应根据每天牧场场畜排粪量多少及储藏时间长短而定。

（5）绿化　绿化不仅可以美化环境，而且可以净化环境，改善小气候，而且有防疫防火的作用，兔场绿化需注意如下方面。

① 场界林带的设置　在场界周边种植乔木和灌木混合林带，乔木如杨树、柳树、松树等，灌木如刺槐、榆叶梅等。特别是场界的西侧和北侧，种植混合林带宽度应在10米以上，以起到防风阻沙的作用。树种选择应适应北方寒冷的特点。

② 场区隔离林带的设置　主要用以分隔场区和防火。常用杨树、槐树、柳树等，两侧种以灌木，总宽度为3～5米。

③ 场内外道路两旁的绿化　常用树冠整齐的乔木和亚乔木以及某些树冠呈锥形、枝条开阔、整齐的树种。需根据道路宽度选择树种的高矮。在建筑物的采光地段，不应种植枝叶过密、过于高大的树种，以免影响自然采光。

④ 运动场的遮阴林　在运动场的南侧和西侧，应设1～2行遮阴林。多选枝叶开阔、生长势强、冬季落叶后枝条稀疏的树种，如杨树、槐树、枫树等。运动场内种植遮阴树时，应选遮阴性强的树种。但要采取保护措施，以防家畜损坏。

3. 水源防护

兔场水源可分为以下三大类。第一类为地面水，如江、河、湖、塘及水库水等，主要由降水或地下泉水汇集而成。其水质受自然条件影响较大，易受污染。特别是易受生活污水及工业废水的污染，经常因此而引发疾病或造成中毒。使用此类水源应经常进行水质化验。一般而言，活水比死水自净力强。应选择水量大、流动的地面水源。供饮用的地面水要进行人工净化和消毒处理。第二类为地下水。这种水为封闭的水源，受污染的机会较少。地下水距离地面越远，受污染的程度越低，也越洁净。但地下水往往受地质化学成分的影响而含有某些矿物性成分，硬度较大。有时会因某些矿物性毒物而引起地方性疾病。所以，选用地下水时，应进行检验。第三类为降水。雨、雪等降落在地面而形成。由于大气中经常含有某些杂质和可溶性气体，使降水受到污染。降水不易收集，且无法保证水质，储存困难，除水源特别困难的小型兔场外，一般不宜采用降水作为水源。兔生产过程中，兔场的用水量很大，如兔的饮水、粪尿的冲刷、用具及笼舍的消毒和洗涤以及生活用水等。不仅在选择兔场场址时，应将水源作为重要因素考虑，而且兔场建好后还要注意水源的防护，其措施如下。

（1）水源位置适当　水源位置要选择在远离生产区的管理区内，远离其他污染源，并且建在地势高燥处。兔场可以自建深水井和水塔，深层地下水经过地层的过滤作用，又是封闭性水源，水质、水量稳定，受污染的机会很少。

（2）加强水源保护　水源周围没有工业和化学污染以及生活污染（不得建厕所、粪池垃圾场和污水池）等，并在水源周围划定保护区，保护区内禁止一切破坏水环境生态平衡的活动以及破坏水源林、护岸林、与水源保护相关植被的活动；严禁向保护区内倾倒工业废渣、城市垃圾、粪便及其他废弃物；运输有毒有害物质、油类、粪便的船舶和车辆一般不准进入保护区；保护区内禁止使用剧毒和高残留农药，不得滥用化肥，不得使用炸药、毒品捕杀鱼类；避免污水流入水源。

（3）搞好饮水卫生　定期清洗和消毒饮水用具和饮水系统，保持饮水用具的清洁卫生，保证饮水的新鲜。

（4）注意饮水的检测和处理　定期检测水源的水质，污染时要查找原因，及时解决；当水源水质较差时要进行净化和消毒处理。

4. 污水处理

兔场必须专设排水设施，以便及时排除雨、雪水及生产污水。全场排水网分主干和支干，主干主要是配合道路网设置的路旁排水沟，将全场地面径流或污水汇集到几条主干道内排出；支干主要是各运动场的排水沟，设于运动场边缘，利用场地倾斜度，使水流入沟中排走。排水沟的宽度和深度可根据地势和排水量而定，沟底、沟壁应夯实，暗沟可用水管或砖砌，如暗沟过长（超过 200 米），应增设沉淀井，以免污物淤塞，影响排水。但应注意，沉淀井距供水水源应在 200 米以上，以免造成污染。污水经过消毒后排放。被病原体污染的污水，可用沉淀法、过滤法、化学药品处理法等进行消毒。比较实用的是化学药品消毒法。方法是先将污水处理池的出水管用一木闸门关闭，将污水引入污水池后，加入化学药品（如漂白粉或生石灰）进行消毒。消毒药的用量视污水量而定（一般 1 升污水用 2 ～ 5 克漂白粉）。消毒后，将闸门打开，使污水流出。

5. 灭鼠

鼠是人、畜多种传染病的传播媒介，鼠还盗食饲料，咬坏物品，污染饲料和饮水，危害极大，兔场必须加强灭鼠。

（1）防止鼠类进入建筑物　鼠类多从墙基、天棚、瓦顶等处窜入室内，在设计施工时注意墙基最好用水泥制成，碎石和砖砌的墙基，应用灰浆抹缝。墙面应平直光滑，防鼠沿粗糙墙面攀登。砌缝不严的空心墙体，易使鼠隐匿营巢，要填补抹平。为防止鼠类爬上屋顶，可将墙角处做成圆弧形。墙体上部与天棚衔接处应砌实，不留空隙。瓦顶房屋应缩小瓦缝和瓦、椽间的空隙并填实。用砖、石铺设的地面，应衔接紧密并用水泥灰浆填缝。各种管道周围要用水泥填平。通气孔、地脚窗、排水沟（粪尿沟）出口均应安装孔径小于 1 厘米的铁丝网，以防鼠窜入。

（2）器械灭鼠　器械灭鼠方法简单易行，效果可靠，对人、畜无害。灭鼠器械种类繁多，主要有夹、关、压、卡、翻、扣、淹、粘、电等。近年来还研究和采用电灭鼠和超声波灭鼠等方法。

（3）化学灭鼠　化学灭鼠效率高、使用方便、成本低、见效快，缺点是能引起人、畜中毒，有些鼠对药物有选择性、拒食性和耐药性。所以，使用时必须选好药剂和注意使用方法，以保安全有效。灭鼠药剂种类很多，主要有灭鼠剂、熏蒸剂、烟剂、化学绝育剂等。兔场的鼠类以饲料库、兔舍最多，是灭鼠的重点场所。饲料库可用熏蒸剂毒杀。投放的毒饵，要远离兔笼和兔窝，并防止毒饵混入饲料。鼠尸应及时清理，以防被人、畜误食而发生二次中毒。选用鼠吃惯了的食物作饵料，突然投放，饵料充足，分布广泛，以保证灭鼠的效果。常用的灭鼠药物见表4-8。

6. 杀虫

蚊、蝇、蚤、蜱等吸血昆虫会侵袭兔并传播疫病，因此，在兔生产中，要采取有效的措施防止和消灭这些昆虫。

（1）环境卫生　搞好兔场环境卫生，保持环境清洁、干燥，是杀灭蚊蝇的基本措施。蚊虫需在水中产卵、孵化和发育，蝇蛆也需在潮湿的环境及粪便等废弃物中生长。因此，填平无用的污水池、土坑、水沟和洼地。保持排水系统畅通，对阴沟、沟渠等定期疏通，勿使污水储积。对储水池等容器加盖，以防蚊蝇飞入产卵。对不能清除或加盖的防火储水器，在蚊蝇滋生季节，应定期换水。永久性水体（如鱼塘、池塘等），蚊虫多滋生在水浅而有植被的边缘区域，修整边岸、加大坡度和填充浅湾，能有效地防止蚊虫滋生。兔舍内的粪便应定时清除，并及时处理，储粪池应加盖并保持四周环境的清洁。

（2）物理杀灭　利用机械方法以及光、声、电等物理方法，捕杀、诱杀或驱逐蚊蝇。我国生产的多种紫外线光或其他光诱器，效果良好。

（3）生物杀灭　利用天敌杀灭害虫，如池塘养鱼即可达到鱼类治蚊的目的。此外，应用细菌制剂——内菌素杀灭吸血蚊的幼虫，效果良好。

（4）化学杀灭　化学杀灭是使用天然或合成的毒物，以不同的剂型（粉剂、乳剂、油剂、水悬剂、颗粒剂、缓释剂等），通过不同途径（胃毒、触杀、熏杀、内吸等），毒杀或驱逐蚊蝇。化学杀虫法具有使用方便、见效快等优点，是当前杀灭蚊蝇的较好方法。常用的杀虫剂及使用方法见表4-9。

表 4-8　常用的灭鼠药物

类型	名称	特性	作用特点	用法	注意事项
慢性灭鼠药物	敌鼠钠盐	为黄色粉末，无臭，无味，乙醇、丙酮，性质稳定。溶于沸水、醇、丙酮，性质稳定	作用较慢，能阻碍凝血酶原在鼠体内的合成，使凝血时间延长，而且其能损坏毛细细血管，增加血管的通透性，引起内脏和皮下出血，最后死于内脏大量出血。一般在投药1～2天出现死鼠，第五至第八天死鼠量达到高峰，死鼠可延续10多天	①敌鼠钠盐毒饵：取敌鼠钠盐5克，加沸水2升预匀，再加10千克杂粮，浸泡至毒水全部吸收后，加入适量植物油拌匀，晾干备用。②混合毒饵：将敌鼠钠盐加入面粉或滑石粉中制成1%的毒粉，再取毒粉1份，倒入19份切碎的鲜菜中拌匀即成。③毒水：用1%敌鼠钠盐1份，加水20份即可	对人、畜、禽毒性较低，但对猫、犬、兔、猪毒性较强，可引起二次中毒。在使用过程中要加强管理，以防家畜误食中毒或发生二次中毒。如发现中毒，可使用维生素K解救
	氯敌鼠（氯鼠酮）	黄色结晶性粉末，无臭，无味，溶于油脂等有机溶剂，不溶于水，性质稳定	是敌鼠钠盐的同类化合物，但对鼠的毒性作用比敌鼠钠盐强，为广谱灭鼠剂，而且适口性好，不易产生拒食性。主要用于毒杀家鼠和野栖鼠，尤其是可制成蜡块毒饵，用于毒杀下水道鼠或鼠类。灭鼠时将毒饵投在鼠洞或鼠活动的地区即可	有90%原药粉、0.25%母粉、0.5%油剂3种剂型。使用时可配制成如下毒饵：①0.005%水质毒饵：取90%原药粉3克，溶于适量热水中，待凉后，拌干50千克饵料中，晒干后使用。②0.005%油质毒饵：取90%原药粉3克，溶于1千克热食油中，冷却至常温，洒于50千克饵料中拌匀即可。③0.005%粉剂毒饵：取0.25%母粉1千克，加入50千克饵料中，加少许植物油，充分混合拌匀即成	

续表

类型	名称	特性	作用特点	用法	注意事项
	杀鼠灵（华法令）	白色粉末，无味，难溶于水，其钠盐溶于水，性质稳定	属香豆素类抗凝血灭鼠剂，一次投药的灭鼠效果较差，少量多次投放灭鼠效果好，鼠类对其毒饵接受性好，甚至出现中毒症状时仍采食	毒饵配制方法如下：①0.025%毒米：取2.5%母粉1份，植物油2份，米渣97份，混合均匀即成。②0.025%面丸：取2.5%母粉1份，与99份面粉拌匀，再加适量水和少许植物油使用时，制成每粒1克重的面丸。以上毒饵使用时，将每饵投放在鼠类活动的地方，每堆约39克，连投3～4天	对人、畜和家禽毒性很小，中毒时维生素K₁为有效解毒剂
慢性灭鼠药物	杀鼠迷	黄色色结晶粉末，无臭，无味，不溶于水，溶于有机溶剂	属香豆素类抗凝血杀鼠剂，适口性好，毒杀力强，二次中毒极少，是当前较为理想的杀鼠药物之一，主要用于杀灭家鼠和野栖鼠类	市售有0.75%的母粉和3.75%的水剂。使用时，将10千克饵料煮至半熟，加适量植物油，取0.75%杀鼠迷母粉0.5千克，撒于饵料中拌匀即可。毒饵一般分2次投放，每堆10～20克。水剂可配制成0.0375%饵剂使用	
	杀它仗	白灰色结晶粉末，微溶于乙醇，几乎不溶于水	对各种鼠类都有很好的毒杀作用。适口性好，急性毒力大，1个致死剂量被吸收后3～10天就发生死亡。一次投药即可	用0.005%杀它仗稻谷毒饵，杀黄毛鼠有效率可达98%，杀室内褐家鼠有效率可达93.4%，一般一次投饵即可	适用于杀灭室内和农田的各种鼠类。对其他动物毒性较低，但犬很敏感

续表

类型	名称	特性	作用特点	用法	注意事项
急性灭鼠药物	毒鼠磷	白色结晶状粉末，无臭。难溶于水，极易溶于热米糠油。在干燥和室温条件下较稳定	属有机磷毒剂，能抑制胆碱酯酶活性，鼠类吞食后4~6小时出现症状，1天内死于呼吸道充血和心血管综痹。主要用于杀灭野鼠，也可杀灭家鼠，但适口性较差	①醇溶法，将含量90%以上的毒鼠磷溶于14倍量的95%乙醇中，溶解后加入适量谷物或面粉，再加少许食用油、白糖搅匀即成。②混合法，将毒鼠磷精品先加少许面粉拌匀，再加入需要的全量面粉，加水拌匀制成小颗粒或条、块、晾干即可。③黏附法，将毒鼠磷精品，加适量面粉拌匀，再与粘有植物油的谷物拌匀制得。以上毒饵根据鼠体大小和数量，用药量为0.2%~1%，一次性撒布在鼠洞口附近，鼠食毒饵后多数在24小时内死亡	配制毒饵时工作人员要戴橡皮手套、口罩及防护眼镜，防止经皮肤吸收中毒。对畜禽严防误食中毒。若中毒，可注射阿托品附解救
	灭鼠宁	灰白色粉末，无臭，无味，易难溶于水，易溶于稀盐酸	速效选择性灭鼠药物，对大家鼠、褐家鼠的效果强于屋顶鼠，对小家鼠无毒力。在低温下作用更强。鼠类对本品可产生拒食性	配成0.5%~1%的毒饵投用	牛、马对本品较敏感
	灭鼠丹	黄色结晶或粉末，难溶于水，微溶于乙醇	又名普罗米。对鼠类毒力强大，但易产生药性	配成0.1%~0.2%的毒饵投用	对人、畜、禽毒力亦强，且能引起二次中毒，使用时须注意

表4-9　常用的杀虫剂及使用方法

名称	性状	使用方法
敌百虫	白色块状或粉末。有芳香味；低毒、易分解、污染小；杀灭蚊（幼）、蝇、蚤、蟑螂及家畜体表寄生虫	25% 粉剂撒布；1% 溶液喷雾；0.1% 溶液涂抹；0.02 克 / 千克体重口服驱除畜体内寄生虫
敌敌畏	黄色、油状液体，微芳香；易被皮肤吸收而中毒，对人、畜有较大毒害，畜舍内使用时应注意安全。杀灭蚊（幼）、蝇、蚤、蟑螂、螨、蜱	0.1% ～ 0.5% 喷雾，表面喷洒；10% 熏蒸
马拉硫磷	棕色、油状液体，强烈臭味；其杀虫作用强而快，具有胃毒、触毒作用，也可熏杀，杀虫范围广。对人、畜毒害小，适于畜舍内使用。世界卫生组织推荐的室内滞留喷洒杀虫剂；杀灭蚊（幼）、蝇、蚤、蟑螂、螨	0.2% ～ 0.5% 乳油喷雾，灭蚊、蚤；粉剂撒布灭螨、蜱
倍硫磷	棕色、油状液体，蒜臭味；毒性中等，比较安全；杀灭蚊（幼）、蝇、蚤、臭虫、螨、蜱	0.1% 的乳剂喷洒，2% 的粉剂、颗粒剂喷洒、撒布
二溴磷	黄色、油状液体，微辛辣；毒性较强；杀灭蚊（幼）、蝇、蚤、蟑螂、螨、蜱	0.05% ～ 0.1% 乳剂用于灭室内外蚊、蝇、臭虫等，野外用 5% 浓度
杀螟松	红棕色、油状液体，蒜臭味；低毒、无残留；杀灭蚊（幼）、蝇、蚤、臭虫、螨、蜱	40% 的湿性粉剂灭蚊蝇及臭虫；2 毫克 / 升灭蚊
地亚农	棕色、油状液体，酯味；中等毒性，水中易分解；杀灭蚊（幼）、蝇、蚤、臭虫、蟑螂及体表害虫	滞留喷洒 0.5%，喷浇 0.05%；撒布 2% 粉剂
皮蝇磷	白色结晶粉末，微臭；低毒，但对农作物有害；杀灭体表害虫	0.25% 喷涂皮肤，1% ～ 2% 乳剂灭臭虫
辛硫磷	红棕色、油状液体，微臭；低毒、日光下短效；杀灭蚊（幼）、蝇、蚤、臭虫、螨、蜱	2 克 / 平方米室内喷洒灭蚊蝇；50% 乳油剂灭成蚊或水体内幼蚊
杀虫畏	白色固体，有臭味；微毒；杀灭家蝇及家畜体表寄生虫（蝇、蜱、蚊、螨、蚋）	20% 乳剂喷洒，涂布家畜体表，50% 粉剂喷洒体表灭虫

名称	性状	使用方法
双硫磷	棕色、黏稠液体；低毒稳定；杀灭幼蚊、人蚤	5% 乳油剂喷洒，0.5～1毫升/升撒布，1毫克/升颗粒剂撒布
毒死蜱	白色结晶粉末；中等毒性；杀灭蚊（幼）、蝇、螨、蟑螂及仓储害虫	2克/平方米喷洒物体表面
西维因	灰褐色粉末；低毒；杀灭蚊（幼）、蝇、臭虫、蜱	25% 的可湿性粉剂和5%粉剂撒布或喷洒
害虫敌	淡黄色、油状液体；低毒；杀灭蚊（幼）、蝇、蚤、蟑螂、螨、蜱	2.5% 的稀释液喷洒，2%粉剂撒布（1～2克/平方米），2%稀释液气雾
双乙威	白色结晶，芳香味；中等毒性；杀灭蚊、蝇	50% 的可湿性粉剂喷雾，2克/平方米喷洒灭成蚊
速灭威	灰黄色粉末；中毒；杀灭蚊、蝇	25% 的可湿性粉剂和30%乳油喷雾灭蚊
残撒威	白色结晶粉末、酯味；中等毒性；杀灭蚊（幼）、蝇、蟑螂	2克/平方米用于灭蚊、蝇，10%粉剂局部喷洒灭蟑螂
胺菊酯	白色结晶；微毒；杀灭蚊（幼）、蝇、蟑螂、臭虫	0.3% 的油剂，气雾剂，必须与其他杀虫剂配伍使用

7. 废弃物处理

兔场的粪便、病死兔、污水等要进行无害化处理，避免传播病原和污染环境。

（1）粪便处理　见第六招。

（2）病死兔处理　科学及时地处理兔尸体，对防止兔传染病的发生、避免环境污染和维护公共卫生等具有重大意义。兔尸体可采用焚烧法和深埋法进行处理。

① 深埋法　一种简单的处理方法，费用低且不易产生气味，但埋尸坑易成为病原的储藏地，并有可能污染地下水。因此必须深埋，而且要有良好的排水系统。

② 高温处理　确认是兔病毒性出血症、野兔热、兔产气荚膜梭菌病等传染病和恶性肿瘤或两个器官发现肿瘤的病兔，整个尸体以及从

其他患病兔各部分割除下来的病变部分和内脏以及弓形虫病、梨形虫病、锥虫病等病畜的肉尸和内脏等进行高温处理。高温处理方法有：湿法化制，是利用湿化机，将整个尸体投入化制（熬制工业用油）；焚毁，是将整个尸体或割除下来的病变部分和内脏投入焚化炉中烧毁炭化；高压蒸煮，是把肉尸切成重不超过 2 千克、厚不超过 8 厘米的肉块，放在密闭的高压锅内，在 112 千帕压力下蒸煮 1.5～2 小时。一般煮沸法是将肉尸切成规定大小的肉块，放在普通锅内煮沸 2～2.5 小时（从水沸腾时算起）。

（3）病畜产品的无害化处理

① 血液　漂白粉消毒法，用于确认是兔病毒性出血症、野兔热、兔产气荚膜梭菌病等传染病的血液以及血液寄生虫病病畜禽血液的处理。将 1 份漂白粉加入 4 份血液中充分搅拌，放置 24 小时后于专设掩埋废弃物的地点掩埋。高温处理将已凝固的血液切成豆腐方块，放入沸水中烧煮，至血块深部呈黑红色并呈蜂窝状时为止。

② 蹄、骨和角　肉尸做高温处理时剔出的病畜禽骨和病畜的蹄、角放入高压锅内蒸煮至骨脱或脱脂为止。

③ 皮毛　毛皮的消毒方法有盐酸食盐溶液消毒法、过氧乙酸消毒法、碱盐液浸泡消毒、石灰乳浸泡消毒、盐腌消毒等方法。

盐酸食盐溶液消毒法，用于被兔病毒性出血症、野兔热、兔产气荚膜梭菌病污染的和一般病畜的皮毛消毒。用 2.5% 盐酸溶液和 15% 食盐水溶液等量混合，将皮张浸泡在此溶液中，并使液温保持在 30℃ 左右，浸泡 40 小时，皮张与消毒液之比为 1∶10，浸泡后捞出沥干，放入 2% 氢氧化钠溶液中，以中和皮张上的酸，再用水冲洗后晾干。也可按 100 毫升 25% 食盐水溶液中加入盐酸 1 毫升配制消毒液，在室温 15℃ 条件下浸泡 18 小时，皮张与消毒液之比为 1∶4，浸泡后捞出沥干，再放入 1% 氢氧化钠溶液中浸泡，以中和皮张上的酸，再用水冲洗后晾干。

过氧乙酸消毒法，用于任何病畜的皮毛消毒。将皮毛放入新鲜配制的 2% 过氧乙酸溶液中浸泡 30 分钟，捞出，用水冲洗后晾干。

碱盐液浸泡消毒，用于兔病毒性出血症、野兔热、兔产气荚膜梭菌病污染的皮毛消毒。将病皮浸入 5% 碱盐液（饱和盐水内加 5% 烧碱）中，室温（17～20℃）浸泡 24 小时，并随时加以搅拌，然后取出挂起，待碱盐液流净，放入5%盐酸液内浸泡，使皮上的酸碱中和，捞出，用水冲洗后晾干。

石灰乳浸泡消毒，用于口蹄疫和螨病病皮的消毒。制法：将1份生石灰加1份水制成熟石灰，再用水配成10%或5%混悬液(石灰乳)。口蹄疫病皮，将病皮浸入10%石灰乳中浸泡2小时；螨病病皮，则将皮浸入5%石灰乳中浸泡12小时，然后取出晾干。

盐腌消毒，用于布鲁氏菌病病皮的消毒。用皮重15%的食盐，均匀撒于皮的表面。一般毛皮腌制2个月。

三、加强隔离卫生

兔场隔离卫生是维持场区良好环境和保证兔体健康的基础。隔离是指阻止或减少病原进入兔体的一切措施，这是控制传染病的重要而常用措施，其意义在于严格控制传染源，有效地防止传染病的蔓延。

1. 科学选址

应选建在背风、向阳、地势高燥、通风良好、水电充足、水质卫生良好、排水方便的沙质土地带，易使兔舍保持干燥和卫生的环境。最好配套有鱼塘、果林、耕地，以便于污水的处理。兔场应处于交通方便的位置，但要和主要公路、居民点、其他繁殖场保持2千米以上的距离的间隔，并且尽量远离屠宰场、废物污水处理站和其他污染源。

2. 合理布局

兔场要分区规划，并且严格做到生产区和生活管理区分开。生产区周围应有防疫保护设施，生产区内部应按核心群种兔舍—繁殖兔舍—育成兔舍—幼兔舍的顺序排列，并尽可能避免运料路线与运粪路线的交叉。

3. 完善隔离设施

兔场周围设置隔离设施（如隔离墙或防疫沟），兔场大门设置消毒室（或淋浴消毒室）和车辆消毒池，生产区中每栋建筑物门前要有消毒池。

4. 严格引种隔离

尽量做到自繁自养。从外地引进场内的种兔，要严格进行检疫。可以隔离饲养和观察 2～3 周，确认无病后，方可并入生产群。

5. 加强隔离管理

（1）人员管理　生活管理区和生产区之间的人员入口和饲料入口应以消毒池隔开，人员必须在更衣室沐浴、更衣、换鞋，经严格消毒后方可进入生产区，生产区的每栋兔舍门口必须设立消毒脚盆，生产人员经过脚盆再次消毒工作鞋后进入兔舍，生产人员不得互相串舍；全场工作人员禁止兼任其他畜牧场的饲养、技术工作和屠宰贩卖工作。保证生产区与外界环境有良好的隔离状态，全面预防外界病原侵入兔场内。休假返场的生产人员必须在生活管理区隔离两天后，方可进入生产区工作，兔场后勤人员应尽量避免进入生产区。

（2）车辆和用具管理　外来车辆必须在场外经严格冲洗消毒后才能进入生活管理区，严禁任何车辆和外人进入生产区；各兔舍用具不得混用。生产区内的任何物品、工具（包括车辆），除特殊情况外不得离开生产区，任何物品进入生产区必须经过严格消毒，特别是饲料袋应先经熏蒸消毒后才能装料进入生产区。

（3）饲料管理　饲料应由本场生产区外的饲料车运到饲料周转仓库，再由生产区内的车辆转运到每栋兔舍，严禁将饲料直接运入生产区内。

（4）其他动物或产品管理　场内生活区严禁饲养畜禽。尽量避免猪、狗、禽鸟进入生产区。生产区内肉食品要由场内供给，严禁从场外带入偶蹄兽的肉类及其制品。

（5）采用"全进全出"的饲养制度　采取"全进全出"的饲养制度，"全进全出"的饲养制度是有效防止疾病传播的措施之一。"全进全出"使得兔群能够做到净场和充分的消毒，切断了疾病传播的途径，从而避免患病兔只或病原携带者将病原传染给日龄较小的兔群。

6. 加强发病时的隔离

（1）分群隔离饲养　在发生传染病时，要立即仔细检查所有的兔，根据兔的健康程度不同，可分为不同的兔群管理，严格隔离（表 4-10）。

表 4-10　不同兔群的隔离措施

兔群	隔离措施
病兔	在彻底消毒的情况下，把症状明显的兔隔离在原来的场所，单独或集中饲养在偏僻、易于消毒的地方，专人饲养，加强护理、观察和治疗，饲养人员不得进入健康兔群的兔舍。要固定所用的工具，注意对场所、用具的消毒，出入口设有消毒池，进出人员必须经过消毒后，方可进入隔离场所。粪便无害化处理，其他闲杂人员和动物避免接近。如经查明，场内只有极少数的兔患病，为了迅速扑灭疫病并节约人力和物力，可以扑杀病兔
可疑病兔	与传染源或其污染的环境（如同群、同笼或同一运动场等）有过密切的接触，但无明显症状的兔，有可能处在潜伏期，并有排菌、排毒的危险。对可疑病兔所用的用具必须消毒，然后将其转移到其他地方单独饲养，紧急接种和投药治疗，同时，限制活动场所，平时注意观察
假定健康兔	无任何症状，一切正常，要将这些兔与上述两类兔子分开饲养，并做好紧急预防接种工作，同时，加强消毒，仔细观察，一旦发现病兔，要及时消毒、隔离。此外，对污染的饲料、垫草、用具、兔舍和粪便等进行严格消毒；妥善处理好尸体；做好杀虫、灭鼠、灭蚊蝇工作。在整个封锁期间，禁止由场内运出和向场内运进

（2）禁止人员和兔流动　禁止兔、饲料、养兔的用具在场内和场外流动，禁止其他畜牧场、饲料间的工作人员的来往以及场外人员来兔场参观。

（3）紧急消毒　对环境、设备、用具每天消毒一次，并适当加大消毒液的用量，提高消毒的效果。当传染病扑灭后，经过 2 周不再发现病兔时，进行一次全面彻底的消毒后，才可以解除封锁。

四、严格消毒

消毒是指杀灭或清除传播媒介上的病原微生物，使之达到无传播感染水平的措施。兔场消毒就是将养殖环境、养殖器具、动物体表、进入的人员或物品、动物产品等存在的微生物全部或部分杀灭或清除掉的方法。消毒的目的在于消灭被病原微生物污染的场内环境、畜体表面及设备器具上的病原体，切断传播途径，防止疾病的发生或蔓延。因此，消毒是保证兔群健康和正常生产的重要技术措施。

1. 消毒的方法

兔场常用的有机械性清除（如清扫、铲刮、冲洗等机械方法和适当通风）、物理消毒（如紫外线和火焰、煮沸与蒸汽等高温消毒）、化学药物消毒和生物消毒（主要是针对兔粪而言，将一定量的兔粪堆积起来，上面覆盖一层泥土，封闭起来，使里面的微生物大量繁殖、增温、腐熟，从而达到杀灭病原体的目的）等消毒方法。

2. 化学消毒的方法

化学消毒方法是利用化学药物杀灭病原微生物以达到预防感染和传染病的传播和流行的方法。此法最常用于养殖生产。常用的有浸泡法、喷洒法、熏蒸法和气雾法。

（1）浸泡法　主要用于消毒器械、用具、衣物等。一般洗涤干净后再行浸泡，药液要浸过物体，浸泡时间以长些为好，水温以高些为好。在兔舍进门处消毒槽内，可用浸泡药物的草垫或草袋对人员的靴鞋消毒。

（2）喷洒法　喷洒地面、墙壁、舍内固定设备等，可用细眼喷壶；对舍内空间消毒，则用喷雾器。喷洒要全面，药液要喷到物体的各个部位。一般喷洒地面、墙壁、顶棚，每平方米面积需要 1～1.5 升药液。

（3）熏蒸法　适用于可以密闭的兔舍。这种方法简便、省事，对房屋结构无损，消毒全面，兔场常用。常用的药物有福尔马林（40% 的甲醛水溶液）、过氧乙酸水溶液。为加速蒸发，常利用高锰酸钾的氧化作用。实际操作中要严格遵守下面基本要点：畜舍及设备必须清洗干净，因为气体不能渗透到兔粪和污物中去，所以不能发挥应有的效力；畜舍要密封，不能漏气，应将进出气口、门窗和排气扇等的缝隙糊严。

（4）气雾法　气雾粒子是悬浮在空气中的气体与液体的微粒，直径小于 200 纳米，分子量极轻，能悬浮在空气中较长时间，可到处飘移穿透到畜舍内的周围及其空隙。气雾是消毒液从气雾发生器中喷射出的雾状微粒，是消灭气携病原微生物的理想办法。

3. 兔场的消毒程序

（1）消毒池消毒　场大门、生产区入口、各栋兔舍两头都要设消毒地。大门口消毒池长度为汽车轮周长的2倍，深度为15～20厘米，宽度与大门口同宽；各栋舍两头也可放消毒槽。消毒液可选用2%～5%火碱（氢氧化钠）、1%菌毒敌、1∶300特威康、1∶（300～500）喷雾灵中的任一种。药液每周更换1～2次，雨过天晴后立即更换，确保消毒效果。

（2）车辆消毒　进入场门的车辆除要经过消毒池外，还必须对车身、车底盘进行高压喷雾消毒，消毒液可用2%过氧乙酸或1%灭毒威。严禁车辆（包括员工的摩托车、自行车）进入生产区。进入生产区的料车每周需彻底消毒一次。

（3）人员消毒　所有工作人员进入场区大门必须进行鞋底消毒，并经自动喷雾器进行喷雾消毒。进入生产区的人员必须淋浴、更衣、换鞋、洗手，并经紫外线照射15分钟。工作服等定期消毒（可放在1%～2%碱水内煮沸消毒）。严禁外来人员进入生产区。进入兔舍的人员先踏消毒池（消毒池的消毒液每3天更换一次），再洗手后方可进入。病兔隔离人员和剖检人员操作前后都要进行严格消毒。

（4）环境消毒

① 垃圾处理　生产区的垃圾实行分类堆放，并定期收集。每逢周六进行环境清理、消毒和焚烧垃圾。

② 环境消毒　生产区道路、每栋舍前后、生活区、办公区院落或门前屋后4～10月份每7～10天消毒一次，11月至次年3月每半月一次。消毒时用3%的氢氧化钠喷湿，阴暗潮湿处撒生石灰。

（5）兔舍消毒

① 空舍消毒　兔出售或转出后对兔舍进行彻底的清洁消毒，消毒步骤如下。

a. 清扫　首先对空舍的粪尿、污水、残料、垃圾和墙面、顶棚、水管等处的尘埃进行彻底清扫，并整理归纳舍内饲槽、用具，当发生疫情时，必须先消毒后清扫。

b. 浸润　对地面、兔栏、出粪口、食槽、粪尿沟、风扇匣、护仔箱进行低压喷洒，并确保充分浸润，浸润时间不少于30分钟，但不能时间过长，以免干燥、浪费水且不好洗刷。

c. 冲刷　使用高压冲洗机，由上至下彻底冲洗屋顶、墙壁、栏架、网床、地面、粪尿沟等。要用刷子刷洗藏污纳垢的缝隙，尤其是食槽、护仔箱壁的下端，冲刷不要留死角。

d. 消毒 晾干后，选用广谱高效消毒剂，消毒舍内所有表面、设备和用具，必要时可选用2%～3%的火碱进行喷雾消毒，30～60分钟后低压冲洗，晾干后用另一种广谱高效消毒药（0.3%好利安）喷雾消毒。

e. 复原 恢复原来栏舍内的布置，并检查维修，做好进兔前的充分准备，并进行第二次消毒。

f. 喷雾消毒 进兔前1天再喷雾消毒。

② 熏蒸消毒 对封闭兔舍冲刷干净、晾干后，最好进行熏蒸消毒。用福尔马林、高锰酸钾熏蒸。方法：熏蒸前封闭所有缝隙、孔洞，计算房间容积，称量好药品，按照福尔马林：高锰酸钾：水 = 2：1：1比例配制，福尔马林用量一般为14～42毫升/平方米，容器应大于甲醛溶液加水后容积的3～4倍，放药时一定要把甲醛溶液倒入盛高锰酸钾的容器内，室温最好不低于24℃，相对湿度在70%～80%，先从兔舍一头逐点倒入，倒入后迅速离开，把门封严，24小时后打开门窗通风，无刺激味后再用消毒剂喷雾消毒一次。

③ 带兔消毒 正常情况下选用新过氧乙酸或喷雾灵等消毒剂。夏季每周消毒2次，春秋季每周消毒1次，冬季2周消毒1次。如果发生传染病，每天或隔日带兔消毒1次，带兔消毒前必须彻底清扫，消毒时不仅限于兔的体表，还包括整个舍的所有空间。应将喷雾器的喷头高举空中，喷嘴向上，让雾料从空中缓慢地下降，雾粒直径控制在80～120微米，压力为0.2～0.3千克力/平方厘米。注意不宜选用刺激性大的药物。

（6）运动场消毒 对运动场地面进行预防性消毒时，可将运动场最上面一层土铲去3厘米左右，用10%～20%新鲜石灰水或5%漂白粉溶液喷洒地面，然后垫上一层新土夯实。对运动场进行紧急消毒时，要在地面上充分洒上对病原体具有强烈作用的消毒剂，2～3小时后，将最上面一层土铲去9厘米以上，喷洒上10%～20%石灰水或5%漂白粉溶液，垫上一层新土夯实，再喷洒10%～20%新鲜石灰水或5%漂白粉溶液，5～7天后，就可以将兔重新放入。如果运动场是水泥地面，可直接喷洒对病原体具有强烈作用的消毒剂。

（7）兽医防疫人员出入兔舍消毒 兽医防疫人员出入兔舍必须在

消毒池内进行鞋底消毒，在消毒盆内洗手消毒。出舍时要在消毒盆内洗手消毒；兽医防疫人员在一栋兔舍工作完毕后，要用消毒液浸泡的纱布擦洗注射器和提药盒的周围。

（8）特定消毒

① 车辆人员消毒　兔转群或部分调动时必须将道路和需用的车辆、用具，在用前、用后分别喷雾消毒。参加人员需换上洁净的工作服和胶鞋，并经过紫外线照射 15 分钟。

② 设备消毒　接产母兔有临产征兆时，就要将兔笼、用具设备和兔体洗刷干净，并用 1／600 的百毒杀或 0.1％高锰酸钾溶液消毒。

③ 手术部位消毒　在剪耳、注射等前后，都要对器械和手术部位进行严格消毒。消毒可用碘伏或 70％的酒精棉。

④ 手术消毒　手术部位首先要用清水洗净擦干，然后涂以 3％的碘酊，待干后再用 70％～75％的酒精消毒，待酒精干后方可实施手术，术后创口涂 3％碘酊。

⑤ 阉割消毒　阉割时，切部要用 70％～75％酒精消毒，待干燥后方可实施阉割，结束后刀口处再涂以 3％碘酊。

⑥ 器械消毒　手术刀、手术剪、缝合针、缝合线可煮沸消毒，也可用 70％～75％的酒精消毒，注射器用完后里外冲刷干净，然后煮沸消毒。医疗器械每天必须消毒一遍。

⑦ 粪便消毒　可采用生物热消毒法杀灭病原体。

⑧ 毛皮消毒　毛皮可用福尔马林（甲醛）进行熏蒸消毒。

⑨ 紧急消毒　发生传染病或传染病平息后，要强化消毒，药液浓度加大，消毒次数增加。

（9）消毒注意事项

① 按照要求配药　严格按消毒药物说明书的规定配制，药量与水量的比例要准确，不可随意加大或减少药物浓度。不准任意将两种不同的消毒药物混合使用。

② 喷雾剂量适宜　喷雾时，必须全面湿润消毒物的表面。

③ 科学使用　消毒药现配现用，搅拌均匀，并尽可能在短时间内一次用完。消毒药物定期更换使用。

④ 清洁卫生　消毒前必须搞好卫生，彻底清除粪尿、污水、垃圾。

⑤ 做好记录　要有完整的消毒记录，记录消毒时间、消毒对象、

消毒药品、使用浓度以及消毒方法等。

五、兔场的免疫接种

免疫接种通常是使用疫苗和菌苗等生物制剂作为抗原接种于兔体内，激发抗体产生特异性免疫力，免疫接种是预防传染病的有效手段。

1. 疫苗的管理

（1）疫苗的采购　采购疫苗时，一定要根据疫苗的实际效果和抗体监测结果，以及场际间的沟通和了解，选择规范而信誉高且有批准文号的生产厂家生产的疫苗；到有生物制品经营许可证的经营单位购买；疫苗应是近期生产的，有效期只有 2 ～ 3 个月的疫苗最好不要购买。

（2）疫苗的运输　运输疫苗要使用放有冰袋的保温箱，做到"苗随冰行，苗到未溶"。途中避免阳光照射和高温。疫苗运输过程中时间越短越好，中途不得停留存放，应及时运往兔场放入 17℃恒温冰箱中，防止冷链中断。

（3）疫苗的保管　保管前要清点数量，逐瓶检查苗瓶有无破损，瓶盖有无松动，标签是否完整，并记录生产厂家、批准文号、检验号、生产日期、失效日期、药品的物理性状与说明书是否相符等，避免购入伪劣产品；仔细查看说明书，严格按说明书的要求储存；许多疫苗是在冰箱内冷冻保存，冰箱要保持清洁和存放有序，并定时清理冰箱的冰块和过期的疫苗。如遇停电，应在停电前 1 天准备好冰袋，以备停电用，停电时尽量少开箱门。

2. 影响免疫效果的因素

免疫应答是一种复杂的生物学过程，影响因素很多，必须了解认识主要影响因素，尽量减少不良因素的影响，提高免疫接种的效果。

（1）疫苗因素　一是疫苗的质量。疫苗的质量直接关系到免疫接种的成败，劣质的疫苗是不能起到好的免疫效果的。因此，建议养兔户在购买疫苗时一定走正规渠道，最好到当地县级以上动物防疫检疫部门选购。二是保存的条件。疫苗的保存也是一个很重要的环节，各类疫苗均有相应的储存温度和保存条件。若疫苗保存不当，常常会导致疫苗效价降低，甚至失效。在疫苗的购买和运输过程中，也要按要求满足相应条件。三是使用的方法。疫苗使用不当，也会影响免疫接种效果。因此，应严格按照各类疫苗的免疫接种方法、接种部位、使用剂量、疫苗的稀释方法等进行使用，疫苗一经开封或稀释后应尽快注射，同时遵守疫苗接种的注意事项。四是免疫程序。免疫程序的制定在兔病预防接种中是相当重要的一环，合理的免疫程序以及按程序进行接种是取得良好免疫效果的基础。

（2）环境因素　环境因素包括兔舍的温度、湿度、通风状况以及环境的清洁状况、消毒等。由于动物机体的免疫功能在一定程度上是受神经、体液、内分泌的调节。因此，兔群处在应激状态下，如过冷过热、通风不畅、潮湿、噪声、疾病以及惊吓等，都会导致兔群的免疫反应能力下降，疫苗接种后达不到相应的免疫效果。另外，环境的清洁、消毒对免疫防制工作也十分重要，如不进行消毒，环境很脏，有利于病原微生物的生长繁殖，同时产生大量的有害气味，使兔群的免疫系统受到抑制，影响免疫效果。

（3）兔群体况　兔群的营养状况是影响疫苗免疫接种效果的一个很重要的因素。健康兔群的免疫应答能力较强。如果兔群营养较差、肥瘦、大小不均，或患有疾病时，进行免疫接种就达不到应有的免疫效果，表现为抗体水平低下或参差不齐，对强毒感染的保护率低，抗体不能维持足够长的时间，即使免疫后也可能暴发这种传染病。

（4）遗传因素　动物机体对疫苗接种的免疫反应在一定程度上是受到遗传控制的。因此，不同品种的兔对疾病的易感性、抵抗力和对疫苗免疫的反应能力都有差异，即使同一品种，不同个体之间对同一疫苗的免疫接种，其免疫反应强弱也有差异。

（5）药物因素　有许多药物能够干扰免疫应答，如某些抗生素、抗球虫药、肾上腺皮质激素等，消毒剂和抗病毒药物能够杀死活疫（菌）苗，破坏灭活疫苗的抗原性。因此，在免疫接种的前后3天内不能使用消毒药、抗生素、抗球虫药和抗病毒药。而在免疫接种时在饲料中添加双倍量的多种维生素，可有效提高兔群的免疫应答。

（6）应激因素　高免疫力本身对动物来说就是一种应激反应。免疫接种是利用疫苗的致弱病毒去感染兔机体，这与天然感染得病一样，只是病毒的毒力较弱而不致兔发病死亡，但机体经过一场恶斗来克服疫苗病毒的作用后才能产生抗体，所以在接种前后应尽量减少应激反应。免疫接种时最好多补充电解质和维生素，尤其是维生素 A、维生素 E、维生素 C 和复合维生素 B 更为重要。

3. 接种疫苗时的注意事项

（1）疫苗使用前要检查　使用前要检查药品的名称、厂家、批号、有效期、物理性状、储存条件等是否与说明书相符。仔细查阅使用说明书与瓶签是否相符，明确装置、稀释液、每头剂量、使用方法及有关注意事项，并严格遵守，以免影响效果。对过期、无批号、油乳剂破乳、失真空及颜色异常或不明来源的疫苗禁止使用。

（2）免疫操作要规范　注射过程应严格消毒，注射器、针头应洗净煮沸 15 ～ 30 分钟备用，每注射 5 ～ 10 只更换一枚针头，防止传染。吸药时，绝不能用已给动物注射过的针头吸取，可用一个灭菌针头，插在瓶塞上不拔出、裹以挤干的酒精棉花专供吸药用，吸出的药液不应再回注瓶内；液体在使用前应充分摇匀，每次吸苗前再充分振摇；注射的剂量要准确，不漏注、不白注。进针要稳，拔针宜速，不得打"飞针"以确保药液真正足量地注射于皮下。

4. 兔群的免疫参考程序

见表 4-11 ～表 4-13。

表 4-11　兔的参考免疫程序

免疫时间	疫苗及作用	免疫剂量和方式
25 ～ 30 日龄（断奶前后）	兔瘟 - 巴氏杆菌二联苗，预防兔瘟（兔病毒性出血症）和多杀性巴氏杆菌病	皮下注射 1.1 毫升 / 只
30 ～ 35 日龄	兔大肠杆菌多价苗，预防兔大肠杆菌病	皮下注射 1.2 毫升 / 只
35 ～ 40 日龄	兔产气荚膜梭菌苗，预防兔魏梭菌病	皮下注射 2 毫升 / 只
50 ～ 55 日龄	兔瘟 - 巴氏杆菌二联苗，加强预防兔瘟及巴氏杆菌病	皮下注射 1.5 毫升 / 只

注：基础兔（繁殖种兔）每 5 个月接种免疫 1 次，每次皮下注射兔瘟 - 巴氏杆菌二联苗 1.5 毫升 / 只，大肠杆菌病苗 1.5 毫升 / 只，产气荚膜梭菌病苗 2 毫升 / 只。每次注射之间应间隔 7 ～ 10 天。对易患波氏杆菌病、葡萄球菌病、伪结核病、沙门氏杆菌病的兔场，应根据实际情况进行免疫接种。

表4-12　商品肉兔参考免疫程序

日龄	免疫疫苗	免疫途径	剂量
21	波氏杆菌＋大肠杆菌病蜂胶二联灭活疫苗	颈部皮下注射	1.0 毫升
30	兔波氏杆菌＋巴氏杆菌病蜂胶二联灭活疫苗	颈部皮下注射	1.0 毫升
	兔球净（长效抗球虫药）	颈部皮下注射	0.2 毫升
40	兔瘟蜂胶灭活疫苗或兔瘟＋巴氏杆菌病蜂胶二联灭活疫苗	颈部皮下注射	2.0 毫升
60	兔瘟蜂胶灭活疫苗或兔瘟＋巴氏杆菌＋魏氏梭菌病蜂胶三联灭活疫苗	颈部皮下注射	1.0 毫升

注：如疫区，可视情况免疫魏氏梭菌和葡萄球菌病单苗，可在45日龄以后免疫一次；如发生兔瘟，可用兔瘟蜂胶灭活疫苗4毫升进行紧急免疫注射，注射时注意局部和注射针头的消毒，以免引发注射部位的脓肿。

表4-13　种兔的参考免疫程序

日龄	免疫疫苗	免疫途径	剂量
21	波氏杆菌＋大肠杆菌病蜂胶二联灭活疫苗	颈部皮下注射	1.0 毫升
30	兔波氏杆菌＋巴氏杆菌病蜂胶二联灭活疫苗	颈部皮下注射	1.0 毫升
30	兔球净（长效抗球虫药）	颈部皮下注射	0.2 毫升
40	兔瘟蜂胶灭活疫苗或兔瘟＋巴氏杆菌病蜂胶二联灭活疫苗	颈部皮下注射	2.0 毫升
60	兔瘟蜂胶灭活疫苗或兔瘟＋巴氏杆菌＋魏氏梭菌病蜂胶三联灭活疫苗	颈部皮下注射	1.0 毫升
首次配种前14天	兔波氏杆菌＋巴氏杆菌病蜂胶二联灭活疫苗	颈部皮下注射	1.5 毫升
首次配种前7天	兔葡萄球菌蜂胶灭活苗	颈部皮下注射	1.5 毫升

以后兔瘟＋巴氏杆菌病、波氏＋巴氏杆菌病、葡萄球菌病等疫苗一般隔5～6个月免疫一次，兔球净一般隔2个半月注射一次。

注：如疫区，可视情况免疫魏氏梭菌，可在二免后5～6个月免疫一次。如发生兔瘟，可用兔瘟蜂胶灭活疫苗4毫升进行紧急免疫注射，注射时注意注射局部和注射针头的消毒，以免引发注射部位的脓肿。

六、药物预防

兔群保健预防用药就是在兔容易发病的几个关键时期，提前用药物预防，能够起到很好的保健作用，降低兔场的发病率。这比发病后再治，既省钱省力，又能确保兔正常繁殖生长，还可以用比较便宜的药物达到防病的目的，收到事半功倍的效果，提高养兔经济效益。

兔场保健预防用药的时间和方法如表 4-14 所示。

表 4-14　兔场保健预防用药

时间	药物及使用方法
3 日龄	滴服复方黄连素 2～3 滴 / 只，预防仔兔黄尿病
15～16 日龄	滴服痢菌净 3～5 滴 / 只，每日 1 次，连续 2 天，预防仔兔胃肠炎
25～83 日龄	选用抗球虫药，配伍抗生素，预防兔球虫病及细菌性疾病，连续用药 3～4 个疗程。每个疗程 7 天，停药 10 天，再开始下一个疗程。配伍与饮用方法：球速杀 50 克，沙拉沙星 10 克，兑水 50 千克，饮用 3 天；百球威克 50 克，烟酸诺氟沙星 10 克，兑水 50 千克，饮用 2 天；地克珠利 (球敌、球霸)10 毫升，恩诺沙星 10 克，兑水 50 千克，饮用 2 天；或第 1 个疗程用一种药，第 2、3 个疗程换另一种药也可。抗球虫药和抗生素种类较多，除抗球王、克球粉不能用于兔外，任选 3 种以上按说明配伍使用即可。饮水较拌料防球虫病效果更好
仔兔补料阶段	注意预防肚胀、拉稀、消化不良、胃肠炎等
60～70 日龄	内服丙硫苯咪唑 25 毫克 / 只，连续用药 3 次，每次间隔 3 天；或皮下注射伊力佳 0.5 毫升 / 只，1 次即可，预防寄生虫病
每年的 6、7、8 月份	每兔每次内服磺胺嘧啶 1/4 片，病毒灵 1/2 片，维生素 B_1 和维生素 B_2 各 1/2 片，成年兔加倍，每天 1 次，连续 3～5 天。每个月用药 1 个疗程，预防传染性口炎。如此期间气温在 30℃以上，饲料中应添加消瘟败毒散或饮用抗热应激药物
基础兔	每个月饮用抗球虫药配伍抗生素 5～7 天，预防球虫病和细菌性疾病；每 3 个月驱虫 1 次，其方法同 60～70 日龄预防寄生虫病的方法。每年的 7～8 月份皮下注射伊力佳 1 毫升 / 只，隔 10 天再注射 1 次，预防疥螨病，也可饮水防治兔患豆状囊尾蚴病。同时，对护场犬也要定期驱虫，且不能让犬进入兔场，以免犬的粪便污染兔用饲料

续表

时间	药物及使用方法
母兔产仔前后	内服复方新诺明 1 片 / 只，每日 1 次，连用 3～5 天；或用葡萄糖 2500 克，含碘食盐 450 克，电解多维 30 克，抗生素 10～15 克，兑水 50 千克，用量为 300 毫升 / 只，每天 1 次，连用 3～5 天，预防乳房炎、子宫炎、阴道炎和仔兔黄尿病，同时增强母兔体质，促进泌乳
发生应激	凡遇天气突变、调运、转群等应激情况，饮用葡萄糖盐水 (同母兔产仔前后饮用的混合液)1～2 次，增加兔体抗病力
出栏前 15 天	停用任何药物

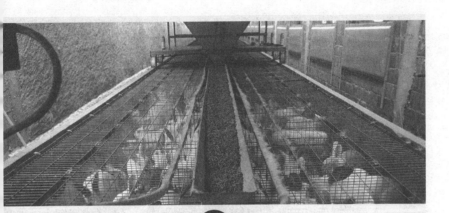

第五招
尽量降低生产消耗

【提示】

　　兔场的经营管理就是通过对兔场的人、财、物等生产要素和资源进行合理的配置、组织、使用，以最少的消耗获得尽可能多的产品产出和最大的经济效益。但许多兔场只重视技术管理而忽视经营管理，只重视饲养技术的掌握而不愿接受经营管理知识，导致经营管理水平低，养殖效益差。

一、加强生产运行过程的经营管理

（一）制度的制定

1. 制定技术操作规程

　　技术操作规程是兔场生产中按照科学原理制定的日常作业的技术规范。兔场管理中的各项技术措施和操作等均通过技术操作规程加以贯彻。同时，它也是检验生产的依据。不同饲养阶段的兔群，按其生产周期制定不同的技术操作规程。

技术操作规程的主要内容是：对饲养任务提出生产指标，使饲养人员有明确的目标；指出不同饲养阶段兔群的特点及饲养管理要点；按不同的操作内容分段列条、提出切合实际的要求等。

技术操作规程的指标要切合实际，条文要简明具体，易于落实执行。

2. 制定日工作程序

规定各类兔舍每天从早到晚的各个时间段内的常规操作，使饲养管理人员有规律地完成各项任务，饲养管理人员要严格遵守饲养管理日常操作规程。日常工作程序见表5-1。

表 5-1　日常工作程序

时间	工作内容	备注
8：00～9：00	给仔兔喂奶	检查全群健康情况（发现病情及时处理）；全群喂饲料，观察每只兔吃料及精神状态
9：00～9：30	给仔兔补饲（重点抓开口关）。喂种兔、幼兔、商品兔	
9：30～10：00	扫粪，冲洗粪沟，打扫卫生	
10：00～10：30	防病治病，配种，检查修理饮水系统	
10：30	结束场内工作	
12：30～13：00	给仔幼兔喂料	
13：30	修补底笆，采割青饲料，准备饲料等场外工作	
晚渐黑	给所有兔喂料	观察兔群
20：00～10：30	配种，防病治病，修补笼舍	
22：30	给所有兔喂料、喂草或给母兔添加黄豆等	

3. 制定综合防疫制度

为了保证兔群的健康和安全生产，场内必须制定严格的防疫措施，规定对场内外人员、车辆、场内环境、运输兔的容器进行及时或定期的消毒和兔舍在空出后的冲洗、消毒，制定各类兔群的检查、免疫、用药等制度。

（二）劳动管理

1. 劳动定额

兔场生产管理的主要任务是明确每一名员工的工作职责，调动每个成员的积极性。劳动定额就是给每个员工确定劳动职责和劳动额度，要求达到规定的质量标准和完成时间，做到责任到人。如规定一个饲养员饲养的种母兔数（兔场每人一般可饲养管理繁殖母兔80～100只，存栏兔200只左右），年底必须上交合格的商品兔，以及物资、药品、水电费的使用情况。劳动定额是贯彻按劳分配的重要依据，要做到奖罚分明，多劳多得。在落实责任制时根据兔场实际情况、设施条件、职工素质制定生产指标，指标要适当，在正常情况下经过职工努力，应有奖可得。

2. 劳动组织

（1）人员定岗 人员定岗形式多样，目的是把兔场现有的人力资源整合后充分利用，实行定岗定员，分工负责，发挥各自特长，签订相应责任状。要避免分工后互不联系状况的出现，要始终做到分工不分家，坚持发挥团队精神。目前普遍的做法是：在生产中根据兔群（繁殖群、育种后备群、商品群）来分类管理，确定基本人员，安排兔舍，实行岗位制，责任到人。所定兔舍中所有事务均由责任人员来完成，包括繁殖、饲喂、防疫、卫生打扫、笼器具的消毒等一系列工作。随着技术水平的提高，现代化生产中出现了一种新的管理模式，主要根据职工的专业和特长进行分类管理。如在规模化和工厂化生产中实行技术分工，设立专门从事兔繁殖、选育工作的繁育工作岗位，从事卫生防疫、疾病治疗和消毒的兽医工作岗位，从事兔日常喂养的饲养工作岗位，从事兔舍卫生清扫和笼器具清洗的环境卫生岗位，从事饲料供应的加工岗位，从事水电安全生产和机械维修的水电维修管理岗位，从事兔产品销售的营销岗位，从事青饲料供应的田间工作岗位，另外还需配备门卫。

（2）岗位培训　饲养人员处在生产第一线，是养兔生产的主体，他们的技术水平高低直接影响生产状况和兔场经营的经济效益，因此要重视提高他们的业务素质，要经常进行技术培训，使他们更好地适应岗位工作需要。岗位培训方式多样，可分为岗前培训和工作中继续教育培训，脱产培训和边生产边培训，全方面技术培训和专项技术培训，也可送出去培训。

（3）组织培训　培训的目的是要求每个生产人员了解兔的生物学特性、各个年龄阶段的营养需求及基本的病理知识，掌握一定的科学养兔知识和兔场具体的饲养管理要求，使他们自觉遵守饲养管理操作规程，达到科学养兔的目的。

（4）规章制度　完善的、严格的场规和场纪是经营管理的保证。兔场在生产中必须建立和健全适合本场实际情况的各种规章制度，以法治场。规章制度包括职工守则、考勤制度、水电维持保养规程、饲养管理操作标准、卫生防疫消毒、仓库管理、安全保卫等各种规章制度，使全场每个部门每个人都有章可循，照章办事。

（三）兔场的计划管理

计划是决策的具体化，计划管理是经营管理的重要职能。计划管理就是根据兔场确定的目标，制订各种计划，用以组织协调全部的生产经营活动，达到预期的目的和效果。为充分发挥兔场现有的人力、物力资源，挖掘生产潜力，做到全年合理、安全、稳定生产和供应，必须制订切合实际的生产计划。

1. 编制计划的原则

兔场要编制科学合理、切实可行的生产经营计划，必须遵循以下原则。

（1）整体性原则　编制的兔场经营计划一定要服从和适应国家的肉兔业计划，满足社会对肉兔产品的要求。因此，在编制计划时，必须在国家计划指导下，根据市场需要，围绕兔场经营目标，处理好国家、企业、劳动者三者的利益关系，统筹兼顾，合理安排。作为行动方案，不能仅提出和规定一些方向性的问题，而且应当规定详尽的经营步骤、措施和行为等内容。

（2）适应性原则　养兔生产是自然再生产和经济再生产、植物第一性生产和动物第二性生产交织在一起的复杂生产过程，生产经营范围广泛，其不可控影响因素较多。因此，计划要有一定弹性，以适应内部条件和外部环境条件的变化。

（3）科学性原则　编制兔场生产经营计划要有科学态度，一切从实际出发，深入调查分析有利条件和不利因素，进行科学的预测和决策，使计划尽可能地符合客观实际，符合经济规律。编制计划使用的数据资料要准确，计划指标要科学，不能太高，也不能太低。要注重市场，以销定产，即要根据市场需求倾向和容量来安排组织兔场的经营活动，充分考虑消费者需求以及潜在的竞争对手，以避免供过于求，造成经济损失。

（4）平衡性原则　兔场安排计划要统筹兼顾，综合平衡。兔场生产经营活动与各项计划、各个生产环节、各种生产要素以及各个指标之间，应相互联系，相互衔接，相互补充。所以，应当把它们看作是一个整体，各个计划指标要平衡一致，使兔场各个方面、各个阶段的生产经营活动协调一致，使之能够充分发挥兔场优势，达到各项指标和完成各项任务。因此，要注重两个方面：一是加强调查研究，广泛收集资料数据，进行深入分析，确定可行的、最优的指标方案；二是计划指标要综合平衡，要留有余地，不能破坏兔场的长期协调发展，也不能满打满算，使兔场生产处于经常性的被动局面。

2. 编制计划的方法

兔场计划编制的常用方法是平衡法，是通过对指导计划任务和完成计划任务所必须具备的条件进行分析、比较，以求得两者的相互平衡。畜牧业企业在编制计划的过程中，重点要做好草原（土地）、劳力、机具、饲草饲料、资金、产销等平衡工作。利用平衡法编制计划主要是通过一系列的平衡表来实现的，平衡表的基本内容包括需要量、供应量、余缺三项。具体运算时一般采用下列平衡公式：

期初结存数＋本期计划增加数－本期需要数－结余数

上式三部分，即供应量（期初结存数＋本期计划增加数）、需要量（本期需要数）和结余数构成平衡关系，进行分析比较，揭露矛盾，采取措施，调整计划指标，以实现平衡。

3. 编制计划的程序

编制经营计划必须按照一定的程序进行，其基本程序如下。

（1）做好各项准备工作　主要是总结上一计划期计划的完成情况，调查市场的需要情况，分析本计划期内的利弊情况，即做好总结、收集资料、分析形势、核实目标、核定计划量等工作。

（2）编制计划草案　主要是编制各种平衡表，试算平衡，调整余额，提出计划大纲，组织修改补充，形成计划草案。

（3）确定计划方案　组织讨论计划草案，并由有关部门审批，形成正式计划方案。一套完整的企业计划，通常由文字说明的计划报告和一系列计划指标组成的计划表两部分构成。计划报告也叫计划纲要，是计划方案的文字说明部分，是整个计划的概括性描述。一般包括以下内容：分析企业上期养兔生产发展情况，概括总结上期计划执行中的经验和教训；对当前兔生产和市场环境进行分析；对计划期兔生产和畜产品市场进行预测；提出计划期企业的生产任务、目标和计划的具体内容，分析实现计划的有利和不利因素；提出完成计划所要采取的组织管理措施和技术措施。计划表是通过一系列计划指标反映计划报告规定的任务、目标和具体内容的形式，是计划方案的重要部分。

4. 兔场主要生产计划

（1）繁殖计划　根据所饲养的兔品种性成熟和体成熟时间、市场行情、季节、笼位和饲料供应等多种因素综合考虑兔群繁殖的时间和数量，制订一个详细的繁殖计划和合理流程，包括何时配种和配种数量、摸胎时间、挂产仔箱时间、产仔时间及人员安排、仔兔的哺乳和护理、母兔繁殖性能测定、仔兔断奶时间等。可以制订一个全年繁殖计划（表5-2）。繁殖前对种兔群进行清理整顿，淘汰不能作为种用或已达到淘汰年龄的种兔；对新选入的种兔注意饲喂，保持体型，以防过肥或过瘦影响配种受孕，尤其对后备种公兔要及时进行调教；制定生产和测定表格，如配种记录表、母兔繁殖性能测定记录表，以备生产中各原始数据的记录。繁殖中合理安排，适时配种，精心饲养，减少空怀母兔，并要及时测定记录各种数据。繁殖要着重抓春繁产仔多和秋繁质量好两个季节，解决夏冬两季成活率的问题。对于獭兔繁殖更应注意季节，最好能避免商品兔夏季上市，以提高经济效益。

表 5-2　全年繁殖计划

配种批次	配种日期	配种数量	摸胎日期	挂产仔箱日期	产仔日期	断奶日期	备注

（2）兔群周转计划　合理的周转计划是提高经济效益的有效途径，既能获得最多的兔产品，又能以最快速度扩大再生产，因此应该抓好这项工作。兔群周转计划应根据年初兔群结构状况、上年繁殖情况、引进和淘汰的数量和时间及年内生产任务、更新比例、仔兔断奶时间和商品兔出栏时间而制订。商品兔周转越快，饲养周期就缩短，饲料消耗降低，兔舍和笼器具的利用率就提高，单位成本减少，经济效益上升。见表 5-3。

表 5-3　兔群的周转计划

日期	年初头数	本年增加			本年减少			年末头数
		繁殖	购进	转入	出售	转出	淘汰或死亡	

（3）饲料供应计划　为使养兔生产有可靠的饲料基础，每个兔场都要制订饲料供应计划。编制饲料供应计划时，要根据兔群周转计划，按全年兔群的年饲养日数乘以各种饲料的日消耗定额，再增加10%～15%的损耗量，确定为全年各种饲料的总需要量，在编制饲料供应计划时，要考虑兔场发展增加兔数量时所需量。饲料供应计划见表 5-4。

表 5-4　兔场饲料供应计划　　　　单位：千克

类别	数量/只	粗饲料		青饲料	能量饲料	蛋白饲料			辅料	其他饲料	矿物质饲料					
		秸秆	干草			油粕类	副产品	其他			食盐	石粉	小苏打	碳酸氢钠	微量元素预混料	其他

（4）疫病防治计划　疫病防治工作是生产管理中必不可少的一个重要组成部分。为使兔场生产按计划顺利进行，确保疫病防治工作的正常开展，必须制定切实可行的卫生防疫制度和完善的消毒制度等，为便于管理，可制订一个全年疫病防治计划。养殖者应根据生产实际需要有针对性地选择疫苗，制订防疫计划和免疫程序；防疫需根据不同品种、不同年龄明确疫苗品种、防疫时间、防疫量、防疫方法及不同疫苗之间的防疫安排。除此之外，还要做好寄生虫的防治工作，特别是球虫病、疥癣、耳螨等常见病，这类病易感染、传播快、死亡率高、难根除，并且没有疫苗可防，生产中需根据发病的季节、环境、感染的年龄阶段制订防治计划，主要是通过平时的饲养管理和药物预防共同控制。此外，还应制定饲养管理人员和车辆进出场制度、兔舍及笼器具和场地定期消毒卫生制度、消毒池和消毒用品管理制度、兔及产品出入场检疫制度、病兔隔离和死兔处理制度等。

（5）物资供应计划　物资正常的供应是生产的保障，为确保生产有序地开展，必须根据年内生产任务制订物资供应计划。主要有种兔、饲料、药品、设备等，可根据物资的数量、质量、品种、价格、货源、时间、库存量、需购量等具体内容制订，它涉及整个生产的运转过程。如饲料供应计划的制订，需根据兔场养殖规模来确定。先通过计算平均每只兔每天饲喂量推算出全群每月、每年的饲料消耗，再根据饲料配方计算出每种原料的需求量，从而制订合理的饲料供应计划，避免出现供应不均衡影响生产的状况。可把各种原料需求量按月制订一个计划表。原料采购最好能提前半个月完成，以防天气和节假日因素影响运输和采购。采购中一定要注意原料品质，杜绝霉变、劣质、水分超标、杂质过多的饲料入库；饲料保管中注意防鼠咬、防虫蛀。

（6）资金使用计划　有了生产销售计划、草料供应计划等计划后，资金使用计划也就必不可少了。资金使用计划是经营管理计划中非常关键的一项工作，做好计划并顺利实施，是保证企业健康发展的关键。资金使用计划的制订应依据有关生产等计划，本着节省开支并最大限度提高资金使用效率的原则，精打细算，合理安排，科学使用。既不能让资金长时间闲置，造成资金资源浪费，还要保证生产所需资金及时足额到位。在制订资金计划中，对兔场自有资金要统筹考虑，尽量盘活资金，不要造成自有资金沉淀。对企业发展所需贷款，经可行性研究，认为有效益、项目可行，就要大胆贷款，破除"企业不管发展快慢，只要没有贷款就是好企业"的传统思想，要敢于并善于科学合理地运用银行贷款，加快规模兔场的发展。一个企业只要其资产负债率保持在合理的范围内，都是可行的。

（四）记录管理

记录管理就是将兔场生产经营活动中的人、财、物等消耗情况及有关事情记录在案，并进行规范、计算和分析。

1. 记录管理的作用

（1）兔场记录反映兔场生产经营活动的状况 完善的记录可将整个兔场的动态与静态记录无遗。有了详细的兔场记录，管理者和饲养者通过记录不仅可以了解现阶段兔场的生产经营状况，而且可以了解过去兔场的生产经营情况。有利于对比分析，有利于进行正确的预测和决策。

（2）兔场记录是经济核算的基础 详细的兔场记录包括了各种消耗、兔群的周转及死亡淘汰等变动情况、产品的产出和销售情况、财务的支出和收入情况以及饲养管理情况等，这些都是进行经济核算的基本材料。没有详细的、原始的、全面的兔场记录材料，经济核算也是空谈，甚至会出现虚假的核算。

（3）兔场记录是提高管理水平和效益的保证 通过详细的兔场记录，并对记录进行整理、分析和必要的计算，可以不断发现生产和管理中的问题，并采取有效的措施来解决和改善，不断提高管理水平和经济效益。

2. 兔场记录的原则

（1）及时准确 及时是根据不同记录要求，在第一时间认真填写，不拖延、不积压，避免出现遗忘和虚假；准确是按照兔场当时的实际情况进行记录，既不夸大，也不缩小，实实在在。特别是一些数据要真实，不能虚构。如果记录不精确，将失去记录的真实可靠性，这样的记录也是毫无价值的。

（2）简洁完整 记录工作烦琐就不易持之以恒地去实行，所以设置的各种记录簿册和表格力求简明扼要，通俗易懂，便于记录；完整是记录要全面系统，最好设计成不同的记录册和表格，并且填写完全、工整，易于辨认。

（3）便于分析　记录的目的是为了分析兔场生产经营活动的情况，因此在设计表格时，要考虑记录下来的资料便于整理、归类和统计，为了与其他兔场的横向比较和本兔场过去的纵向比较，还应注意记录内容的可比性和稳定性。

3. 兔场记录的内容

兔场记录的内容因兔场的经营方式与所需的资料不同而有所不同，一般应包括以下内容。

（1）生产记录

① 兔群生产情况记录　兔的品种、饲养数量、饲养日期、死亡淘汰、产品产量等。

② 饲料记录　将每日不同兔群（或以每栋或栏或群为单位）所消耗的饲料按其种类、数量及单价等记载下来。

③ 劳动记录　记载每天出勤情况、工作时数、工作类别以及完成的工作量、劳动报酬等。

（2）财务记录

① 收支记录　包括出售产品的时间、数量、价格、去向及各项支出情况。

② 资产记录　固定资产类，包括土地、建筑物、机器设备等的占用和消耗；库存物资类，包括饲料、兽药、在产品、产成品、易耗品、办公用品等的消耗数、库存数量及价值；现金及信用类，包括现金、存款、债券、股票、应付款、应收款等。

（3）饲养管理记录

① 饲养管理程序及操作记录　饲喂程序、光照程序、兔群的周转、环境控制等记录。

② 疾病防治记录　包括隔离消毒情况、免疫情况、发病情况、诊断及治疗情况、用药情况、驱虫情况等。

（4）兔场生产记录表格

① 生长性能记录表见表5-5、表5-6。

表5-5　生长性能记录

批次_____　品种_____　性别_____　断奶日期_____　　　单位：千克

断奶兔耳号	性别	28日龄体重	56日龄体重	84日龄体重	120日龄体重	初配体重	备注
平均体重							

表5-6　肉兔育肥成绩表

栋号：_____　　　负责人：_____　　　饲养员：_____　　　测定人_____

品种	笼号	育肥兔数量	出生日期	断乳日期	断乳体重		60日龄			90日龄			全期		备注
					总重/克	均重/克	总重/克	增重/克	耗料/克	总重/克	增重/克	耗料/克	日增重	料肉比	

②配种记录和繁殖性能测定表见表5-7、表5-8。

表5-7　配种记录

配种批次_____　配种日期_____　配种总数_____　怀孕总数_____　怀孕率_____

公兔耳号	母兔耳号	受孕情况	操作者

表5-8　母兔繁殖性能测定表

配种批次_____　　　　　　　　配种日期_____

母兔耳号	产仔日期	产仔数	产活仔数	带仔数	7日龄数	21日龄数	21日龄窝重	断奶数	断奶窝重	断奶成活数

③产品生产和饲料消耗记录表见表5-9。

表 5-9　产品生产和饲料消耗记录

品种＿＿＿＿＿　　　　兔舍栋号＿＿＿＿＿　　　　填表人＿＿＿＿＿

日期	日龄	存栏兔数/只	死亡淘汰/只	饲料消耗/千克				产品数量			饲养管理情况	其他情况
				精饲料	只耗量	青饲料	只耗量	肉兔/千克	兔毛/千克	兔皮/张		

④ 收支记录表见表 5-10。

表 5-10　收支记录表

收入		支出		备注
项目	金额/元	项目	金额/元	
合计				

4. 记录数据的统计分析

　　数据统计处理是一个基础性的工作，是提高经营管理水平的一个重要环节，是对职工进行业绩考核和兑现劳动报酬的主要依据。通过建立报表制度，做好生产统计分析工作，能做到及时掌握生产动态和生产计划执行情况，便于管理，确保生产按计划有序进行。常用统计报表有：母兔配种记录、母兔繁殖性能测定、断奶兔生长性能测定、后备种兔测定、兔出栏、存栏、转群、死亡、淘汰、饲料消耗、卫生防疫、兽医诊断治疗、物品入库出库等各种报表。

二、注重经济核算

（一）资产核算

1. 流动资产核算

流动资产是指可以在一年内或者超过一年的一个营业周期内变现或者运用的资产。流动资产是企业生产经营活动的主要资产。主要包括兔场的现金、存款、应收款及预付款、存货（原材料、在产品、产成品、低值易耗品）等。流动资产在企业再生产过程中是不断循环着的，它是随着供应、生产、销售三个过程的固定顺序，由货币形态转化为材料物资形态，再由材料物资形态，转化为在产品和产成品形态，最后由产成品形态转化为货币形态，这种周而复始的循环运动，形成了流动资产的周转。流动资产周转状况影响到产品的成本，加快流动资产周转的措施如下。

（1）有计划地采购　加强采购物资的计划性，防止盲目采购，合理地储备物质，避免积压资金，加强物资的保管，定期对库存物资进行清查，防止鼠害和霉烂变质。

（2）缩短生产周期　科学地组织生产过程，采用先进技术，尽可能缩短生产周期，节约使用各种材料和物资，减少在产品资金占用量。

（3）及时销售产品　产品及时销售可以缩短产成品的滞留时间，减少流动资金占用量。

（4）加快资金回收　及时清理债权债务，加速应收款项的回收，减少成品资金和结算资金的占用量。

2. 固定资产核算

固定资产是指使用年限在1年以上，单位价值在规定的标准以上，并且在使用中长期保持其实物形态的各项资产。兔场的固定资产主要包括建筑物、道路、繁殖兔以及其他与生产经营有关的设备、器具、工具等。

（1）固定资产的折旧及计算方法

① 固定资产的折旧　固定资产的长期使用中，在物质上要受到磨损，在价值上要发生损耗。固定资产的损耗，分为有形损耗和无形损

耗两种。固定资产在使用过程中，由于损耗而发生的价值转移，称为折旧，由于固定资产损耗而转移到产品中去的那部分价值叫折旧费或折旧额，用于固定资产的更新改造。

②固定资产折旧的计算方法　兔场提取固定资产折旧，一般采用平均年限法和工作量法。

平均年限法：它是根据固定资产的使用年限，平均计算各个时期的折旧额，因此也称直线法。其计算公式为：

固定资产年折旧额=[原值-（预计残值-清理费用）]/固定资产预计使用年限

固定资产年折旧率=固定资产年折旧额/固定资产原值×100%=（1-净残值率）/折旧年限×100%

工作量法：它是按照使用某项固定资产所提供的工作量，计算出单位工作量平均应计提折旧额后，再按各期使用固定资产所实际完成的工作量，计算应计提的折旧额。这种折旧计算方法，适用于一些机械等专用设备。其计算公式为：

单位工作量（单位里程或每工作小时）折旧额=（固定资产原值-预计净残值）/总工作量（总行驶里程或总工作小时）

（2）提高固定资产利用效果的措施

①适时、适量购置和建设固定资产　根据轻重缓急，合理购置和建设固定资产，把资金使用在经济效果最大而且在生产上迫切需要的项目上；购置和建造固定资产要量力而行，做到与单位的生产规模和财力相适应。

②注重固定资产的配套　注意加强设备的通用性和适用性，并注意各类固定资产务求配套完备，使固定资产能充分发挥效用。

③加强固定资产的管理　建立严格的使用、保养和管理制度，对不需用的固定资产应及时采取措施，以免浪费，注意提高机器设备的时间利用强度和它的生产能力的利用程度。

（二）成本核算

产品的生产过程，同时也是生产的耗费过程。企业要生产产品，就是发生各种生产耗费。生产过程的耗费包括劳动对象（如饲料）的耗费、劳动手段（如生产工具）的耗费以及劳动力的耗费等。企业为生产一定数量和种类的产品而发生的直接材料费（包括直接用于产品生产的原材料、燃料动力费等）、直接人工费用（直接参加产品生产的工人工资以及福利费）和间接制造费用的总和构成产品成本。

【注意】产品成本是一项综合性很强的经济指标，它反映了企业的技术实力和整个经营状况。兔场的品种是否优良、饲料质量好坏、饲养技术水平高低、固定资产利用的好坏、人工耗费的多少等，都可以通过产品成本反映出来。所以，兔场通过成本和费用核算，可发现成本升降的原因，降低成本费用耗费，提高产品的竞争能力和盈利能力。

1. 做好成本核算的基础工作

（1）建立健全各项原始记录　原始记录计算产品成本的依据，直接影响着产品成本计算的准确性。如原始记录不实，就不能正确反映生产耗费和生产成果，就会使成本计算变为"假账真算"，成本核算就失去了意义。所以，饲料、燃料动力的消耗，原材料、低值易耗品的领退，生产工时的耗用，畜禽变动，畜群周转，畜禽死亡淘汰，产出产品等原始记录都必须认真如实地登记。

（2）建立健全各项定额管理制度　兔场要制定各项生产要素的耗费标准（定额）。不管是饲料、燃料动力，还是费用工时、资金占用等，都应制定比较先进、切实可行的定额。定额的制定应建立在先进的基础上，对经过十分努力仍然达不到的定额标准或不需努力就很容易达到定额标准的定额，要及时进行修订。

（3）加强财产物质的计量、验收、保管、收发和盘点制度　财产物资的实物核算是其价值核算的基础。做好各种物资的计量、收集和保管工作，是加强成本管理、正确计算产品成本的前提条件。

2. 兔场成本的构成项目

（1）饲料费　指饲养过程中耗用的自产和外购的混合饲料和各种饲料原料。凡是购入的按买价加运费计算，自产饲料一般按生产成本（含种植成本和加工成本）进行计算。

（2）劳务费　从事养兔的生产管理劳动，包括饲养、清粪、转群、防疫、消毒、购物运输等所支付的工资、资金、补贴和福利等。

（3）引种费 种兔引进和培育的费用，可分摊到每个仔兔。

（4）医疗费 指用于兔群的生物制剂、消毒剂的费用及检疫费、化验费、专家咨询服务费等。

（5）固定资产折旧维修费 指兔舍、笼具和专用机械设备等固定资产的基本折旧费及修理费。根据兔舍结构和设备质量、使用年限来计损。如是租用土地，应加上租金；土地、兔舍等都是租用的，只计租金，不计折旧。

（6）燃料动力费 指饲料加工、兔舍保暖、排风、供水、供气等耗用的燃料和电力费用，这些费用按实际支出的数额计算。

（7）利息 是指对固定投资及流动资金一年中支付利息的总额。

（8）杂费 包括低值易耗品费用、保险费、通信费、交通费、搬运费等。

（9）税金 指用于养兔生产的土地、建筑设备及生产销售等一年内应交税金。

以上九项构成了兔场生产成本。

3. 成本核算方法

兔场的成本核算，就是准确确定该场生产一个单位主产品（如1只符合出场要求的种兔、1千克长毛兔的兔毛、1张獭兔皮、1只商品肉兔等）所需要的开支金额。具体计算是：兔场的全部支出（含饲料、人工、医药、购种、水电费用及房屋土地租金或折旧费、流动资金利息等）减去该场兔子的全部副产物（如兔粪肥、淘汰种兔、獭兔的肉、肉兔的皮等）收入，再除以主产品的总产量即得。资料不全的小规模兔场可采用如下方法计算。

（1）种兔成本 每只种兔成本（元/只）=［期初存栏种兔价值+购入种兔价值+本期种兔饲养费－期末种兔存栏价值－出售淘汰种兔价值－其他收入（兔粪肥、商品兔等收入）］（元）/本期出售的种兔数（只）。

（2）兔毛成本 每千克兔毛成本（元/千克）=（期初存栏长毛兔价值+购入长毛兔价值+本期长毛兔饲养费用－期末长毛兔存栏价值－淘汰出售兔价值－兔粪收入）（元）/本期兔毛总质量（千克）。

（3）兔皮成本 每张兔皮成本（元/张）=（期初存栏兔价值+购

入兔价值＋本期兔饲养费用－期末兔存栏价值－淘汰出售兔价值－兔粪收入）（元）/本期皮张产量（张）。

（4）肉兔成本　每千克肉兔成本（元/千克）=（期初存栏兔价值＋购入兔价值＋本期兔饲养费用－期末兔存栏价值－淘汰出售兔价值－兔粪收入）（元）/本期兔肉总质量（千克）。

三、降低生产成本

1. 生产适销对路的产品

进行市场调查和预测，根据市场变化生产符合市场需求的、质优量多的产品。

2. 提高资金的利用效率

合理配备各种固定资产，注意适用性、通用性和配套性，减少固定资产的闲置和损毁。加强采购计划制订，及时清理回收债务等。

3. 提高劳动生产率

购置必要的设备减轻劳动强度。制订合理劳动指标和计酬考核办法，多劳多得，优劳优酬。

4. 提高产品产量

选择优良品种、创造适宜条件、合理饲喂、应用添加剂、科学管理、加强隔离卫生和消毒等，控制好疾病，促进生产性能的发挥。制订好兔场周转计划，保证生产正常进行，一年四季均衡生产。

5. 降低饲料消耗

兔场饲料成本占总成本的78%～84%，而经营得比较好的兔场饲料浪费控制在5%～8%，而做得不好的兔场饲料浪费高达20%～30%。减少饲料浪费就可以降低饲料消耗和生产成本。

（1）保证饲料质量

① 注意自配饲料质量　一是配方科学。许多养殖户为了降低成本，自己加工制作颗粒饲料，但因为不是专业人员，很难做出科学的

饲料配方。生产中，对许多养殖户的"经典"配方，经分析往往营养不平衡，甚至某些营养缺失。使用配方不科学的饲料，会导致兔出栏时间延长，造成更大的饲料浪费。所以，设计配合日粮要根据獭兔、肉兔、长毛兔的生产性能、生长阶段、生理情况等，设计出最科学的饲料配方。二是选择优质饲料原料。许多养殖场（户）对饲料原料的营养不能很好地认识与把握，如玉米，鉴于新玉米和旧玉米的水分是有区别的，如不注意饲料原料实际营养含量就很难保证饲料营养，饲喂效果也没有保障。市场上的饲料原料掺假让人防不胜防，养殖户稍不留意，就会买进假冒伪劣原料，如草粉掺土、发霉等，都会影响饲料的营养含量和平衡。三是饲料配方要稳定。在原料价格变化时，养殖场（户）不能科学合理地调整配方以降低成本，只是单纯地减少高价原料的用量，增加便宜原料的用量，这样使饲料营养更不平衡，饲喂效果更差。饲料配方的调整不是单纯根据饲料原料价格来调整的，而是要考虑价格与营养的比值来综合调整。四是科学选用饲料添加剂。如有的养殖户为了提高饲料品质，多用营养性添加剂，这有时会起到相反的作用。如配方中已经加入了20%的豆粕，其赖氨酸含量已经很高了，若再加赖氨酸添加剂，不仅使成本上升，而且还造成其他氨基酸含量相对不足，饲喂效果也不理想。对其他添加剂如防霉剂、抗氧化剂、酶等，养殖户是很少添加甚至不添加，这会导致在加工和储存过程中饲料营养损失很大，饲料的使用效果也大打折扣，造成不必要的浪费。五是提高饲料加工技术。有了科学合理的饲料配方，还要有良好的饲料加工技术。自己加工饲料常出现以下问题。一是水分高。自己用湿料制粒加工饲料，常出现饲料水分含量高的情况，这样在梅雨季节极易发霉，不但严重影响饲料质量，而且还会造成兔采食后中毒。二是温度高。干进干出的制粒机，在饲料压制过程中温度会很高，导致许多对温度敏感的营养物质如赖氨酸、维生素等损失严重，使饲料品质下降。三是饲料混合不均匀。自己配料时，若没有按配料规程操作，原料添加顺序不正确，就会导致混合不均匀，造成同一批饲料的营养不均衡。四是配料计量不准确。自己配料时，往往不能准确按配方数值称取原料，误差很大，直接影响饲料质量。

② 使用优质商品料　兔饲料生产厂家众多，饲料价格相差悬殊，有些养殖户从降低成本出发，常使用便宜的饲料。岂不知这样一来，

饲料质量差，品质没有保证，兔的生产就会受到影响。使用便宜饲料，不仅延长兔出栏时间，而且发病率高，最后算账才知道损失得更多。

③ 合理选用饲料　养兔应按不同生理时期的营养需要给予饲料，而有的养殖户图省事，养殖全程只用一种饲料，这会导致营养失衡，造成部分营养的浪费。

④ 饲料感官质量达标　颗粒饲料的气味、粒长、硬度等感官品质，会影响其适口性。适口性好的饲料，兔爱吃，利用率高，饲喂效果好。注意：一是气味，兔喜欢采食甜味、草苦味和咸味的饲料，若饲料气味不好，兔就不爱吃甚至拒食；二是粒长，兔饲料的粒长也有要求，如长度太长，因仔兔嘴较小而含不下整粒饲料，采食时只有一小部分留在口中，大部分就掉到笼板和粪板上，造成很大浪费，故颗粒长度应小于 0.64 厘米，直径小于 0.48 厘米，并结合使用难消化而大体积的纤维素，延长饲料在盲肠中的停留时间，从而避免腹泻（饲喂颗粒饲料比饲喂粉料饲料转化率可提高 6% ～ 11%）；三是硬度，饲料的硬度越小，产生的料粉就越多，浪费就越大，且兔不爱吃粉料，粉尘会刺激其呼吸道，诱发呼吸道疾病。

（2）合理储存饲料

① 避免饲料长期存放　一次性购进饲料过多，且没有做到"先进先出"，导致饲料存放时间过长，甚至超过保质期。饲料在储存过程中，维生素或功能性物质的活性和效价降低极快，使饲料品质下降，影响饲料使用效果。

② 保持良好的储存条件　地面湿度过大、屋顶或墙壁渗水等都会导致饲料发霉变质，严重影响饲料品质和适口性，甚至导致兔中毒死亡；储存卫生条件不好时，饲料被粪尿等污染后如继续使用，会造成兔感染传染性疾病；饲料储存间密封性不好或兔场长期未做灭鼠工作时，老鼠大量繁殖，会浪费大量饲料。1 只老鼠 1 年可以吃掉 12 千克饲料，并且老鼠还会传播疾病，因此兔场必须做好灭鼠工作。

（3）加强饲喂管理

① 饲喂用具　饲槽、草架结构的高度适宜，草架和饲槽边缘高度应与兔背等高，超高则兔采食困难，过低则兔爪易将草料扒出，造成浪费；饲槽要深浅适中，过深兔采食困难，过浅则饲料容易撒落。加料量适中，每次添料量不宜超过饲槽容量的 1/3。如果饲养员工作不负

责，往料盒内加料太多，就会出现积料。积料易被兔扒出，也易被饮水、尿液浸泡，造成浪费。

② 合理安排饲喂时间　兔白天喜静爱睡，吃食较少，采量的2/3，若白天喂得多，晚上不喂料，兔就只能挨饿。一般晚上要多喂料，晚些喂，中午可少喂或不喂。

③ 饲养人员要有责任心　选用的饲料品质不良、料盒结构不合理、料盒安放位置太低等原因，都可能造成兔扒料，这方面的损失往往都特别严重。兔场应根据不同的情况加以调整改正。饲养人员加料时操作要规范，刚扒出的料要及时捡回料盒中，这是最直接最有效的一种减少饲料浪费的措施。

④ 注意淘汰　连续流产、产仔数少、屡配不孕的种母兔，配种能力差、患病的种公兔以及初生重低于35克的弱仔兔都应及时淘汰，这些无效兔越多，饲料浪费就越严重。

⑤ 饲料要稳定　养兔场都愿意选用质量好、价格低的饲料，当有的饲料厂为了推销自己的饲料，承诺在一定时期内给予价格优惠，有的养殖户为了降低养殖成本就会换料；当另一饲料厂采用相同的方法推销饲料时，养殖户又接着换料。换料会使兔产生严重的应激反应，导致胃肠道功能受损，影响饲料利用，从而进一步影响兔的生产性能。频繁换料的后果会更严重，甚至还会引发疾病。

⑥ 兔舍温、湿度适宜　兔舍的温度应该控制在5～30℃范围内，最好在15～25℃，在这个温度范围内兔能量消耗少，兔体通过物理调节就可维持体温恒定，不需额外消耗能量，如果温度超过这个范围，就需额外能量调节体温，消耗更多的饲料；兔舍湿度大时饲料易氧化，饲料品质就会下降从而造成损失，还会使有害微生物滋生，引发疾病，甚至造成死亡。

第六招
增加产品价值

【提示】

生产优质产品，充分利用副产品，增加产品价值，促进产品销售，才能在激烈的市场竞争中获得较好效益。

一、提高产品质量

（一）兔毛的采集和质量控制

1. 兔毛的采集

采毛通常有剪毛和拔毛两种方法，还有目前正处于试验阶段的药物脱毛。

（1）剪毛　饲养毛兔较多时，一般都用剪毛的方法采毛。幼兔第一次剪毛在8周龄，以后同成年兔。成年兔一年可剪4～5次毛。一年剪4次毛时，优质毛比例较高；一年剪5次毛时，兔毛产量可提高，但特级、一级毛相对较少。

①梳毛 剪毛前要先进行梳毛。梳毛是保持和提高兔毛质量的一项经常性的重要工作。梳毛时脱落的毛也可以收集起来加以利用。兔绒毛纤维的鳞片层常会互相缠结勾连，如久不梳理，就会结成毡块而降低毛的等级甚至成为等外毛，失去纺织和经济价值。

幼兔自断奶后即应开始梳毛，每隔10～15天梳理一次。成年兔在每次采毛后的第2个月即应梳毛，每10天左右梳理一次，直至下次采毛。

梳毛的方法是将兔放在采毛台或小桌子上，左手轻抓兔的双耳，右手持梳自顺毛方向插入，朝逆毛方向拖起。梳理不通时要用手轻轻扯开，不可强拉。梳毛的顺序是先颈后及两肩，再梳背部、体侧、臀部、尾部及后腿，然后提起两耳梳前胸和腹部，再梳大腿两侧和脚部，最后整理额、颊和耳毛。

②剪毛方法 剪毛时，先将兔背脊的毛左右分开，使其呈一条直线，用专用剪毛剪或理发剪自背部中线开始剪，顺序依次为体侧、臀部、颈部、颌下，最后到脑部、腹部和四肢。剪下的毛按其等级分别装入箱或包装纸盒内，毛丝方向最好一致。每放一层毛后需加盖一层油光纸。剪下的毛如不能及时出售，应在箱内撒一些樟脑粉或放些樟脑块，以防虫蛀。剪毛是一项细致的工作，在技术熟练后才能追求速度。

长毛兔要及时剪毛，毛成熟时不及时剪会引起采食不正常。冬季剪毛要分期进行，一次只能剪半边，过20天左右再剪另半边；或者先剪下优质毛的部分，其他部位待长到够长度后再剪。如果兔舍的保暖条件较好，冬季也可以一次剪完。每次剪毛后，兔的体重要减轻150～250克，甚至更多。因此，兔剪毛后应加强饲养管理，喂食要好。

③剪毛注意事项 一是要贴着皮肤剪，留下的毛茬力求整齐；二是不可用手将毛提起来剪，因为兔的皮肤很松软，将毛提起时皮肤会凸起，很容易将皮肤剪破，最好是将皮肤绷紧剪；三是遇有结毡时，可先把毡块上面的松毛剪下，然后使刀口垂直，将毡块剪成小条条，最后齐根剪下；四是剪腹部毛时，要先把乳头附近的毛剪下，使乳头露出，以防剪伤乳头，剪公兔时要特别注意不剪破睾丸和外生殖器；五是妊娠母兔剪毛时，应留下腹毛供营巢之用，母兔到妊娠后期不宜

再剪毛；六是如不慎将皮肤剪破，应涂以碘酊消毒，防止感染；七是剪毛应选择晴天、无风时进行，阴雨天和天气骤变时不要剪毛，冬季剪毛应在中午进行，剪毛时应垫上软垫，并将门窗关好，防风侵袭，以防由此引起感冒；八是剪毛后，将兔饲养在铺有柔软垫草的笼内，并给予营养丰富的饲草和饲料；九是剪毛时，边剪边按长度分级存放，以便分级包装。

（2）拔毛（拉毛） 长毛兔常年均可拔毛，此法尤适于换毛期和冬季采用。长毛兔没有明显的季节性换毛，但在每年春季 3～4 月份和秋季 8～9 月份换毛期内，其毛根脆弱，容易拔取。

拔毛时以左手轻抓兔耳保定，右手拇、食、中三指将兔毛一小撮一小撮均匀地拔下。拔毛时应拔长留短，不要贪多，否则易伤害皮肤，使兔感到痛苦。拔不下的毛，说明未成熟，切不可强拔。妊娠母兔、哺乳母兔和配种期公兔不能拔毛，被毛密度大的兔也不宜拔毛，否则，毛易变粗。

① 拔毛的优点 一是多产优质毛。孟昭式测试结果，11 只德系长毛兔年剪毛 4 次，兔均年产毛 740 克，特级毛占 34.9%，每千克售价为 37.80 元，兔均年收入 27.97 元；6 只德系长毛兔与本地毛兔的杂交二代兔，年拉毛 6 次，平均产毛 720 克，特级毛占 81.6%，每千克售价 50.6 元，兔均年收入 36.43 元。拉毛比剪毛所得的特级毛比例高，所以拉兔毛的收入比剪兔毛平均高 8.46 元。二是拔长留短，有利于兔体保温。留在兔身上的毛不易结毡，夏季可防蚊虫叮咬。三是拉毛能刺激兔皮肤的代谢机能，促进毛囊发育，有利于兔毛的生长。近来有人测定，拉毛后可增加兔毛中的粗毛比例，这对近年纺织业需要粗毛型兔毛的潮流有利。

② 拔毛的不足 一是拔毛费时费工。一只兔每年拔毛 8～15 次，每次 20 分钟，而剪毛每只兔每年 4～5 次，每次 10～15 分钟。二是拔毛对兔子的皮肤有疼痛刺激，容易引起应激反应，尤其是在幼兔拔光毛时。因此，第一次采集胎毛不宜用拔毛的方法。三是长期使用拔毛方法采集的兔毛，虽然毛纤维长些，但由于是自然形态，具有毛梢结构，毛纤维细度不均匀，降低毛纺价值。

（3）药物脱毛 长毛兔的药物脱毛目前处于试验阶段，所用药物为复方脱毛灵，按每千克体重 60 毫克的剂量内服，一般在服药后 6 天左右可以脱毛。据试验，复方脱毛灵对长毛兔有轻度不良反应，开始几天食欲下降，白细胞、红细胞、血红蛋白都出现减少，一周左右开始恢复。用复方脱毛灵脱毛，对长毛兔的精液质量影响不大，能较快恢复。对母兔的受胎产仔也均无影响，但产毛量要下降，脱毛后长出的毛粗毛率增加，特别是两型毛增多。复方脱毛灵能否在生产中推广，还有待于进一步研究。

2. 兔毛的质量控制

（1）兔毛的质量要求（分级）为了提高兔毛质量，国家收购部门规定了收购等级标准，凡符合国家收购规格的兔毛称为等级毛，等级毛的要求是"长、白、松、净"。长是指毛纤维长度达到等级标准。白是指色泽洁白，对灰黄和尿黄毛都要降级。松是指松散不结块。净是指无杂质。凡不符合以上规定的都是次毛。等级毛的分级见表6-1。

表6-1　兔毛的分级

级别	标准
特级毛	纯白全松毛，长度5.7厘米以上，含粗毛不超过10%
一级毛	纯白全松毛，长度4.7厘米以上，含粗毛不超过10%
二级毛	纯白全松毛，长度3.7厘米以上，含粗毛不超过20%，略带缠结毛，但能撕开，而不损害毛品质
三级毛	纯白全松毛，长度2.5厘米以上，含粗毛不超过20%，可带缠结毛，但能撕开，而又不损害毛的品质

（2）兔毛的质量控制　影响兔毛质量的因素及控制措施见表6-2。

表6-2　影响兔毛质量的因素及控制措施

影响兔毛质量的因素		控制措施
品系	不同的长毛兔种，兔毛的产量和质量差异很大	选择兔毛质量好的品系（德系兔产毛量最高，兔毛细、绒，粗毛含量低；法系兔产毛量中等，粗毛率高；英系和中系兔则产毛量较低，兔毛细、绒，粗毛率低）
年龄	幼龄兔产少，毛质较粗；3岁以上老年兔，代谢机能减退，兔毛产量与质量下降	1～3岁期间，其产量和质量最佳，所以要保持兔群最佳的兔龄结构

续表

	影响兔毛质量的因素	控制措施
营养	营养与兔毛产量和质量关系极为密切。营养不良，则兔毛干枯、块毛多，品质差、产量低	喂给营养丰富且富含蛋白质、钙、磷和盐等矿物质及维生素的全价饲料，特别保证维生素A、铜、钴的供给
卫生	兔舍污浊、潮湿，空气不新鲜，粪尿和潮气污染兔体而污染兔毛	经常保持兔舍干燥卫生、通风良好，勤换兔窝垫草和清理粪便
管理	圈养兔臀、腹部毛呈尿黄色，兔毛强度、伸度明显下降，块毛多	选择单笼饲养，生产的兔毛色洁白，富有光泽，结块毛少
	兔毛梳理不好，引起缠结	注重兔毛梳理，1周左右梳理一次，防缠结和被粪便污染
	舍内料末、草末飞扬或舍内灰尘含量多	不在舍内粉碎和搅拌饲料、饲草；饲喂时动作轻，减少舍内料末飞扬；避免舍内干扫，保持适宜湿度
采毛	剪毛期不合理，影响兔毛质量	长毛兔出生后60天剪第一次毛，以后每隔80～90天剪一次，不能提前或延后剪毛
	采毛方法不当。不能根据季节等具体情况，合理选择采毛方法	合理采毛。夏季以剪毛为主，冬季以拔毛为主，这样可提高兔毛质量
疾病	腹泻病。兔体污染不洁，从而影响兔毛质量	注意保健，喂给有营养易消化的饲料，不喂太凉、腐烂变质和过酸的饲料。大风降温天气，要注意保暖，尤其要在腹部多垫草，防止受凉、受潮而引发兔腹泻；病兔喂木炭末、炒高粱面即可，重病兔喂磺胺咪0.2～0.5克，每日服3次，再饮给糖、盐、苏打水，当水喝，止泻效果好
	皮肤病。毛虱和疥虫在叮咬时能分泌出一种有毒的唾液，刺激皮肤末梢神经，引起皮肤发痒，兔子用足趾或嘴巴啃咬或摩擦，发生咬伤或擦伤，常造成脱毛、脱皮、皮肤增厚、发炎、长水泡、出血、形成坏死病变等	注重兔的皮毛卫生，经常刷拭；预防毛虱病和疥癣病等发生；应定期检查，发现有病及时隔离治疗，否则，忽视皮毛保护，成片掉毛，损失更大，更易传播

	影响兔毛质量的因素	控制措施
保管	采毛之后不能及时或在短时间内出售，保管不善而发生潮、蛀和缠结	实行分级采毛、分级收购、分级保管、分级调运的"四分"法；保管应放在通风处，不可直接存放在地上，要注意防潮（南方更应注意）。严禁压放重物，防缠结成团。用纸包些樟脑块放入毛内，以防虫蛀及兔毛发黄变脆。若大规模存放时应设置温度低、湿度小、温度及湿度恒定、通风良好的专用保存库
其他	兔毛保护	剪毛后用适量烧酒加少许姜汁调匀，涂擦全身（不可涂于眼中），涂擦过的兔毛，长的毛密、毛齐、毛长、毛亮，一般可提前 3 ~ 5 天剪毛
	催毛	剪毛后肌内注射 1 支维生素 B_2 和 1 毫升育肥灵，毛兔生长整齐、质量好、毛长、产量高

（二）兔皮的采集和质量控制

1. 兔皮的采集和处理

（1）兔皮的构造　根据组织学构造，兔皮可分为表皮层、真皮层和皮下组织 3 层。表皮层位于皮肤表面，由多层上皮细胞组成。由内向外又可分为生发层、颗粒层和角质层。表皮层占皮层厚度的 2% ~ 3%；真皮层位于表皮层的下面，是皮肤最厚的一层，占皮层厚度的 75% ~ 80%，真皮层包括乳头层和网状层，其中乳头层约占 1/3，网状层占 2/3；皮下组织位于真皮层下面，是一层松软的结缔组织，由排列疏松的胶原纤维和弹性纤维组成，纤维间分布着许多脂肪细胞、神经组织、肌纤维和血管等。

（2）兔皮的特点　兔皮的化学成分主要为水、脂肪、无机盐、蛋白质和碳水化合物等。刚屠宰剥取的兔皮含水分 65% ~ 75%，一般幼龄兔皮的含水量高于老龄兔，母兔皮的含水量高于公兔皮。据测定，真皮层含水量最多，表皮层最少，网状层介于两者之间。鲜皮中的脂肪含量占皮重的 10% ~ 20%，脂肪主要存在于表皮层、乳头层和皮脂腺中，其次为网状层和皮下组织中。脂肪对兔皮的加工鞣制有极大影响。含脂过多的生皮，在鞣制加工前必须进行脱脂处理。鲜皮中的无机盐占鲜皮重的 $0.3\% \sim 0.5\%$，主要是钠、钾、镁、钙、铁、锌等。

一般表皮层中含钾盐多，真皮层中含钙盐多；白色兔毛中含有较高的氯化钙和磷酸钙，深棕色兔毛中含有较高的氧化铁。鲜皮中的糖类含量占皮重的 $1\% \sim 5\%$，从真皮层

到表皮层，从细胞到纤维均有分布，有葡萄糖、半乳糖等单糖及糖原、黏多糖等。酸性黏多糖在基质中具有润滑和保护纤维的作用。鲜皮中的蛋白质含量占皮重的 $20\% \sim 25\%$，蛋白质是毛皮的重要组成成分，其结构和性质极其复杂。真皮的主要成分为胶原蛋白和弹性蛋白，表皮和兔毛的主要成分是角蛋白。

（3）兔皮的采集

① 宰前准备　进入屠宰场的候宰兔必须经兽医检疫人员检疫合格，具有良好的健康体况。确定屠宰的兔子，宰前断食 8 小时，只供给充足的饮水。宰前断食不仅有利于屠宰操作，保证皮张质量，而且还可节省饲料，降低成本。

② 处死方法　兔处死的方法很多，常用的有颈部移位法、棒击法、电麻法和注射空气法等。

第一种是颈部移位法。在农村分散饲养或家庭屠宰加工的情况下，最简单而有效的处死方法是颈部移位法。术者用左手抓住兔后肢，右手捏住头部，将兔身拉直，突然用力一拉，使头部向后扭转，兔子因颈椎脱位而致死。

第二种是棒击法。通常用左手紧握兔的两后肢，使头部下垂，用木棒或铁棒猛击其头部，使其昏厥后屠宰剥皮。棒击时须迅速、熟练，否则不仅达不到击昏的目的，且因兔子骚动易发生危险。此法广泛用于小型獭兔屠宰场。

第三种是电麻法。通常用电压为 $40 \sim 70$ 伏、电流为 0.75 安的电麻器轻压耳根部，使兔触电致死。这是正规化屠宰场广泛采用的处死方法。采用电麻法常可刺激心跳活动，缩短放血时间，提高宰杀取皮的劳动效率。

第四种是注射空气法。从兔的耳静脉注射空气，形成血栓，阻止血液流动，造成心脏缺血而使兔子死亡。此法对皮毛没有任何损伤，缺点是容易形成体内淤血，放血不全。

③ 剥皮　处死后应立即剥皮，尸体僵冷后皮、肉很难剥离。手工剥皮一般先将左后肢用绳索拴起，倒挂在柱子上，用利刃开跗关节周围的皮肤，沿大腿内侧通过肛门平行挑开，将四周毛皮向外剥开翻转，用退套法剥下毛皮，最后抽出前肢，剪除眼睛和嘴唇周围的结缔组织和软骨。在退套剥皮时应注意不要损伤毛皮，不要挑破腿肌或撕裂胸腹肌。剥下的鲜皮应立即用利刀割除皮上残留的肌肉、筋腱等，然后用剪刀沿腹中线细心剪开成"开片皮"，按其自然皮形，毛面朝下、皮板朝上，让其在阴凉通风处风干。

剥皮后的肉尸应立即进行放血处理。据实践经验，最好将兔体倒挂，用利刀切开颈动脉或割除头部，放血时间应不少于 2 ～ 3 分钟。否则，放血不净会影响兔肉的保存时间。

④ 放血　正确的獭兔宰杀取皮方法是先处死、剥皮，后放血的方法，以减少毛皮污染。目前，最常用的放血方法是颈部放血法，即将剥皮后的兔体侧挂在钩上，或由他人帮助提举后腿，割断颈部的血管和气管放血。根据实践，倒挂刺杀的放血时间以 3 ～ 4 分钟为宜，不能少于 2 分钟，以免放血不全，影响兔肉品质。

（4）原料皮的初步处理

① 清理工作　剥下的生皮，常带有油脂、残肉和血污，不仅影响毛皮的整洁和储存，而且容易造成油烧、霉烂、脱毛等伤残，降低使用价值，应及时清理残存的脂肪、肌腱、结缔组织等。脱脂清理工作，通常采用刮肉机或木制刮刀进行。清理中应注意如下几点：一是清理刮脂时应展平皮张，以免刮破皮板，影响毛皮质量；二是刮脂时用力应均衡，不宜用力过猛，以免损伤皮板，切断毛根；三是刮脂应由臀部向头部顺序进行，如逆毛刮脂，易造成透毛、流针等伤残。

② 防腐处理　鲜皮防腐是毛皮初步加工的关键，防腐的目的在于促使生皮造成一种不适于细菌和酶作用的环境。目前常用的防腐处理主要有干燥法、盐腌法和盐干法三种。

干燥法即通过干燥使鲜皮中的含水量降至 12% ～ 16%，以抑制细菌繁殖，达到防腐的目的。鲜皮干燥的最适温度为 20 ～ 30℃，温度低于 20℃，水分蒸发缓慢，干燥时间长，可能使皮张腐烂；温度超过30℃，皮板表面水分蒸发快，易使皮张表面收缩或使胶原胶化，阻止水分蒸发，成为外干内湿状态，干燥不匀会使生皮浸水不匀，影响以后的加工操作。干燥防腐的优点是操作简单，成本低，皮板洁净，便于储藏和运输。主要缺点是皮板僵硬，容易折裂，难于浸软，且储藏时易受虫蚀损失。

盐腌法即利用干燥食盐或盐水处理鲜皮，是防止生皮腐烂最普通、最可靠的方法。用盐量一般为皮重的30％～50％，将其均匀撒布于皮面，然后板面对板面堆叠1周左右，使盐溶液逐渐渗入皮内，直至皮内和皮外的盐溶液浓度平衡，达到防腐的目的。盐腌法防腐的毛皮，皮板多呈灰色，紧实而富有弹性，温度均匀，适于长时间保存，不易遭受虫蚀。主要缺点是阴雨天容易回潮，用盐量较多，劳动强度较大。

盐干法是盐腌和干燥两种防腐法的结合，即先盐腌后干燥，使原料皮中的水分含量降至20％以下，鲜皮经盐腌，在干燥过程中盐液逐渐浓缩，细菌活动受到抑制，再经干燥处理，达到防腐的目的。盐干皮的优点是便于储藏和运输，遇潮湿天气不易迅速回潮和腐烂。主要缺点是干燥时由于胶原纤维束缩短，皮内又有盐粒形成，可能影响真皮天然结构而降低原料皮质量。

③ 消毒处理　在某些情况下，原料皮可能遭受各种病原微生物的污染，尤其是遇到某些人畜共患疾病的传染源，如果处理不当会严重危害人畜健康。因此，必须重视对原料皮的消毒处理。为了防止各种传染源的扩散和传播，在原料皮加工前，可用甲醛熏蒸消毒，或用2％盐酸和15％食盐溶液浸泡2～3天，则可达到消毒的目的。

（5）储存和运输

① 储存保管　生皮经脱脂、防腐处理后，虽然能耐储藏，但若储存保管不当，仍可能发生皮板变质、虫蚀等现象，降低原料皮的质量。

库房要求：储存原料皮的库房要求地势高燥，库内要通风、隔热、防潮；建筑物应当坚固，屋顶不能漏水，地面最好为木地板或水泥地，要有防鼠、防蚁设备；库房温度最低不低于5℃，最高不超过25℃；相对湿度应保持在60％～70％。

入库检查：原料皮入库前应进行严格的检查，没有晾干或带有虫卵以及大量杂质的皮张，必须剔出；如发现湿皮应及时晾干；生虫的原料皮应除虫或用药物处理后再入库；含大量杂质的皮张需加工整理后方能入库。

库房管理：在库房内，生皮应堆在木条上，按产地、种类、等级分别堆放；为了防止虫害，皮板上应撒施防虫剂，如精萘粉、二氯化苯等；如在库房内发现虫迹，应及时翻垛检查，采取灭虫措施，一般情况下应每月检查 2～3 次。

②包装运输　基层收购的原料皮，大多是零收整运，发运时必须重新包装。远途邮寄托运投售的，可按品质或张片基本一致的叠放在一起，每 5 张一扎，撒上少量防虫药剂，包一层防潮纸，然后用纸箱或塑料编织袋打包成捆投寄。公路运输必须备有防雨设备，以免中途遭受雨淋。长途运输的皮张，每捆 25～50 张，打捆时毛面对毛面，皮板对皮板，层层叠放，但每捆上下两层必须皮板朝外，再用塑料袋包装，用绳子按井字形捆紧，经检疫、消毒后方能发运。

2. 毛皮质量控制

（1）毛皮质量要求　毛皮品质优劣的主要依据是皮板面积、皮板质地、被毛长度、被毛密度和被毛色泽等。

①皮板面积　毛皮面积的大小关系到商品的利用价值，在品质相同的情况下，面积愈大则利用价值愈大。评定面积的要求是，凡等内皮均不能小于 0.1111 平方米，达不到标准者就要相应降级。要达到 0.1111 平方米的规格，獭兔活重需达 2.75～3 千克。

②皮板质地　评定皮板质地的基本要求是厚薄适中，质地坚韧，板面洁净，被毛附着牢固，色泽鲜艳。青年兔在适宜季节取皮，板质一般较好；老龄兔取皮则板质比较粗糙、过厚。部分毛皮板质不良，厚薄不均，多由饲养管理粗放、剥取技术不佳或晾晒、储存、运输不当等所致，严重者多无制裘价值。据测定，獭兔皮张厚度为 1.72～2.08 毫米，以臀部最厚，肩部最薄。

③被毛密度　被毛密度是评定獭兔毛皮质量的第一要素。被毛密度与毛皮的保暖性能有很大关系，因此，要求密度愈大愈好。现场测定兔毛密度的方法是逆向吹开被毛，形成旋涡中心，根据旋涡中心露皮面积大小来确定其密度。如不露皮肤或露皮面积小于 4 平方毫米（似大头针头大小）为极好，不超过 8 平方毫米（约火柴头大小）为良好，不超过 12 平方毫米（约 3 个大头针头大小）为合格。据测定，獭兔被毛密度每 1 平方厘米为 2.6 万～3.8 万根，母兔被毛密度略高于公兔，从不同部位看则以臀部被毛密度最大，背部次之，肩部最差。影响獭

兔被毛密度的主要因素，除遗传因素外，主要受营养、年龄和季节的影响。营养条件愈好，毛绒愈丰厚；青壮年兔比老龄兔丰厚；冬皮比夏皮丰厚。饲养管理不善、忽视品种选育等，均会影响被毛的密度。

④ 被毛色泽 评定被毛色泽的基本要求是符合品种色型特征，纯正而富有光泽。色泽的纯正度主要受遗传、年龄的影响。品种不纯的有色獭兔，其后代容易出现杂色、色斑、色块和色带等异色毛；由于年龄不同，其色泽也有很大差异，獭兔一生以5月龄至周岁前后色泽最为纯正而富有光泽；4月龄前的青年兔及3岁后的老年兔，毛皮色泽多淡而无光，有色獭兔的毛皮色泽多随年龄增长而逐渐变淡，且失去光泽。此外，管理不善、营养不良、疾病等因素均会影响被毛的色泽。

⑤ 被毛长度 评定獭兔毛皮品质的重要指标之一是要求被毛长度均匀一致。据测定，獭兔被毛的长度为 1.77 ~ 2.11 厘米。影响兔毛长度和平整度的主要因素有营养水平、取皮时间、性别等。营养条件愈差，被毛愈短且枪毛含量高；未经换毛的毛皮，枪毛含量往往高于换毛后的适龄皮张；从不同性别看，似有公兔毛略长于母兔毛的趋向。

（2）兔皮的质量控制 影响兔皮质量的因素及控制措施见表 6-3。

表 6-3 影响兔皮质量的因素及控制措施

	影响毛皮质量的因素	控制措施
品种	品种不纯、品种退化或体形变小，直接影响毛皮色泽，失去原有的色型特征，出现毛色混杂、绒毛稀疏、密度降低、平整度差、皮张面积小等现象，使獭兔毛皮质量达不到规定要求	重视品种选育，对种兔进行提纯改良，精心选种。要严格淘汰不符合标准的种兔，选育出优良的核心种獭兔群，以切实提高獭兔毛皮质量
营养与饲料	长期营养水平较低，会引起獭兔生长发育受阻、个体变小、皮张面积不符合等级。日粮中能量和蛋白质是影响毛皮动物生长发育和毛皮品质的主要因素；饲料中蛋白质不足，尤其是含硫氨基酸的不足，会导致毛质退化，绒毛空疏，毛纤维强度下降，针毛明显增加；维生素和微量元素的缺乏，常会导致被毛褪色、脆弱，甚至脱毛	选用低能量（10.88兆焦）、高蛋白（18.5%）或高能量（10.97兆焦）、高蛋白（18.98%）日粮；日粮中添加适量的蛋氨酸，使含硫氨基酸达到0.70%；供给充足的维生素和微量元素，特别是生物素（缺乏使抗病力削弱，毛皮质量下降）和铜（缺铜导致被毛褪色）的供给

续表

	影响毛皮质量的因素	控制措施
卫生	笼舍潮湿、卫生条件差、兔体不清洁等，皮毛脏乱	保持圈舍清洁卫生
疾病	疥癣病、兔虱、螨虫、皮肤霉菌病、皮下脓肿等，会使獭兔毛皮不平或皮层溃烂成洞，斑痕累累；病瘦獭兔的皮质较薄弱而枯燥，皮板粗糙、松软、韧性差，皮毛焦躁，缺乏光泽，失去了制裘皮价值	保持环境干燥卫生，定期进行消毒，防止疾病发生
宰剥年龄	成年兔皮的质量比幼龄兔皮的要好。4月前幼龄兔，因绒毛不够丰满，胎毛脱换未尽，板质轻薄，商品价值不高。老龄兔皮因绒毛干枯、毛纤维拉力差、色泽暗淡、板质厚硬粗糙，商品价值很低	5～6月龄的壮龄兔，体重长到2.5～3千克，绒毛浓密，色泽光润，板质厚薄适中，取下的皮可达到一级皮面积标准，这时取皮质量最佳
取皮季节	夏季被毛稀薄，兔皮质量差；春季正值成年兔和老龄兔换毛时节，兔被毛长而稀，底绒空疏，毛面不整。	在冬末春初，即11月到次年3月，此时兔皮绒毛丰厚，光泽度好，板质优良。因为冬季气候寒冷，兔皮毛长绒厚，毛面整齐，色泽光润，板质厚实
加工保管	见上面兔皮的采集和保管	

（三）兔肉的采集和质量控制

1. 肉兔的屠宰和分割

（1）宰前准备　肉兔在屠宰前，需经兽医逐只检验，凡确诊为患严重传染病的兔，应立即扑杀销毁。早检验确认为一般传染病，且有治愈希望者，或有传染病可疑而未经确认的兔，可隔离治疗缓宰。经检验发现受伤或其他非传染病者，无碍人体健康，且有可能迅速死亡的病兔，应急宰并进行高温处理。检疫合格的候宰兔可按产地、品种、强弱等情况进行分群、分栏饲养。对肥度良好的兔喂给饲料，以减少在运输途中所受损失；对瘦弱兔则应喂以育肥料，以期在短期内迅速增重。在宰前饲养过程中必须限制兔的活动，充分休息，解除疲劳，避免屠宰时放血不全。在候宰期间，须经8～12小时的断食休息，但要有充足的饮水，直至宰前2～4小时停水。断食是为了减少消化道中的内容物，便于开膛和内脏整理，可防止在加工过程中肉质被污染。在断食期间供以充足的饮水，以保证兔正常的生理机能，促使粪便排出和放血充分，并有利于剥皮和提高屠宰产品质量。但应在屠宰前2～4小时停止饮水，避免兔倒挂放血时胃内容物从食道流出。

（2）宰杀过程 小型兔加工厂屠宰时多采用手工操作。现代化的屠宰厂都采用机械流水作业，用空中吊轨移动来进行兔的屠宰与加工，降低劳动强度，提高工作效率，减少污染机会，保证肉质的新鲜卫生。二者屠宰方法基本相同，主要包括击昏、放血、剥皮、剖腹取内脏、胴体修整等过程。

①击昏 是为了使兔暂时失去知觉，减少和消除屠宰时的挣扎和痛苦，便于屠宰时放血。目前，常用的击昏法主要有前面介绍的电击法、机械击昏法和颈部移位法。另外，还可给喉宰兔灌服食醋数汤勺，由于兔对食醋很敏感，会引起心脏衰竭，出现麻痹及呼吸困难而致昏。

②放血 兔子被击昏后应立即放血，以保证操作安全和放血完全。目前，广大农村及小型兔肉加工厂，宰杀肉兔大都为手工操作。最常用的放血法是颈部放血法，即将击昏的兔倒挂在钩上，或由他人帮助提举后腿，割断颈部的血管和气管，进行放血。根据操作实践，倒挂刺杀的放血时间以3～4分钟为宜，不能少于2分钟，以免放血不全（放血充分，肉质细嫩，含水量少，容易储存；放血不全，肉质发红，含水量增加，储存困难）；现代化肉兔加工厂，宰杀兔子多用机械割头。这种方法可以减轻操作时的劳动强度，提高工效，防止兔毛、兔血沾污胴体，影响产品质量。

③剥皮 根据出口冻兔肉的要求和国内兔肉的消费习惯，带骨兔肉或去骨兔肉都应剥皮去脂。剥皮是一项繁重的劳动，现代化的肉兔屠宰厂多采用机械剥皮，如上海市食品公司冻兔肉加工厂已试制成功链条式剥皮机，工效比手工剥皮提高5倍左右。中、小型肉兔屠宰加工厂多采用半机械化剥皮法，即先用手工操作，将放血后的兔从后肢膝关节处平行挑开剥至尾根，用双手紧握腹背部皮张，伸入链条式转

盘槽内，随转盘转动顺势拉下兔皮。目前，广大农村分散养兔及小型肉兔屠宰加工厂普遍采用手工剥皮法。

④剖腹、擦血　经处死、剥皮后的胴体，即可进行剖腹净膛。先用利刀切开耻骨联合处，分离出泌尿生殖器官和直肠，然后沿腹中线切开腹腔，除肾脏外，取出全部内脏。取下的大小肠及脾、胃应单独存放，经兽医卫生检验后集中送往处理间处理。

经剖腹取脏后，可用洁净海绵或棕榈刷擦除体腔内残留血水。上海市食品公司冻兔加工厂采用真空泵吸除血水，效果很好。先用刷颈机代替抹布擦净颈血，然后用真空泵吸除体腔内残留血水，既干净又卫生。

⑤修整、冷却　修整的目的是为了除去胴体上能使微生物繁殖、污染的淤血、残脂、污秽等，达到洁净、完整和美观的商品要求。其工序包括：第一，修除残存的内脏、生殖器、各种腺体、结缔组织和颈部血肉等；第二，修整背、臀、腿部等主要部位的外伤，修除各种瘢疤、溃疡等；第三，修整暴露在胴体表面的各种游离脂肪和其他残留物；第四，从第一颈椎处去头，从前肢腕关节、后肢跗关节处截肢；第五，用高压自来水喷淋胴体，冲净血污，转入冷风道沥水冷却。

（3）分割　按部位分割兔肉，分成前腿肉、背腰肉和后腿肉。

2. 质量控制

（1）兔肉的分级　带骨兔肉按重量分级，包括：特级（每只净重1500克以上）、一级（每只净重1001～1500克）二级（每只净重601～1000克以上）和三级（每只净重400～600克）。

（2）无公害兔肉的质量指标

①感官指标见表6-4。

表6-4　无公害兔肉感官指标

项　目	指　标
色泽	肌肉呈浅粉红色，有光泽，脂肪呈乳白色或淡黄色
组织状态	肌肉致密，有弹性，指压后凹陷立即恢复，表面微干，不黏手
气味	具有鲜兔肉固有气味，无异味
煮沸后肉汤	澄清透明，脂肪团聚于表面，具有兔肉的固有的香味
肉眼可见异物	不应检出

引自：《无公害食品 兔肉》（NY 5129—2002）

② 理化指标见表6-5。

表 6-5　无公害肉兔理化指标

项　目	指　标
挥发性盐基氮 /(毫克 /100 克)	≤ 15
汞（以 Hg 计）/(毫克 / 千克)	≤ 0.05
铅（以 Pb 计）/(毫克 / 千克)	≤ 0.1
砷（以 As 计）/(毫克 / 千克)	≤ 0.5
镉（以 Cd 计）/(毫克 / 千克)	≤ 0.1
铬（以 Cr 计）/(毫克 / 千克)	≤ 0.1
六六六 /(毫克 / 千克)	≤ 0.2
滴滴涕 /(毫克 / 千克)	≤ 0.2
敌百虫 /(毫克 / 千克)	≤ 0.1
金霉素 /(毫克 / 千克)	≤ 0.1
土霉素 /(毫克 / 千克)	≤ 0.1
四环素 /(毫克 / 千克)	≤ 0.1
氯霉素	不应检出
呋喃唑酮	不应检出
磺胺类（以磺胺类总计）/(毫克 / 千克)	≤ 0.1
氯羟吡啶 /(毫克 / 千克)	≤ 0.01

引自：《无公害食品 兔肉》（NY 5129—2002）

③ 微生物指标见表6-6。

表 6-6　无公害兔肉微生物指标

项　目		指　标
菌落总数 /(CFU/ 克)		≤ 5×10⁵
大肠菌群 /（MPN/100 克）		≤ 1×10³
致病菌	沙门氏菌	不应检出
	志贺氏菌	不应检出
	金色葡萄球菌	不应检出
	溶血性链球菌	不应检出

（3）质量控制　影响兔肉质量的因素及控制措施见表6-7。

表6-7　影响兔肉质量的因素及控制措施

影响兔肉质量的因素			控制措施
兔肉品质	饲料营养	蛋白质和氨基酸影响肉的嫩度、风味，特别是肉的嫩度	兔肉粗蛋白含量在日粮蛋白水平14%～20%间增加，到22%时下降；添加半胱胺（CSH）后能极显著提高兔肉中粗脂肪的含量从而提高兔肉的嫩度、多汁性和口感
		维生素影响兔肉抗氧化能力	日粮添加 α- 生育酚乙酸盐可以稳定鲜肉以及储存肉的颜色，日粮额外添加维生素E（200 毫克 / 千克）可以改善肉的氧化稳定性；高水平的 α- 生育酚能改善肉的物理性状，降低剪切值，增加系水力
		饲料种类。发酵饲料影响兔肉品质	0% 马铃薯渣发酵饲料 (白地霉、啤酒酵母、热带假丝酵母) 与沙棘嫩枝叶配合使用，可提高兔肉蛋白质和脂肪含量，改善兔肉品质；用 5 种菌（黑曲霉、白地霉、啤酒酵母、热带假丝酵母和产朊假丝酵母）制备糖化发酵饲料，以 20% 的比例替代肉兔日粮，可明显减少兔肉中的水分含量，提高蛋白质和脂肪含量，改善兔肉品质
		牧草。含牧草基础日粮也改变兔肉脂肪酸的组成	牧草对提高兔肉品质明显，用豆科牧草草粉替代 20%～30% 精料，氨基酸总量和人体必需氨基酸含量提高
	添加剂	草药添加剂对兔肉的风味影响	黄芪、厚朴、甘草、枳壳等组方或陈皮、陈曲、土黄芪、五味子等组方，日粮添加后改善兔肉的风味；当归、黄芪、丹参、山楂、黄芩、马齿苋等 11 味中药组方，添加0.4%，肉质较好、粗蛋白含量高，氨基酸组成好，尤其是肌肉中含量较高的鲜味氨基酸 (如背最长肌肌肉中的谷氨酸、精氨酸、丙氨酸、甘氨酸) 和必需氨基酸提高
		半胱胺盐酸盐制剂对肉质影响	添加半胱胺盐酸盐制剂，降低肉兔肌中水分和灰分含量，提高肌肉中粗蛋白含量

续表

影响兔肉质量的因素			控制措施
兔肉质量安全	药物残留	饲料中使用药物添加剂。饲料厂家在饲料中添加药物添加剂或饲养者在饲料中长期添加药物	严格执行《药物饲料添加剂使用规范》。少用或不用抗生素；使用草药添加剂，它是天然药物添加剂，草药添加剂在配方、炮制和使用时，注重整体观念、阴阳平衡、扶正祛邪等中兽医辨证理论，以求调动动物机体内的积极因素，提高兔免疫力，增强抗病能力，提高生产性能
		不按规定使用药物，滥用抗生素和抗球虫药物。没有按照休药期停药	严格按照《允许做治疗使用，但不得在动物性食品中检出残留的兽药》和《常用畜禽药物的休药期和使用规定》使用药物
		非法使用违禁药物	严格按照《禁止使用，并在动物性食品中不得检出残留的兽药》的要求，不使用禁用药物
	有毒有害物质残留	饲料在自然界的生长过程中受到各种农药、杀虫剂、除草剂、消毒剂、清洁剂以及工矿企业所排放的"三废"污染；新开发利用的石油酵母饲料、污水处理池中的沉淀物饲料与制革业下脚料等蛋白饲料中往往含有对人类危害性很强的致癌物质	严把饲料原料质量，保证原料无污染；对动物性饲料要采用先进技术进行彻底无菌处理；对有毒的饲料要严格脱毒并控制用量。完善法律法规，规范饲料生产管理，建立完善的饲料质量卫生监测体系，杜绝一切不合格的饲料上市
		配合饲料在加工调制与储运过程中，加热、化学处理等不当，导致饲料氧化变质和酸败，特别是玉米、花生饼、肉骨粉等含油脂较高的饲料，酸败饲料易产生有毒物质；饲料霉变产生的黄曲霉毒素可以残留在兔体内等	科学合理地加工保存饲料；饲料中添加抗氧化剂和防霉剂防止饲料氧化和霉变（如已证明霉菌毒素次生代谢产物AFT的毒性很强，致癌强度是"六六六"的两万倍）
		饮用水被有害有毒物质污染，如被重金属污染、农药污染	注意水源选择和保护，保证饮用水符合标准。定期检测水质，避免水受到污染，兔饮用后在体内残留
		兔出售前，用敌百虫、敌敌畏等有机磷类药物灭蝇	出栏前禁用敌百虫、敌敌畏等有机磷类药物灭蝇，避免药物残留

二、合理处理利用副产品

粪便合理处理利用可以增加收入，降低成本。目前处理利用的方法主要是用作肥料。兔粪尿中的尿素、氨以及钾磷等，均可被植物吸收。但粪中的蛋白质等未消化的有机物，要经过腐熟分解成氨，才能被植物吸收。所以，兔粪尿可作底肥，也可作速效肥使用。为提高肥效，减少兔粪中的有害微生物和寄生虫卵的传播与危害，兔粪在利用之前最好先经过发酵处理。

1. 处理方法

将兔粪尿连同其垫草等污物，堆放在一起，最好在上面覆盖一层泥土，让其增温、腐熟。或将兔粪、杂物倒在固定的粪坑内（坑内不能积水），待粪坑堆满后，用泥土覆盖严密，使其发酵、腐熟，经15～20天便可开封使用。经过生物热处理过的兔粪肥，既能减少有害微生物、寄生虫的危害，又能提高肥效，减少氨的挥发。兔粪中残存的粗纤维虽肥分低，但对土壤具有疏松的作用，可改良土壤结构。

2. 利用方法

直接将处理后的兔粪用作各类旱作物、瓜果等经济作物的底肥，其肥效高，肥力持续时间长；或将处理后的兔粪尿加水制成粪尿液，用作追肥喷施植物，不仅用量省、肥效快，增产效果也较显著。粪液的制作方法是将兔粪存于缸内（或池内），加水密封10～15天，经自然发酵后，滤出残余固形物，即可喷施农作物。尚未用完或缓用的粪液，应继续存放于缸中封闭保存，以减少氨的挥发。

三、加强产品的销售管理

1. 销售预测

规模兔场的销售预测是在市场调查的基础上，对产品的趋势做出正确的估计。产品市场是销售预测的基础，市场调查的对象是已经存在的市场情况，而销售预测的对象是尚未形成的市场情况。产品销售预测分为长期预测、中期预测和短期预测。长期预测指5～10年的预测；中期预测一般指 2 ～ 3 年的预测；短期预测一般为每年内各季度月份的预测，主要用于指导短期生产活动。进行预测时可采用定性预测和定量预测两种方法，定性预测是指对对象未来发展的性质方向进行判断性、经验性的预测，定量预测是通过定量分析对预测对象及其影响因素之间的密切程度进行预测。两种方法各有所长，应从当前实际情况出发，结合使用。兔场的产品种类多，市场价格变化大，要根据市场需要和销售价格，结合本场情况有目的地进行生产，以获得更好效益。

2. 销售决策

影响企业销售规模的因素有两个：一是市场需求，二是兔场的销售能力。市场需求是外因，是兔场外部环境对企业产品销售提供的机会；销售能力是内因，是兔场内部自身可控制的因素。对具有较高市场开发潜力，但目前在市场上占有率低的产品，应加强产品的销售推广宣传工作，尽力扩大市场占有率；对具有较高的市场开发潜力，且在市场上有较高占有率的产品，应有足够的投资维持市场占有率。但由于其成长期潜力有限，过多投资则无益；对那些市场开发潜力小，市场占有率低的产品，应考虑调整企业产品组合。

3. 销售计划

兔产品的销售计划是兔场经营计划的重要组成部分，科学地制订产品销售计划，是做好销售工作的必要条件，也是科学地制订兔场生产经营计划的前提。主要内容包括销售量、销售额、销售费用、销售利润等。制订销售计划的中心问题是要完成企业的销售管理任务，能够在最短的时间内销售产品，争取到理想的价格，及时收回贷款，取得较好的经济效益。

4. 销售形式

销售形式指产品从生产领域进入消费领域，由生产单位传送到消费者手中所经过的途径和采取的购销形式。依据不同服务领域和收购部门经销范围的不同而各有不同，主要包括国家预购、国家订购、外贸流通、兔场自行销售、联合销售、合同销售 6 种形式。合理的销售形式可以加速产品的传送过程，节约流通费用，减少流通过程的消耗，更好地提高产品的价值。目前，兔场自行销售已经成为主要的渠道，自行销售可直销，销售价格高，但销量有限；也可以选择一些大型的商场或大的消费单位进行销售。

5. 销售管理

兔场销售管理包括销售市场调查、营销策略及计划的制订、促销措施的落实、市场的开拓、产品售后服务等等。市场营销需要研究消费者的需求状况及其变化趋势。在保证产品质量并不断提高的前提下，利用各种机会、各种渠道来刺激消费、推销产品，做好以下三个方面的工作。

（1）加强宣传、树立品牌　有了优质产品，还需要加强宣传，将产品推销出去。广告是被市场经济所证实的一种良好的促销手段，应很好地利用。一个好企业，首先必须对企业形象及其产品包装(含有形和无形)进行策划设计，并借助广播电视、报刊等各种媒体做广告宣传，以提高企业及产品的知名度，在社会上树立起良好的形象，创造产品品牌，从而促进产品的销售。

（2）加强营销队伍建设　一是要根据销售服务和劳动定额，合理增加促销人员，加强促销力量，不断扩大促销辐射面，使促销人员无所不及；二是要努力提高促销人员业务素质，促销人员的素质高低，直接影响着产品的销售，因此，要经常对促销人员进行业务知识的培训和职业道德、敬业精神的教育，使他们以良好的素质和精神面貌出现在用户面前，为用户提供满意的服务。

（3）积极做好售后服务　售后服务是企业争取用户信任、巩固老市场、开拓新市场的关键。因此，种兔场要高度重视，扎实认真地做好此项工作。要学习"海尔"集团的管理经验，打服务牌。在服务上，一是要建立售后服务组织，经常深入用户做好技术咨询服务；二是对出售的种兔等提供防疫、驱虫程序及饲养管理等相关技术资料和服务跟踪卡，规范售后服务，并及时通过用户反馈的信息，改进兔场的工作，加快发展速度。

第七招
注意细节管理

图片来源：视觉中国 www.vcg.com

【提示】

古人云：天下难事，必作于易；天下大事，必作于细。微细管理在兔养殖生产中很重要，它可避免由于技术人员的疏忽和饲养人员的惰性而造成的失误，从而减少损失，降低成本。

一、引种和繁殖中的细节

1. 注意种群质量

俗语"好种劣种，效益不同"，养兔也是一样，饲养的品种不同，或相同的品种，但是质量差别较大，即便是投入相等的人力、物力和财力，获得的效益却大不一样。比如，饲养肉兔，优良品种或配套系 70 日龄体重可达到 2.5 千克，料重比 2.7 ∶ 1，而饲养劣种，或退化的品种，饲养 5 个月可能才出栏。如果是这样，料肉比将上升到

（6～8）：1，不仅不能赚钱，还会赔钱；养獭兔来说，优质獭兔皮一张可销售60元，有的可达到80元，甚至更高，而质量不好的皮仅能卖到15～20元，有的等外皮仅卖几元钱，甚至没人要。相比之下，都是一张皮，价值竟有如此大的差距。在这里强调，獭兔贵在皮毛，优良的种兔所繁殖的后代，在良好的饲养管理条件下，其皮张质量可达到一级皮的标准，而退化的种兔，其后代无论怎样饲养，也不会有好的结果。毛兔的产毛量的差距也很大。高产群体，平均每只兔年可生产兔毛2000克以上，而退化的品种或群体，年产毛可能仅仅在250克左右。

优质兔产品市场广阔，而劣质产品很难出售。谁重视品种的质量，谁就抓住了养兔的根本，谁就有赚钱发财的希望。否则，养兔不讲种，等于瞎糊弄。造成种群质量差的原因：一是舍不得花钱购买优良品种，这样造成基础不好，或不懂好坏，轻信他人，花高价买次兔；二是虽然饲养的是优种，但是不注重选种选配和繁育，使种群逐渐退化，如有的人没有育种意识，没有章法，杂交乱配，因而使优种逐渐失去优势；三是购入了带病的种兔，使兔群不断发病，没有发挥优种的作用。

2. 选择符合市场需求的类型

家兔按照经济用途的不同，可划分为三个类型，即肉兔、皮兔和毛兔。在市场经济条件下，它们产品的价格随着供需矛盾的变化而上下波动，每种商品有其价格运行规律。至于饲养哪个类型的兔，饲养什么品种，要根据当地的实际情况、自己的优势条件而定。一般来说，首先应考虑当地的市场。比如，在南方兔毛市场发育较好的地方，以饲养长毛兔为主；在具有消费兔肉习惯的四川等地，最好饲养肉兔。在我国的北部地区，以饲养肉兔和獭兔为主，尤其是在河北省，全国最大的裘皮市场均在河北境内，因而，发展獭兔具有优势；而在山东省，兔肉出口任务较大，应围绕外贸出口做文章。此外，要有一颗平常心，了解市场运行规律，价格总是在不停地波动，不可能永远是高峰，也不可能永远是低潮，不为一时的下滑而沮丧，也不为一时的高峰而狂妄。

养兔不要追着市场走，追市场永远追不上，更不能朝三暮四。在市场行情不好的时候，要适当压缩规模，借机淘汰那些质量欠佳的兔子，保留那些精华，为下一个高潮做好物质准备。当市场行情好的时候，要抓住机遇，扩大饲养规模，多繁快繁，以取得较大的效益。

3. 不引入带病的种兔

传染性鼻炎、皮肤真菌病(主要指小孢子真菌病)和疥癣病三种最难绝根的疾病，一旦存在，兔场难以安宁。无论如何，新建兔场应有一个健康的兔群。宁可多花钱，宁可少养兔，也决不可将病兔引入兔场。如传染性鼻炎是兔的主要传染性疾病之一。该病发病率高，传染性强，四季发生，大小兔易感，疫苗效果甚微，药物控制困难，治愈率低，复发率高，病程持续期长，容易恶化和继发感染其他疾病，是生产中最为顽固、危害最大的疾病之一。因此，新养殖户一定要注意观察引种兔场是否有传染性鼻炎病兔，千万别引入病兔或带菌兔。

兔感染传染性鼻炎后，病程一般可长达数月。病兔体重明显下降，皮、毛、肉及繁殖等生产性能显著下降，且时愈时发或久治不愈，常零星死亡。病兔主要表现为鼻腔排出浆液性、黏液性或脓性分泌物，以此为特征的鼻窦炎，传染性极强。病兔因鼻腔分泌物的刺激而打喷嚏，并常用爪抓擦鼻孔部，以致鼻孔四周被毛潮湿、缠结、污秽，上唇、鼻孔及附近皮肤发炎肿胀，还可诱发结膜炎、中耳炎。在应激因素诱发下，病菌还可通过鼻腔下行，引发气管炎、胸膜肺炎和败血症。

4. 适当配种繁殖

对种母兔采取特殊降温保护，安排在凉爽的地方，温度控制在22～28℃之间，喂给富含蛋白质、维生素、矿物质的全价日粮，以保证母兔体质健壮。另外要勤观察母兔外阴变化，记住粉红早、黑紫迟、大红正当时，把握适时配种。配种方法可采取双重配种与重复配种相结合的方法，以提高受胎率及产仔数。即在母兔发情时，用一只公兔配种后再用另一只公兔配种，过6～8小时再重复配一次。要勤观察配过种的母兔，对空怀母兔要及时补配。

5. 采取频密繁殖法

频密繁殖即母兔在产仔当天或第二天就配种，泌乳与怀孕同时进行。采用频密繁殖法，一定要用优质的饲料满足母兔和仔兔的营养需要，加强饲养管理，对母兔定期称重，一旦发现体重明显减轻时，就停止血配。

二、兔场建设中的细节

1. 养兔要选择适宜的场地

有人在养兔之前没有充分的论证，随便找个地方养兔。有的是过去的鸡场、猪场，而又没有彻底消毒；有的临近其他养殖场或交通要到（公路、铁路），也没有搞任何的隔离设施；有的地势低洼；有的处于风口地带等等。这些都是不符合兔场建筑要求的，并为以后养殖带来麻烦。

2. 兔场要注意隔离设施的配置

兔场选择好后要进行分区规划，分为管理区、生产区和病畜隔离区，这样有利于隔离卫生；兔场周围要有围墙（高度为2.5米以上的实墙），场内各小区之间也要有隔离设施，如林带或较低的隔离墙；场区内要有清洁道和污染道，且不交叉；场内要设置雨水和污水两套排水系统；兔场和兔舍的入口都设置有消毒设施。只有保证这些硬件建设，才能有效地进行隔离消毒，减少疫病发生。

3. 要选择优质兔笼

兔笼是养兔的工具，而且种兔一旦饲养，终生在笼子里度过。所以，兔笼的质量对于养好家兔极其重要。优质兔笼要求：一是尺寸大小合理（过大、过小、过宽、过窄、过高、过低的都不行）；二是笼网设计合理（比如，底网不能过密，否则粪便不能漏下，造成卫生不良，消化道疾病和寄生虫病发病率增高；底网间隙不能过大，避免经常将兔腿卡住，造成骨折，丧失种用价值；底网和侧网底部的间隙不能过大，避免仔兔掉出，造成成活率下降，无谓伤亡增多）；三是笼具用材要讲究（特别是底网，种兔的脚部经常与底部接触和摩擦，如果底网质地坚硬，很容易将脚磨破，造成脚皮炎而降低种用价值，甚至失去种用价值）；四是笼具的制作要精细（避免钉头、毛刺多，底板与笼体不配套等）；五是笼具配套合格（如饮水器不能滴水，否则易造成笼内潮湿；饮水器要容易清洗，减少杂菌滋生而容易诱发疾病；饲料槽规格、结构合理，减少浪费饲料以及饲料的污染；产箱配备要合格，减少仔兔死亡）。

三、饲料选择和配制的细节

1. 饲料配制要考虑兔的生理需要

配制日粮时，必须根据各类兔的不同生理特点，选择适宜的饲料进行搭配和合理加工调制。配制兔饲料必须保持一定的粗纤维含量，如果粗纤维不足，会造成兔消化道疾病。成年兔饲料中粗纤维含量在 12% 以上，但幼龄兔的粗纤维含量不能过高；兔饲料要有适宜的容积，一般兔饲料中麸皮、干草等低密度饲料应占整个配合饲料的 30% ～ 50%，幼龄兔少些，成年兔多一些。要注意饲料的适口性，选择多种饲料原料配制饲粮，既能提高适口性，又能使各种饲料的营养物质互相补充，以提高其营养价值。

2. 合理调制加工粗饲料

为提高饲料的适口性，增进食欲，提高饲料的利用率，喂前对粗饲料进行合理的加工调制。

（1）青饲料的采集及利用　无论是人工牧草还是野生杂草，采集后均要清洗，做到不带泥水、无毒、不带刺、不受污染，采集后要摊开，不可堆捂，以免变质、发黄和发热。带雨水或露水的青草应晾干再喂。喂草时，不必切得太碎，只要干净、幼嫩即可。霉烂变质的饲料决不可用于喂兔。

（2）多汁饲料加工　多汁饲料，如胡萝卜等，应先洗净切成块或刨成丝喂用，但不宜切得太碎，造成浪费和营养水分损失。有黑斑的甘薯和有黑斑发芽的马铃薯因感染了病毒，这些病毒在其生活过程中会产生一种毒性很强的龙葵毒素，它耐酸、耐碱、耐高温，因此最好不用来喂兔，即使喂，也一定要把黑斑彻底深削，蒸煮熟后再喂。

（3）青干草的制作　选择盛花期之前的收割青草，在晴朗的天气里尽快晒干，可得到优质的青干草。晒制时间越短，营养损失越少，如有条件采用人工加温干燥法制晒青草则干草的品质会更好。干草的含水量要适当，过分干燥时不易转运，并且容易变碎损失；过湿时则易霉变，不利于长期保存。一般水分含量控制在 10% 以内即可。在晒制和搬动过程中，要尽量减少草叶的散落，因干草的营养大多集中在叶上。品质好的青干草应该是不霉变的、色青绿、味清香。饲喂时最好粉碎成草粉与精料、粉料混喂。

3. 精饲料的处理利用

（1）压扁与粉碎　小麦、大麦、稻谷、燕麦等可整粒喂兔，兔也喜欢吃，但玉米颗粒大而坚硬，应压扁饲喂。饲喂整粒谷物，不仅消化率低，而且不易与其他饲料均匀混合，也不便于配制全价日粮。一般认为，谷物饲料应压扁或粉碎后再喂。粉碎粒度不宜太细，太细有可能引起拉稀。适于兔的粉粒直径，我国尚无报道，据国外报道，粉粒直径以 1～2 毫米为宜。

（2）浸泡与蒸煮　豆类、饼粕类和谷类，经水浸泡后膨胀变得柔软，容易咀嚼，可以提高消化率。豆科籽实及其生豆渣、生饼粕等，必须经蒸煮后饲喂。因为生豆类饲料内含抗胰蛋白酶，通过蒸煮，可以破坏其有害影响，从而提高其适口性和消化率。

（3）去毒　棉籽饼、菜籽饼富含蛋白质，前者含蛋白质 30% 以上，后者含蛋白质高达 30%～40%，都可作为蛋白质补充料，但它们都含有毒素，在使用之前必须进行去毒处理，而且要限制喂量。

棉籽饼中含有游离棉酚，未去毒或使用不当将使兔中毒。使用前一定要对棉籽饼进行去毒处理。经去毒后的棉籽饼仍有少量残余棉酚存在，因此应限量饲喂。棉籽饼喂量占日粮的水平不宜超过 10%。据作者等试验，用硫酸亚铁去毒的棉籽饼占精料量的 15%，对兔的生长和繁殖等未见有不良反应。棉籽饼去毒方法：一是用水煮沸棉籽饼粉，保持沸腾半小时，冷却即可饲喂；二是向棉籽饼粉中加入硫酸亚铁，根据棉籽饼中游离棉酚含量，加入等量的铁，即游离棉酚：铁=1：1，拌匀后直接与其他饲料混合饲喂。

菜籽饼中含有硫葡萄苷毒素，长期饲喂可引起兔中毒，未经去毒菜籽饼不可用来喂兔，去毒后的菜籽饼喂量，不宜超过日粮的10%。其去毒方法有：一是土埋法，即选择向阳、干燥、地温较高的地方，挖一长方形的坑，坑宽0.8m，深0.7～1m，长度根据菜籽饼数量决定，将菜籽饼粉按1：1的水浸透泡软后埋入坑内，底部和顶部各加一层草，顶部覆土20cm以上，埋2个月后，可脱毒90%以上，但蛋白质要损失3%～8%；二是氨处理法，即以7%的氨水22份，均匀喷洒100份菜籽饼，闷盖3～5h，再放进蒸笼蒸40～50min，晒干或炒干后喂兔。

（4）发芽　冬季在青饲料缺乏的情况下，由于维生素缺乏，往往影响兔的繁殖率。因此，在生产上常常采用大麦发芽进行补饲，发芽后的大麦中胡萝卜素、核黄素、蛋氨酸和赖氨酸含量明显增加。

4. 青贮饲料的处理利用

在夏、秋季青饲料生长旺盛时期，适时收割青贮，可供冬季和早春利用。青贮饲料的处理利用，应注意：一是选择晴天收割后，晾晒1～2天，或加入适量秸秆粉、糠麸粉，使含水量降低；二是有条件的在青贮饲料中加入适量蚁酸、甲醛（福尔马林）、尿素等（每吨青饲料加85%蚁酸2.85kg，或加90%蚁酸4.53kg。加蚁酸后，制作的青贮料颜色鲜绿，气味香浓。但含糖量高的如玉米等，应按青贮原料重量的0.1%～0.6%加入浓度5%的甲醛。每吨青贮玉米若添加5kg尿素，可使青贮玉米总蛋白质含量达到12.5%）；三是青贮饲料储存后，约30～40天即可随取随喂，取后加盖，以防止与空气接触而霉烂变质。许多试验证明，在基础日粮相同的情况下，饲喂青贮料的兔在增重和泌乳量上都有较大幅度提高，并有促进母兔发情配种、提高受胎率的良好作用。

5. 注意饲料霉变

由于近几年天气变化的异常，以及人为收割、加工储存方法不当的影响，饲料原料（如玉米、麸皮）经常出现发霉或变质的现象。大多数兔场都是通过在饲料加工时添加各类脱霉剂来解决，认为这样就可以消除霉菌毒素，不会对兔造成影响。其实，脱霉剂的作用大多是吸附霉菌毒素，而不是降解霉菌毒素，兔一样会吃进肚子里，一样会影响兔的繁殖和生长。

对饲料的控制，归根结底还是质量，脱霉剂只是辅助手段。首先是采购，坚持"一分价钱一分货"的原则，不能太大意，因监管不到位而花大价钱买了质量差的产品；其次是根据生产存栏情况进货，存货一般不要超过 15 天，成品料在兔舍内不超过 7 天，最好 3 天内喂完，特别是雨季多雨潮湿的时候，更应该注意；再就是注意粉碎玉米时，最好在粉碎前加一个吸尘器，将玉米里的杂质尘埃进行吸附。如果发现有饲料发霉变质，老板又舍不得丢掉，坚持要喂兔，将会一定程度上影响生产，可能造成不堪设想的后果。

6. 注意饲料饲草质量

兔的饲料饲草要求无毒、无害、无露水、无泥沙、无霉变。饲料更换逐步进行，每次加入的新饲料不超过日喂量的 1/3。

7. 保证饲料质量

"养兔先抓料，越抓越有效"，否则，就容易出现问题。饲料问题表现：一是没有固定的配方，有啥喂啥，随意更换；二是没有科学的配方，价格不低，效果不好，或质量次，效果差；三是饲料原料把关不严，特别是粗饲料发霉变质造成大批兔发病死亡；四是饲料原料储备不足，计划不周，特别是秋季没有准备足够的粗饲料，冬季或春季青黄不接时，突然改变饲料，导致疾病。

8. 合理搭配日粮

根据家兔的品种、性别、生理阶段合理搭配精料、青抖、粗料的比例，喂给兔低能高蛋白的全价日粮，粗纤维应控制在 10% ～ 14%，尽量喂含水分少的青绿饲料。可适当喂车前草、青蒿、马齿苋、大蒜、韭菜、西瓜皮、杨树花等具有一定药用价值的植物。

四、饲养管理中的细节

1. 仔兔的管理细节

（1）仔细检查仔兔吃奶情况　要经常检查每次喂奶后仔兔是否吃足了奶，若个别仔兔没有吃好，再补喂 1 次；若大多数仔兔没有吃好，则是母奶少，要加强哺乳母兔营养，多喂青绿多汁饲料，增加精米中蛋白质和维生素含量，保证其泌乳量充足，否则仔兔长期吃不饱，势必瘦弱难成活。并且还要细心检查母兔有无乳房炎及仔兔有无黄尿病，一经发现，马上对症治疗。否则，像仔兔黄尿病可造成整窝仔兔死亡，如发现晚了，再治疗，即使活几只，也生长缓慢。

（2）做好仔兔保暖和防害工作　要做好保暖防冻工作，刚出生的仔兔要求环境温度达 30～35℃，在产仔箱内应放置吸湿性强、保温效果好、柔软、细腻、干燥的垫草。要预防兽害，主要是鼠害，因老鼠能将整窝仔兔拉走或一窝仔兔被老鼠伤害 1～2 只，其他仔兔受到惊吓，也很难成活。注意产仔箱一定要严密，并放到安全地方。

（3）加强仔兔环境卫生　必须搞好卫生，坚持每日清扫，定期消毒，产仔箱要勤换垫草，保持清洁干燥，以给仔兔创造舒适的生活环境。

（4）做到适时断奶　仔兔断奶时间依用途、品种而定，种用、大型兔断奶应晚些，商品兔、小型兔可早些。仔兔断奶时间一般为30～40 日龄为好，这样做既可使母兔有充分时间调养，准备再生育，又可早日锻炼幼兔的适应性，使各器官健康发育，有利成长。断奶宜采取一次断奶法，无须分期分批。断奶时应尽量做到饲料、环境、管理三不变。仔兔发育好坏的标准有两条：一是成活率应达到90%以上；二是断奶体重要达到一定要求，如獭兔 30 日龄断奶时个体体重最低400 克，较好 500 克，优良 600 克。断奶仔兔体重越大，说明母兔饲养水平越高，母兔泌乳量越足，这样的仔兔断奶后越容易饲养，成活率就越高。

2. 青年兔的管理细节

（1）一兔一笼，分开饲养　青年兔管理方式以一兔一笼，分开饲养为宜，避免同性间斗殴。青年兔有一段生长停滞阶段，即在 4～5月龄间。因这时，公、母兔性机能开始发育，公兔有性欲要求，蹦跳不歇，吃食减少，母兔初次发情出现不等的性欲活动而引起食欲变化。这时的管理要注意，不要误认为是病变，乱服药、打针，以免引起不良反应。饲料要以青绿饲料为主，量少而新鲜。

（2）防止过肥　青年兔对粗饲料的消化和抗病力增强，采食量也增大，生长迅速，需要充分供给蛋白质、矿物质和维生素。一般在 4

月龄以内应以青粗饲料为主，适当补给粗料，让其吃饱吃好。5月龄以后，适应控制精料，防止因过肥引起性功能障碍而不孕。

（3）加强运动，促进发育　青年兔要多晒太阳，并加大活动量，促进骨生长，增强体质，防止过肥。

（4）严格选择　对青年兔要做一次严格的选择，选择那些符合育种标准的优良兔留作种用，做好记录。青年兔还处在生长发育时期，在饲料中不要过多地带长毛，要因地制宜多剪毛，以加快生长发育为目的。

3. 种兔的管理细节

（1）繁殖种兔的精细管理　种公兔在配种期间补充蛋白质、维生素E、维生素A和矿物质饲料。种母兔从妊娠后10天起，日喂量逐渐增加，产前2～3天适当减少精料。妊娠后28天放入产仔箱，产后每只注射大黄藤素2毫升，每天补充饲喂煮熟的黄豆20～30粒。兔喜欢安静，产仔母兔如果受到惊吓会出现拒食、不给仔兔喂奶、甚至把仔兔吃掉等现象，所以，要保持兔舍环境安静。

（2）母兔的人工催情　生产中经常有些母兔因长期乏情，拒绝交配而影响繁殖，尤其是秋季和冬季更为突出，为使母兔发情、配种，除加强饲养管理外，应该采用人工催情的方法使其发情。

（3）保持笼具清洁卫生并及时检修　种公兔的笼位是配种的场所，应保持清洁卫生，减少细菌滋生，以免引发一些生殖器官疾病。在配种时种公兔笼底板承重大，特别容易损坏，因此要及时检修，以免影响配种效果。特别是在高温季节，公兔睾丸下降到阴囊中，阴囊下垂、变薄，血管扩张（以增大散热面积，可见睾丸露出腹毛之外），易与笼底板接触，如果笼底板有损坏、不光滑，甚至有钉、毛刺，则很容易刮伤阴囊引起感染和炎症，甚至使种公兔丧失种用价值。

（4）定期检查精液品质　为保证精液品质，对种公兔精液应经常检查，以便及时了解日粮是否符合营养需要，饲养管理是否符合要求，特别是种公兔是否可以参加配种，及时淘汰生产性能低、精液品质不良的种公兔。在配种旺季前10～15天应检查1次精液品质，特别是秋繁开始前，由于夏季高温应激，对种公兔精液品质影响较大，及时进行精液品质检查有利于减少空怀。

（5）合理利用种公兔　要充分发挥优良种公兔的作用，实现多配、多产、多活，必须科学合理地使用。首先，公、母比例要适宜。商品兔场公、母兔比例以1：（8～10）为宜，种兔场公、母兔以1：（4～5）为宜。一些规模化兔场若采用人工授精的方法，公、母比例可以达1：（50～100），能大大降低种公兔的饲养量。其次，要注意配种强度，不能过度使用。强健的壮年种公兔，可每天配种2次，连续使用2～3天后休息1天；体质一般的种公兔和青年公兔，每天配种1次，配种1天休息1天。在配种旺季，可适当增加饲料喂量，保证种公兔营养。如果种公兔出现消瘦现象，应停止配种1个月，待其体况和精液品质恢复后再参加配种。在长期不使用种公兔的情况下，应降低饲喂量，否则容易造成种公兔过肥，引起性欲降低和精液品质变差。为改善配种效果，宜采用重复配种和双重配种的方式，提高母兔受胎率。最后，要做到"五不配"，即达不到初配年龄和初配体重不配，食欲不振、患病不配，换毛期不配，吃饱后不配，天气炎热且无降温措施不配。

（6）种母兔管理细节　一是配种前要检查母兔健康状况，过瘦或有病的不得配种；二是配种时，要坚持重复配种或多重配种的原则；三是产前3天到产后3天，应视母兔健康状况限喂精料；四是在产后，应及时地供给足量的饮水（淡盐水）；五是在产后，应立即检查其拔毛情况并人工把奶头周围的毛拔掉；六是在哺乳期间，除饲喂哺乳母兔料外，要坚持每日喂5～10粒花生米；七是在哺乳期间，要坚持检查其奶头，如有红、肿等现象，应立即治疗；八是哺乳期间，7～23天，要喂好喂饱母兔，标准日采食量不低于母体体重的10%。

（7）空怀母兔的细致管理　对空怀母兔的管理应做到兔舍内空气流通，兔笼、兔体要保持清洁卫生，对长期照射不到阳光的兔子要与光照充足的兔子调换位置，以促进机体的新陈代谢，保持母兔性功能的正常。

（8）讲究喂料时间　每天喂料一定要做到早餐早喂，晚餐迟喂，中餐喂少量青饲料，晚上加喂夜草，同时供给充足饮水，在饮水中加入1%～2%的食盐。注意把80%的饲料集中到中、晚喂。

（9）注意防暑降温　夏季兔舍应保持阴凉通风，不能让阳光直射兔；露天养兔要搭建凉棚；室内笼养的兔舍要大开门面，让空气对流。

（10）搞好环境卫生　笼舍要勤打扫，坚持每天清洗食槽、水槽一次，每天清除粪便，将粪便堆集发酵处理，定期对兔舍、笼具、食具消毒，坚持灭鼠、灭蚊蝇并消灭蚊蝇滋生地。要注意给兔舍通风换气，若舍内温度偏高时，在舍内、承粪板上可撒些生石灰或草木灰，既吸湿又消毒。

（11）重视防疫灭病　夏、秋季节是兔球虫病、腹泻病、疥癣病暴发的季节，要以预防球虫病为重点，搞好防疫灭病工作。对兔要及时注射兔瘟、巴氏杆菌、魏氏梭菌等传染病疫苗。给兔常饮 0.01% 高锰酸钾水或 0.02% 痢特灵水，实行母仔分养，以减少相互感染。另外，要坚持用药物预防球虫病。

五、兽医操作技术规范的细节

1. 避免针头交叉感染

兔场在防疫治疗时要求 1 只兔 1 个针头，以避免交叉感染。但在实践中，往往只做到治疗时 1 只兔 1 个针头，正常免疫接种时，很多兔使用 1 个针头。在当前规模养兔场，因注射器使用不当，导致兔群中存在着带毒、带菌兔以及兔只之间的交叉感染，为兔群的整体健康埋下很大的隐患。因此，规模养兔场应建立完善的兽医操作规程，并在执行中严格落实，确实做到 1 兔 1 针头，切断人为的传播途径。

2. 搞好母兔临产前产箱的消毒

母兔临产前，对产箱不清洗消毒或清洗消毒不彻底，容易污染产箱，使仔兔感染细菌、病毒和寄生虫，影响生长发育，甚至导致发病，降低成活率。

3. 按正确方法注射疫苗

给兔注射，或把稀释后的疫苗在室温条件下存放时间过长，造成疫苗质量下降，导致免疫失败，使基础母兔群抗体水平参差不齐或出现阳性兔群，给场内的健康兔留下隐患。

4. 建立严格的消毒制度

消毒的目的就是杀死病原微生物，防止疾病的传播。各个兔场要根据各自的实际情况，制定严格规范的消毒制度，并认真执行。消毒剂的选择、配比要科学，喷雾方法要有效，消毒记录要准确。同时，室内消毒和室外环境的卫生消毒也十分重要，如果只重视室内消毒而忽视室外消毒，往往起不到防病治病和保障兔群健康的作用。

5. 严把投入品质量关

不合格的药品、生物制品、动物保健品和饲料添加剂等投入品的进场使用，会使兔重大的传染病和常见病得不到有效控制，兔群持续感染病原在场内蔓延。规模兔场应到有资质的正规单位购药，通过有效途径投药，并观察药品效价，达到安全治病的目的。

六、消毒的细节

1. 消毒注意事项

（1）消毒需要时间　一般情况下，高温消毒时，60℃就可以将多数病原杀灭，但汽油喷灯温度达几百摄氏度，喷灯火焰一扫而过，却不会杀灭病原，因为时间太短。蒸煮消毒：在水开后30分钟内可以将病原杀死。紫外线照射：必须达到5分钟以上。

【注意】这里说的时间，不单纯是消毒所用的时间，更重要的是病原体与消毒药接触的有效时间，因为病原体往往附着于其他物质上面或中间，消毒药与病原接触需要先渗透，而渗透则需要时间，有时时间会很长。这个我们可以把一块干粪便放到水中，看一下多长时间能够浸透。

（2）消毒需要药物与病原接触　兔舍和设备消毒时，消毒药喷不到的地方的病原不会被杀死，消毒兔舍地面时，如果地面有很厚的一层灰尘或粪便，消毒药只能将最上面的病原杀死，而在粪便深层的病原却不会被杀死，因为消毒药还没有与病原接触。要求对兔舍消毒前，先将兔舍清理冲洗干净，就是为了减轻其他因素的影响。

（3）消毒需要足够的剂量　消毒药在杀灭病原的同时往往自身也

被破坏，一个消毒药分子可能只能杀死一个病原，如果一个消毒药分子遇到五个病原，再好的消毒药也不会效果好。关于消毒药的用量，一般是每平方米面积用1升药液。生产上常见到的则是不经计算，只是在消毒药将舍内全部喷湿即可，人走后地面马上干燥，这样的消毒效果是很差的，因为消毒药无法与掩盖在深层的病原接触。

（4）消毒需要没有干扰　许多消毒药遇到有机物会失效，如果使用这些消毒药放在消毒池中，池中再放一些锯末，作为鞋底消毒的手段，效果就不会好了。

（5）消毒需要药物对病原敏感　不是每一种消毒药对所有病原都有效，而是有针对性的，所以使用消毒药时也是有目标的。如预防口蹄疫时，碘制剂效果较好；而预防感冒时，过氧乙酸可能是首选；而预防传染性胃肠炎时，高温和紫外线可能更实用。

【注意】没有任何一种消毒药可以杀灭所有的病原，即使我们认为最可靠的高温消毒，也还有耐高温细菌不被破坏。这就要求我们使用消毒药时，应经常更换，这样才能起到最理想的效果。

（6）消毒需要条件　如火碱是好的消毒药，但如果把病原放在干燥的火碱上面，病原也不会死亡，只有火碱溶于水后变成火碱水才有消毒作用，生石灰也是同样的道理。福尔马林熏蒸消毒必须符合三个条件：一是足够的时间，24小时以上，需要严密封闭；二是需要温度，必须达到15℃以上；三是必须有足够的湿度，最好在85%以上。如果脱离了消毒所需的条件，效果就不会理想。一个兔场对进场人员的衣物进行熏蒸消毒，专门制作了一个消毒柜，但由于开始设计不理想，消毒柜太大，无法进入屋内，就放在了舍外，夏、秋季节消毒没什么问题，但到了冬天，他们仍然在舍外熏蒸消毒，这样的效果是很差的。还有的在入舍消毒池中，只是例行把水和火碱放进去，也不搅拌，火碱靠自身溶解需要较长时间，那刚放好的消毒水的作用就不确实了。

2. 消毒存在的问题

（1）光照消毒　紫外线的穿透力是很弱的，一张纸就可以将其挡住，布也可以挡住紫外线，所以，光照消毒只能作用于人和物体的表面，深层的部位则无法消毒。另一个问题是，紫外线照射到的地方才能消毒，如果消毒室只在头顶安一个灯管，那么只有头和肩部消毒彻底，其他部位的消毒效果也就差了。所以不要认为有了紫外线灯消毒就可以放松警惕。

（2）高温消毒 时间不足是常见的现象，特别是使用火焰喷灯消毒时，仅一扫而过，病原或病原附着的物体尚没有达到足够的温度，病原是不会很快死亡的，这也就是为什么蒸煮消毒要 20 ～ 30 分钟以上的原因。

（3）喷雾消毒 剂量不足，当你看到喷雾过后地面和墙壁已经变干时，那就是说消毒剂量一定不够。一个兔场规定，喷雾消毒后一分钟之内地面不能干，墙壁要流下水来，以表明消毒效果。

产房喷雾消毒容易导致舍内潮湿，但药量达不到要求也起不到消毒的效果。为避免舍内潮湿，可以 1 周进行一次彻底的喷雾消毒。

（4）熏蒸消毒，封闭不严 甲醛是无色的气体，如果兔舍有漏气时无法看出来，这就使兔舍熏蒸时出现漏气而不能发现。尽管甲醛比空气重，但假如兔舍有漏气的地方，甲醛气体难免从漏气的地方跑出来，消毒需要的浓度也就不足了。如果消毒时间过后，进入兔舍没有呛鼻的气味，眼睛没有青涩的感觉，就说明一定有跑气的地方。

3. 怎样做好消毒

（1）必须清扫、清洗后再消毒 如果圈舍内存在大量粪便、饲料、兔毛、灰尘、杂物和污水等，会阻碍消毒药与病原微生物的接触，而且这些病原微生物可以在有机物中存活时间较长，有些有机物和消毒液结合后形成化合物，使消毒液的作用消失或减弱。这些因素常造成消毒液大量损耗，减弱消毒效果。兔舍在消毒前应先彻底清扫、清洗，水槽、料槽清除污物后用清水洗涮干净。再将地面彻底清洗，等地面干净后，消毒兔舍。

（2）选用合适的消毒液 在选用消毒液时要根据消毒的对象、目的和预防疾病的种类选择合适的消毒液。消毒液要定期更换，选择几种消毒液交替使用。兔场可选用的消毒液有很多种，常用的有生石灰、硫酸铜、新洁尔灭、甲醛、高锰酸钾、过氧乙酸、氢氧化钠、碘制剂、季铵盐等消毒液。针对圈舍的情况选择，空圈舍可以选择疗效好、价格低廉的消毒液，如生石灰、甲醛、高锰酸钾、过氧乙酸等，带兔消毒选择增强消毒效果的复合制剂，如复碘制剂、复合季铵盐制剂、复合酚制剂类等消毒液，消毒效果好还不损伤兔群。

（3）饮水消毒持续时间不宜过长，消毒剂剂量不宜过大　消毒液使用说明中推荐的饮水消毒是对畜禽饮水的消毒，是指消毒液将饮水中的微生物杀灭，从而达到净化饮水中微生物的目的。而有些养殖户则认为饮水消毒是通过饮用消毒液杀灭和控制畜禽体内的微生物，可起到控制和预防病情的作用，从而形成饮水消毒的误区。有的用户甚至盲目加大消毒液的浓度，给畜禽饮用，从而造成不必要的麻烦。如果长时间饮用加消毒液的水或饮水中消毒液的含量过大，除了可以引起急性中毒，还可以杀灭肠道内的正常细菌，造成肠道菌群平衡失调，对机体健康造成危害，从而造成畜禽的消化道黏膜损伤，使菌群平衡失调，引起腹泻、消化不良等症状。饮水消毒时一般选用氯制剂、季铵盐等刺激性较小的消毒药，使用低浓度的说明推荐用量，不要长时间使用或加大剂量使用，以免造成不必要的麻烦。

（4）做好进场前的消毒工作　在兔场的入口处常设紫外线灯，对进出人员照射，有杀菌效果。同时在兔舍周围、入口、运动场等处撒生石灰或氢氧化钠，还可以喷过氧乙酸或次氯酸钠溶液。用一定浓度新洁尔灭、碘伏等的水溶液洗手、洗工作服。应用热碱水或酸水将管道清洗后，再用次氯酸水溶液消毒。

（5）消毒制度　为了有效防控传染病的发生，规模化兔场必须建立严格的消毒制度。一是做好人员消毒工作。工作人员进入生产区必须更衣并进行紫外线消毒，工作服不得带出场外；外来人员不允许进入生产区，如必须进入的，要更换工作服和鞋，消毒进入后，要遵守场内检疫环境消毒。二是做好环境消毒工作。兔舍内周围环境每周用2%氢氧化钠溶液或生石灰消毒一次；场周围及场内污水池、下水道出口，每月用次氯酸盐、酚类消毒一次；在大门口和兔舍入口设消毒池，消毒液可用2%氢氧化钠溶液和硫酸铜溶液。三是做好兔舍消毒工作。兔舍在每批兔转出后，应清扫干净并消毒。四是做好用具消毒工作。定期对饲喂用具、料槽消毒，用0.1%新洁尔灭或0.2%的过氧乙酸消毒。

七、用药的细节

药物使用关系到疾病控制和产品安全，使用药物必须慎重。在生产中，用药方面存在一些细节问题影响用药效果，如对抗生素过分依赖。很多养殖户误以为抗生素"包治百病"，还能作为预防性用药，在饲养过程中经常使用抗生素，以达到增强兔体抗病能力、提高增重率的目的。主要存在如下一些现象。一是盲目认为抗生素越新越好、越贵越好、越高级越好。殊不知各种抗生素都有各自的特点，优势也各不相同。其实抗生素并无高级与低级、新和旧之分，要做到正确诊断兔病，对症下药，就要从思想上彻底否定"以价格判断药物的好坏、高级与低级"的错误想法。二是未用够疗程就换药。不管用什么药物，不论见效或不见效，通通用两天就停药，这对治疗兔病极为不利。三是不适时更换新药。许多饲养户用某种药物治愈了疾病后，就对这种药物反复使用，而忽略了病原对药物的敏感性。此外一种药物的预防量和治疗量是有区别的，不能某种用量一用到底。四是用药量不足或加大用量。现在许多兽药厂生产的兽药，其说明书上的用量用法大部分是按每袋拌多少千克料或兑多少水。有些饲养户忽视了兔发病后采食量、饮水量要下降，如果不按下降后的日采食量计算药量，就人为造成用药量不足，不仅达不到治疗效果，而且容易导致病原的耐药性增强。另一种错误做法是无论什么药物，按照厂家产品说明书，通通加倍用药。五是盲目搭配用药。不论什么疾病，不清楚药理药效，多种药物胡乱搭配使用。六是盲目使用原粉。每一种成品药都经过了科学的加工，大部分由主药、增效剂、助溶剂、稳定剂组成，使用效果较好。而现在五花八门的原粉摆上了商家的柜台，并误导饲养户说"原粉纯度高，效果好"。原粉多无使用说明，饲养户对其用途不很明确，这样会造成原粉滥用现象。另外现在一些兽药厂家为了赶潮流，其产品主要成分的说明中不用中文而仅用英文，饲养户懂英文者甚少，常常造成同类药物重复使用，这样不仅用药浪费，而且常出现药物中毒。七是益生素和抗生素一同使用。益生素是活菌，会被抗生素杀死，造成两种药效果都不好。

八、疫苗使用的细节

疫苗使用中存在一些混乱现象，如疫苗需求量统计不准确，进货过多，超过有效期；保存温度高，虽在有效期内，但已失效，仍不丢弃；供电不正常，无应急措施，疫苗反复冻融；管理混乱，疫苗保存不归类，活苗与灭活苗放一块，该保鲜的却冰冻；运输过程中无冰块保温，在高温下时间过长，有的运输时未包好，受紫外线照射；用河水、开水或凉开水稀释疫苗，殊不知它们都直接影响疫苗的活性，最好用稀释液或蒸馏水、生理盐水等稀释疫苗；疫苗稀释后放置的时间过长，导致疫苗滴度低；使用剂量不准确，剂量不足，或剂量过大造成免疫麻痹；使用活苗的同时，又在饲料中添加抗菌药。这些细节直接影响到免疫效果。

九、经营管理的细节

1. 树立科学的观念

树立科学的观念至关重要。只有树立科学观念，才能注重自身的学习和提高，才能乐于接受新事物、新知识和新技术。传统庭院小规模生产对知识和技术要求较低，而规模化生产对知识和技术要求较高（如场址选择、规划布局、隔离卫生、环境控制、废弃物处理以及经营管理等知识和技术）；传统庭院小规模生产和规模化生产疾病防治策略不同（传统疾病防治方法是免疫、药物防治，现代疾病防治方法是生物安全措施）。所以，规模化养兔场仍然固守传统的观念，不能树立科学观念，必然会严重影响养殖场的发展和效益提高。

2. 正确决策

兔场需要决策的事情很多，大的方面如兔场性质、规模大小、类型用途、产品档次以及品种选择，小的方面如饲料选择、人员安排、制度执行、工作程序等。如果关键的事情能够进行正确的决策就可能带来较大效益；否则，就可能带来巨大损失，甚至倒闭。但正确决策需要对市场进行大量调查。

3. 保持适度规模

新养兔户遵循的基本原则是由小到大，逐渐适应，不断发展。在养兔之前先走访一些成功的养兔场，最好先实习一段时间。开始引进不宜多，饲养一段时间后，一切正常了再根据自己的实力和市场行情扩大规模。一些养兔失败的人没有按照循序渐进的原则办事，总想一口吃成个胖子，在没有充分准备的情况下，盲目扩大，往往造成损失。养兔实践告诉我们，饲养规模大小不是简单的量的概念。比如说，老百姓在庭院里饲养3～5只，尽管没有什么精心的管理，但繁殖率、成活率都很高，发病率很低。而规模型兔场，虽然有严格的程序，严密的规章，精心的管理，科学的配方和饲料，其饲养效果总比不上小规模的家庭养兔（指一只母兔所生产的商品兔数量、投入和产出的比例等）。个体和群体是两个概念，规模饲养条件下，饲养环境发生了变化，个体之间相互影响都比较大，兔舍内病原微生物的种类和数量发生了质的变化，其小气候与农家庭院无法相比，一旦一只发病，就会造成对全群的威胁。因此，需要更高的管理条件和环境控制。盲目扩大规模的兔场，没有这方面的思想准备、技术准备和物质准备，出现问题是在情理之中。

根据生产调查和经验，从单位种兔产出量而言，有随基础母兔增加而逐渐降低的趋势，即规模越大，单位产出量越低。小型兔场（兼业型）基础母兔30～50只效益最高；而对于中型兔场，基础母兔300～500只的效果较好。分析表明，小型兔场，非专业性养兔，基本上是以业余时间和辅助劳力为主，30～50只基础母兔所需要的工作量，约为1/2个劳动力，一般家庭在不误农活的情况下可以负担。但超过这一数量，管理往往达不到应有的精细。而过小的规模，经济效益甚微，引不起足够的重视。对于中型兔场而言，一般为专业性养殖，由于从事养殖者多为非专业人员，即多由其他行业改转而来，技术和管理水平落后，加之我国养殖场总体的环境控制能力较差，规模越大，失误的可能性和发病的危险性越大。但是，规模不是固定的、一成不变的，应根据每个兔场的人力、物力、财力、智力和市场而定。一般而言，在缺乏经验和技术的情况下，应严格控制规模，盲目扩大，往往适得其反。

4. 加强"软件"建设

养兔的特点是投资小，见效快，收益大。而这三个特点是相对的，不是绝对的。所谓收益大是与其投资而言，即其产出与投入的比值高。养兔绝不是暴利的行业，养兔的成功需要有一定的硬件，更需要有相应的软件。

一些兔场，特别是国营兔场或企业家投资的兔场，存在重硬件，重表面，贪大求洋的现象。将大量的投资放在基础设施(兔舍建筑、笼具、暖气锅炉、交通道路、办公设施、生活娱乐等)的建设上和兔场的装饰装潢上，没有在种兔的质量上下功夫，忽视了软件(人才的引进、人员的培训、规章制度的建立和落实、售后服务等)的建设。重视硬件的表面，忽视了硬件的适用性。由于在基础设施方面投资较大，兔场在3～5年内不能收回投资，而一般情况下此期间多出现行情的波动，使投资的回报率更低。庞大的机构设置、硬件的维护费用，使兔场有较大的非生产性开支，负担过重，加之软件没有跟上，养兔的效率不高。这些兔场的建设者的指导思想往往存在一些问题，认为兔场建筑阔气些，门面好看些，可以吸引有关部门的投资，可吸引更多的引种者。他们算账往往计算的是出售种兔的经济效益，忽视了商品兔的投入产出比。一旦遇到市场的波动，这样的兔场往往难以承受。

5. 责任明确

兔场是一个完整的体系，各生产环节联系非常紧密，一个生产环节出现问题，必然影响与之相联系的其他环节。比如，饲料原料出问题，影响饲料生产，生产不出合格的饲料，整个兔群就养不好；再如，兔子是遵循仔兔—幼兔—商品兔或青年兔(后备兔)—种兔这样一个流程。如果母兔养不好，所生的仔兔发育不良，母兔奶水不足，仔兔断乳体重小，容易得病，那么，幼兔就不好养，幼兔养不好，影响商品兔或后备兔，种兔也难以合格等。由于生产环节的相互的高度依赖性，必须使每个生产环节责任到人，哪个环节出现问题，哪个环节负责。要根据生产实际制定出每个生产环节的具体指标和标准，做到量化管理，不留空隙。如果兔场没有系统的量化指标和明确的责任制，出现问题互相推诿，查找问题躲躲闪闪，最终不了了之。问题得不到解决，就意味着后患无穷。

6. 提高技术水平

饲养效果不佳的兔场，总是与技术的不到位有关。有的场(户)饲养獭兔，断乳成活率仅30%。从饲料的营养水平、兔舍的环境等看，没有明显的失误。但现场考察，进车间观察饲养员喂兔过程，调查饲料生产记录和每个饲养员领料记录，检查母兔乳房，称量仔兔的体重。最终发现的问题的根源：喂料不足，母兔饥饿，泌乳量少，仔兔发育不良，造成死亡率增高。他们饲喂泌乳母兔与其他兔子没有任何不同，一天三次料，一次一小勺，经称量，三勺料总重 150 克，由于料槽不规范，放进的饲料掉出或刨出约 30 克，因此，每只泌乳母兔每天仅能采食 120 克左右，仅相当于需要量的一半，极大地影响母兔的泌乳力，使母兔和仔兔经常处于半饥饿状态。根据笔者实际称量仔兔的断乳体重，平均 300 克，相当于标准断乳体重 (500 克) 的 60%。这样的小兔成活率是很难保证的。

又如，一兔场，饲养的母兔在产箱外产仔的比例多，吃仔兔的比例多，不拉毛的比例多，奶水不足的比例多。经细致观察，发现在母兔的围产期管理不当。比如，产仔的当天才把产箱放入母兔笼，产箱内没有垫草或垫草不足，环境嘈杂，使母兔感到很不安全，因而，出现母性差、泌乳力低等一系列问题。当采取提前 3 ～ 5 天放产箱和垫草、保持环境安静、禁止闲人乱进等措施后，情况发生了改观。

再如，一兔场反映，仔兔生长慢，母兔泌乳量低，母性差。究其原因是他们采取母仔分离，定时哺乳的方式。每次喂奶，将母兔按在产箱里，强制喂奶，使母兔造成"逆反情绪"，影响乳汁的分泌。当采取母仔同笼，自由喂奶的方式后，过去的事情再也没有发生。

在养兔生产中，微小的技术失误，可能导致重大的损失。而这些技术细节需要落实到日常工作中。

7. 调动饲养管理人员的责任心

饲养的效果取决于技术和责任心两个方面，掌握技术的人缺乏责任心，技术也不可能落到实处，发挥应有的作用。所以，责任心对于兔场来说更加重要。兔场的管理人员的任务就是调动每个饲养人员的积极性。如一獭兔场，饲养种兔 408 只，其中种公兔 48 只，种母兔 360 只。起初雇用 6 个饲养员，每人饲养基础母兔 60 只，种公兔 8 只。实行月薪制，没有明确任务指标定额，完全大锅饭。这样饲养一年，平均每只种母兔提供合格种兔（3 月龄 2 千克以上的种兔）13.5 只，每人年提供合格种兔 810 只。兔场不但没有赢利，还亏了几万元。后来，改用新的管理模式，增加饲养员的饲养量，实行基本工资加提成，运行一年，平均每只基础母兔年提供合格种兔 30 只，效率提高了一倍；每个饲养员年提供合格种兔 3060 只，效率增加了 2.78 倍。饲养员的收入增加了一倍多，生产成本也大幅度降低，兔场获得了较好的经济效益。

通过以上实例说明，养兔生产中，饲养员是决定的因素。只要政策制定得好，起到激励上进的作用，就能调动每个饲养人员的积极性，大幅度提高劳动效率。否则，事倍功半。

8. 员工的培训为成功插上翅膀

员工的素质和技能水平直接关系到养殖场的生产水平。职工中能力差的人是弱者，兔场职工并不是清一色的优秀员工，体力不足的有，智力不足的有，责任心不足的也有，技术不足更是养殖场职工的通病，这些人都可以称为弱者，他们的生产成绩将整个养殖场拉了不来，我们就要培训这一部分员工或按其所能放到合适的岗位。养殖场不注重培训的原因：一是有些养殖场认识不到提高素质和技能的重要性，不注重培训；二是有的养殖场怕为他人做嫁衣裳，培训好的员工被其他养殖场挖走；三是有的养殖场舍不得增加培训投入。

9. 关注生产指标对利润的影响

兔场的主要盈利途径是降低成本，企业的成本控制除平常所说的饲料、兽药、人工、工具等直观成本之外，对于兔场的管理还应该注意到影响养兔成本的另一个重要因素——生产指标。例如要降低每只兔承担的固定资产折旧费用，需要通过提高母兔繁殖率和成活率来解决。影响兔群单位增重耗费饲料成本的指标有：料肉比、饲料单价、成活率等，需要通过优化饲料配方和科学饲养管理来实现。兔场管理者要从经营的角度来看待研究生产指标，对兔场进行数字化、精细化管理，才能取得长期的、稳定的、丰厚的利润。

10. 舍得淘汰

生产过程中，兔群体内总会出现一些没有生产价值的个体或一些老弱病残的个体，这些个体不能创造效益，要及时淘汰，减少饲料、人力和设备等消耗，降低生产成本，提高养殖效益。生产中有的养殖场舍不得淘汰或管理不到位而忽视淘汰，虽然存栏数量不少，但养殖效益不仅不高，反而降低。

第八招
注重常见问题处理

【提示】

☞ 生产中的问题直接影响兔群的生产性能，时刻注意发现问题并及时解决，有利于提高养殖水平和生产效益。

一、兔场设置中存在的问题处理

1. 兔场址选择，认为只要有个地方就能养兔

场地状况直接关系到兔场隔离、卫生、安全和周边关系。生产中由于有的场（户）忽视场地选择，选择的场地不当，导致一系列问题，严重影响生产。如有的场地距离居民点过近，甚至有的养殖户在村庄内或在生活区内养兔，结果产生的粪污和臭气影响到居民的生活质量，引起居民的反感，出现纠纷，不仅影响生产，甚至收到环境部门的叫停通知，造成较大损失；选择场地时不注意水源选择，选择的场地水源质量差或水量不足，投产后给生产带来不便或增加生产成本；选择

的场地低洼积水，常年潮湿污浊，或临近噪声大的企业、厂矿，兔群经常遭受应激，或靠近污染源，疫病不断发生。

处理措施：选择场址时，一要提高认识，必须充分认识到场址对安全高效养兔的重大影响；二要科学选择场址（地势要高燥，背风向阳，朝南或朝东南，最好有一定的坡度，以利光照、通风和排水；兔场用水要考虑水量和水质，水源最好是地下水，水质清洁，符合饮水卫生要求；与居民点、村庄保持 500～1000 米距离，远离兽医站、医院、屠宰场、养殖场等污染源和交通干道、工矿企业等）。

2. 规划布局不好，场内各类区域或建筑物混杂在一起

规划布局合理与否直接影响场区的隔离和疫病控制。有的养殖场（户）不重视或不知道规划布局，不分生产区、管理区、隔离区，或生产区、管理区、隔离区没有隔离设施，人员相互乱串，设备不经处理随意共用；兔舍之间间距过小，影响通风、采光和卫生；储粪场靠近兔舍，甚至设在生产区内；没有隔离卫生设施等。有的养殖小区缺乏科学规划，区内不同建筑物摆布不合理，养殖户各自为政等，使养殖场或小区不能进行有效隔离，病原相互传播，疫病频繁发生。处理措施如下：

（1）了解掌握有关知识，树立科学观念；

（2）进行科学规划布局。

规划布局时注意：一是种兔场、仔兔场、饲料厂等要严格地分区设立；二是要实行"全进全出制"的饲养方式；三是生产区的布置必须严格按照卫生防疫要求进行；四是生产区应在隔离区的上风处或地势较高地段；五是生产区内净道与污道不应交叉或共用；六是生产区内兔舍间的距离应是兔舍高度的 3 倍以上；七是生产区应远离禽类屠宰加工厂、禽产品加工厂、化工厂等易造成环境污染的企业。

3. 认为绿化是增加投入，没有多大用处

兔场的绿化需要增加场地面积和资金投入，由于对绿化的重要性缺乏认识，许多兔场认为绿化只是美化一下环境，没有什么实际意义，还需要增加投入、占用场地等，设计时缺乏绿化设计的内容，或即使有设计但为减少投入不进行绿化，或场地小没有绿化的空间等，导致

兔场光秃秃，夏季太阳辐射强度大，冬季风沙大，场区小气候环境差。处理措施如下。

（1）高度认识绿化的作用　绿化不仅能够改变自然面貌，改善和美化环境，还可以减少污染，保护环境，为饲养管理人员创造一个良好的工作环境，为畜禽创造一个适宜的生产环境。良好的绿化可以明显改善兔场的温热、湿度和气流等状况。夏季能够降低环境温度，因为：①植物的叶面面积较大，如草地上草叶面积大约是草地面积的25～35倍，树林的树叶面积是树林的种植面积的75倍，这些比绿化面积大几十倍的叶面面积通过蒸腾作用和光合作用可吸收大量的太阳辐射热，从而显著降低空气温度。②植物的根部能保持大量的水分，也可从地面吸收大量热能。③绿化可以遮阳，减少太阳的辐射热。茂盛的树木能挡住50%～90%的太阳辐射热。在兔舍的西侧和南侧搭架种植爬蔓植物，在南墙窗口和屋顶上形成绿荫棚，可以阻挡阳光进入舍内。一般绿地夏季气温比非绿地低3～5℃，草地的地温比空旷裸露地表温度低得多。冬季可以降低严寒时的温度日较差，使昼夜气温变化小。另外，绿化林带对风速有明显的减弱作用，因气流在穿过树木时被阻截、摩擦和过筛等作用，将气流分成许多小涡流，这些小涡流方向不一，彼此摩擦可消耗气流的能量，故可降低风速，冬季能降低风速20%，其他季节可达50%～80%，场区北侧的绿化可以降低寒风的风力，减少寒风的侵袭，这些都有利于兔场温热环境的稳定。良好的绿化可以净化空气。绿色植物等进行光合作用，吸收大量的二氧化碳，同时又放出氧气，如每公顷阔叶林，在生长季节，每天可以吸收约1000千克的二氧化碳，生产约730千克的氧；许多植物如玉米、大豆、棉花或向日葵等能从大气中吸收氨而促其生长，这些被吸收的氨，占生长中的植物所需总氮量的10%～20%，可以有效地降低大气中的氨浓度，减少对植物的施肥量；有些植物尚能吸收空气中的二氧化硫、氟化氢等，这些都可使空气中的有害气体大量减少，使场区和畜舍的空气新鲜洁净。另外，植物叶子表面粗糙不平、多绒毛，有些植物的叶子还能分泌油脂或黏液，能滞留或吸附空气中的大量微粒。当含微粒量很大的气流通过林带时，由于风速的降低，可使较大的微粒下降，其余的粉尘和飘尘可被树木的枝叶滞留或黏液物质及树脂吸附，使大气中的微粒量减少，使细菌因失去附着物也相应减少。在夏季，空气穿过林带，微粒量下降 35.2% ～ 66.5%，微生物减少 21.7% ～ 79.3%。树木总叶面积大，吸滞烟尘的能力很大，好像是空气的天然滤尘器；草地除可吸附空气中的微粒外，还能固定地面的尘土，不使其飞扬。同时，某些植物的花和叶能分泌一种芳香物质，可杀死细菌和真菌等。含有大肠杆菌的污水从 30 ～ 40 米的林带流过，细菌数量可减少为原来的 1/18。场区周围的绿化还可以起到隔离卫生作用。

（2）留有充足的绿化空间　在保证生产用地的情况下要适当留下绿化隔离用地。

（3）科学绿化

① 场界林带设置　在场界周边种植乔木和灌木混合林带，乔木如杨树、柳树、松树等，灌木如刺槐、榆叶梅等。特别是场界的西侧和北侧，种植混合林带宽度应在 10 米以上，以起到防风阻沙的作用。树种选择应适应北方寒冷的特点。

② 场区隔离林带设置　主要用以分隔场区和防火。常用杨树、槐树、柳树等，两侧种以灌木，总宽度为 3 ～ 5 米。

③ 场内外道路两旁的绿化　常用树冠整齐的乔木和亚乔木以及某些树冠呈锥形、枝条开阔、整齐的树种。需根据道路宽度选择树种的高矮。在建筑物的采光地段，不应种植枝叶过密、过于高大的树种，以免影响自然采光。

④ 遮阴林的设置　在兔舍的南侧和西侧，应设 1 ～ 2 行遮阴林。多选枝叶开阔、生长势强、冬季落叶后枝条稀疏的树种，如杨树、槐树、枫树等。

4. 兔舍过于简陋，不能有效地保温和隔热，舍内环境不易控制

目前养兔多采用舍内高密度笼内饲养，舍内环境成为制约兔生长发育、生产和健康的最重要条件，舍内环境优劣与兔舍建筑设计有密切关系。由于观念、资金等条件的制约，人们没有充分认识到兔舍的作用，忽视兔舍建设，不舍得在兔舍建设中多投入，兔舍过于简陋（如有些兔场兔舍的屋顶只有一层石棉瓦），保温隔热性能差，舍内温度不易维持，兔遭受的应激多。冬天舍内热量容易散失，舍内温度低，兔采食量多，饲料报酬差，要维持较高的温度，采暖的成本极大增加。

夏天外界太阳辐射热容易通过屋顶进入舍内，舍内温度高，兔采食量少，生长慢，要降低温度，需要较多的能源消耗，也增加了生产成本。处理措施如下。

（1）科学设计　根据不同地区的气候特点选择不同材料和不同结构，设计符合保温隔热要求的兔舍。

（2）严格施工　设计良好的兔舍，如果施工不好也会严重影响其设计目标。严格选用设计所选的材料，按照设计的构造进行建设，不偷工减料；兔舍的各部分或各结构之间不留缝隙，屋顶要严密，墙体的灰缝要饱满。

5. 通风换气系统的设置，舍内通风换气不良

舍内空气质量直接影响兔的健康和生长，生产中许多兔舍不注重通风换气系统的设计，如没有专门的通风系统，只是依靠门窗通风换气。冬季为保温舍内换气不足、空气污浊，或通风过度造成温度下降，或出现"贼风"，冷风直吹兔引起伤风感冒等；夏季通风不足，舍内气流速度低，兔热应激严重等。处理措施如下。

（1）科学设计通风换气系统　冬季由于内外温差大，可以利用自然通风换气系统。设计自然通风换气系统时需注意进风口设置在窗户上面，排气口设置的屋顶，这样冷空气进入舍内下沉温暖后再通过屋顶的排气口排出，可以保证换气充分，避免冷风直吹兔体。排风口面积要能够满足冬季通风量的需要。夏季由于内外温差小，完全依赖自然通风效果较差，最好设置湿帘——通风换气系统，安装湿帘和风机进行强制通风。

（2）加强通风换气系统的管理　保证换气系统正常运行，保证设备、设施清洁卫生。最好能够在进风口安装过滤清洁设备，以使进入舍内的空气更加洁净。安装风机时，每个风机上都要安装控制装置，根据不同的季节或不同的环境温度开启不同数量的风机。如夏季可以开启所有的风机，其他季节可以开启部分风机，温度适宜时可以不开风机（能够进行自然通风的兔舍）。负压通风要保证兔舍具有较好的密闭性。

6. 兔舍的防潮设计和管理，舍内湿度过高

湿度常与温度、气流等综合作用，对兔产生影响。低温高湿加剧

兔的冷应激，高温高湿加剧兔的热应激。生产中人们较多关注温度，而忽视舍内的湿度对兔的影响，不注重兔舍的防潮设计和防潮管理，舍内排水系统不畅通，特别是冬季兔舍封闭严密，导致舍内湿度过高，影响兔的健康和生长。

处理措施：一是提高认识，充分认识湿度，特别是高湿度对兔的影响；二是加强兔舍的防潮设计，如选择高燥的地方建设兔舍、设置防潮层以及进行其他部位的防潮处理等，保证舍内排水系统畅通等；三是加强防潮管理；四是保持适量通风等。

7. 兔舍内表面的处理，内表面粗糙不光滑

兔的饲养密度高，疫病容易发生，兔舍的卫生管理就显得尤为重要。兔的饲养中，要不断对兔舍进行清洁消毒，兔出售或转群后的间歇，更要对兔舍进行清扫、冲洗和消毒，所以，建设兔舍时，舍内表面结构要简单，平整光滑，具有一定的耐水性，这样容易冲洗和清洁消毒。生产中，有的兔场的兔舍，为了降低建设投入，不进行必要处理，如内墙面不抹面，裸露的砖墙粗糙、凸凹不平，屋顶内层使用苇笆或秸秆，地面不进行硬化等，一方面影响到舍内的清洁消毒，另一方面也影响到兔的防潮和保温隔热。处理措施如下。

（1）屋顶处理　根据屋顶形式和材料结构进行处理。如混凝土或砖结构的平顶、拱形屋顶，使用水泥沙浆将内表现抹光滑即可。如果屋顶是苇笆、秸秆、泡沫塑料等不耐水的材料，可以使用石膏板、彩条布等作为内衬，光滑平整，有利于冲洗和清洁消毒。

（2）墙体处理　墙体的内表面要用防水材料（如混凝土）抹面。

（3）地面处理　地面要硬化。

8. 为减少投入或增加兔的饲养数量，兔舍面积过小，饲养密度过高

兔舍建筑费用在兔场建设中占有很高的比例，由于资金受到限制而又想增加养殖数量，获得更多收入，建筑的兔舍面积过小，饲养的兔数量多，饲养密度高，采食空间严重不足，舍内环境质量差，兔生长发育不良，生产性能差。虽然养殖数量增加了，结果养殖效益降低了，适得其反。处理措施如下。

（1）科学计算兔舍面积　兔的日龄不同、饲养方式不同，饲养密

度不同，占用兔舍的面积也不同。养殖数量确定后，根据选定的饲养方式确定适宜的饲养密度（出栏时的密度要求），然后可以确定兔舍面积。如果兔舍面积是确定的，应根据不同饲养方式要求的饲养密度安排养殖数量。

（2）保持适宜的饲喂密度 不要随意扩大饲养数量和缩小兔舍面积，同时，要保证充足的采食和饮水位置，否则，饲养密度过大或采食、饮水位置不足，必然会影响兔的生长发育和群体均匀。

9. 笼具简陋不规范

兔笼是养兔的工具，而且种兔一旦饲养，终生在笼子里度过。所以，兔笼的质量对于养好家兔极其重要。但生产中存在不重视笼具质量的现象，结果造成兔满地乱跑、丢失、挂伤、掉毛、不易消毒和管理，发生传染病时也不利于控制。水槽、料槽不均造成采食和饮水不均。

笼具简陋不规范的表现：一是尺寸大小不合理（有的过大，有的过小，有的过宽，有的过窄，有的过高，有的过低等）；二是笼网设计不合理（比如，底网过密，粪便不能漏下，造成卫生不良，消化道疾病和寄生虫病发病率增高；底网间隙过大，经常将兔腿卡住，造成骨折，丧失种用价值；底网和侧网底部的间隙过大，仔兔容易掉出，造成成活率下降，无谓伤亡增多）；三是笼具用材不合格，特别是底网（种兔的脚部经常与底部接触和摩擦，如果底网质地坚硬，很容易将脚磨破，造成脚皮炎而降低了种用价值，甚至失去种用价值）；四是笼具的制作粗糙（钉头、毛刺多，底板与笼体不配套等）；五是配套笼具不合格（如饮水器滴水造成笼内潮湿，饮水器不容易清洗，杂菌滋生，容易诱发疾病；饲料槽不合格，不仅浪费饲料，还容易造成饲料的污染；产箱不合格是造成仔兔成活率低的主要原因之一）。

处理措施：要选择优质的、设计合理的笼具。笼要严实，笼底和笼壁要求平滑，哺乳母兔可采用母兔笼定期进行哺乳，能有效地提高仔兔成活率，而且有利于母兔休息。水槽、料槽应科学设计，既要防止兔往料槽中大小便，又要便于采食。

10. 废弃物随处堆放和不进行无害化处理

兔场的废弃物主要有粪便和死兔。废弃物内含有大量的病原微生物，是最大的污染源，但生产中许多养殖场不重视废弃物的储放和处理。如没有合理地规划和设置粪污存放区和处理区，随便堆放，也不进行无害化处理，结果使场区空气质量差，有害气体含量高，尘埃飞扬，污水横流，蛆爬蝇叮，臭不可闻，土壤、水源严重污染，细菌、病毒、寄生虫卵和媒介虫类大量滋生传播，兔场和周边相互污染；如病死兔随处乱扔，有的在兔舍内，有的在兔舍外，有的在道路旁，没有集中的堆放区。病死兔不进行无害化处理，有的卖给收购贩子，有的甚至兔场人员自己食用等，导致病死兔的病原到处散播。

处理措施：一是树立正确的观念，高度重视废弃物的处理（有的人认为废弃物处理需要投入，是增加自己的负担，病死兔直接出售还有部分收入等，这是极其错误的。粪便和病死兔是最大的污染源，处理不善不仅会严重污染周边环境和危害公共安全，更关系到自己兔场的兴衰，同时病死畜不进行无害化处理而出售也是违法的）；二是科学规划废弃物存放和处理区；三是设置处理设施并进行处理。

11. 污水不处理，随处排放

有的兔场认为污水不处理无关紧要或污水处理投入大，建场时，不考虑污水的处理问题；有的场只是随便在排水沟的下游挖个大坑，谈不上几级过滤沉淀，有时遇到连续雨天，沟满坑溢，污水四处流淌，或直接排放到兔场周围的小渠、河流或湖泊内，严重污染水源和场区及周边环境，也影响到本场兔的健康。

处理措施：一是兔场要建立各自独立的雨水和污水排水系统，雨水可以直接排放，污水要进入污水处理系统；二是采用干清粪工艺，干清粪工艺可以减少污水的排放量；三是加强污水的处理，要建立污水处理系统，污水处理设施要远离兔场的水源，进入污水池中的污水经处理达标后才能排放，如按污水收集沉淀池→多级化粪池或沼气→处理后的污水或沼液→外排或排入鱼塘的途径设计，以达到既利用变废为宝的资源——沼气、沼液（渣），又能实现立体养殖增效的目的。

12. 隔离卫生设计建设不善

许多养兔场（户）片面地认为养的兔多才能多赚钱，注重养殖数量而忽视养殖质量，在引种、饲料、免疫接种以及用药方面等舍得投入，不舍得在兔舍、隔离卫生设施以及卫生管理等方面投入，结果隔离卫生条件差，饲养环境差，导致疫病的不断发生。

处理措施：一是合理设置防疫墙、消毒室、消毒池等隔离消毒设施；二是制定隔离卫生制度；三是加强卫生消毒管理，将病原拒于兔场之外，可以减少疫病发生。

二、品种选择和引进中的问题处理

1. 对品种的概念不清楚

獭兔也叫力克斯兔，是一种皮用兔品种，目前市场饲养量较大。一些獭兔养殖户认为，獭兔是一种优良的皮用品种，只要是獭兔就一定是优良品种。不管是杂交后代还是纯繁个体，有没有血统档案，也不管是否经过选育，或发育情况好坏，都是獭兔品种。

处理措施：獭兔品种是经过人工选择的产物，只有优良的品种，才能有更高的生产性能，更高的产品质量，才能获得更高的效益。品种的好坏是相对的，一般来说，只有适应性强、生产性能好、遗传性能稳定、种用价值高的品种，才算是好品种。也就是说，不经过选择，不符合品种条件的兔子，尽管它是獭兔配的、獭兔生的，也不能作为种用。

2. 购买体重小或质量劣的种兔

种兔的销售一般以体重为计价标准。也就是说，体重越大越贵。有的人买种为了少花钱，特意选购体重小的种兔。市场上獭兔的质量差异很大，因而，售价高低相差悬殊。优质獭兔价格可能很高，而质量一般的兔子的价格可能较低。有的人为了省钱，哪儿的种兔便宜就从哪儿买，甚至到集市上购买没有任何谱系记录的商品兔作种。处理措施如下。

（1）选择体重大的獭兔　体重小的会影响抗病力和生产性能。体重越小，对环境的适应性越差，购买后容易发生疾病，或由于不能很好地生长发育影响终身的生产性能。在同龄的兔子中，体重越大，发育得越好，将来生产性能越高。体重越小，发育越慢，将来生产性能很难有高的表现。表型＝基因型＋环境。在同样的环境下饲养的兔子，表型的差距主要由基因决定。如果种兔体重小，其后代难有高的性能。獭兔早期的生长速度与被毛毛囊的分化是同步的，即生长速度快的兔子，被毛密度大。被毛密度是衡量一只獭兔质量高低的主要标准。如果一种獭兔被毛密度很低，那它就失去了作为毛皮动物的最起码的特征。它不仅不合格，它的后代也很难有高的被毛密度。体重小，被毛密度低，这样的獭兔价值就低。

（2）选择优质种兔　没有优质的种兔，哪有优质的商品兔；没有优质的商品兔，怎能获得优质的獭兔皮；没有好皮，怎能获得高的价格，怎能获得高的效益呢？一只优质的种兔，不仅自身优良，更重要的是将自身的优良性状遗传给后代，将个体的优良性状变成群体的优良性状，使整个兔群的生产性能和产品品质得到较大幅度的提高，尤其是种公兔，其意义和重要性更大。

3. 购买的公兔数量严重不足

生产中，有的兔场（户）认为仔兔是母兔生的，只有多养母兔才能获得更多的后代，母兔是生产者，公兔仅仅配种而已，饲养多了吃料多，是耗费者。因此，在购买种兔的时候，多买母兔，少买公兔。这样，规模较小的兔场，只有 3～5 只公兔，就容易发生近亲交配现象，导致后代如生长速度慢、被毛高低不平、产死胎和畸形胎儿、生长兔出现八字腿、牙齿错位、单睾或隐睾等。

处理措施：要保证充足的公兔数量，或定期更新种兔，避免出现近亲交配现象；公母比例应为 1：2 或 2：3，最多为 1：4。所以引种时可向对方提出要求，公母配比一定要合理，否则易造成浪费。

4. 引种方面的"崇洋媚外"或"喜新厌旧"

有些兔场（户）在引种方面存在"崇洋媚外"或"喜新厌旧"现象，认为凡是国外引进的都比国内的好，凡是新引进的都比以前引进的好。这样，盲目选择国外品种或新品种，结果有时表现并不尽如人意。

处理措施：选择獭兔品种要了解其实际表现。獭兔最先由法国培养，最后被世界很多国家引进和饲养，并在不同国家的特定条件下培育成各具特色的种群或品系。我国目前饲养的獭兔，最初都是从不同的国家引进的，有美国的，有德国的，也有法国的。但是，这些种兔被引进之后，在我国不同的兔场经过多年的培育，尤其是通过不同品系之间的杂交，形成了很多优良种群。有的种群不仅质量高，而且经过多年的风土驯化，其适应性和抗病力有了较大幅度的提高。因此，国内的种兔有些是很好的。

5. 不了解种兔场獭兔的质量盲目引种

有人购买种兔不了解种兔场的性质、规模和管理情况而盲目引种，如兔场选育措施不得力，种兔退化严重；不注重选配管理和兔场净化，使种兔质量下降；种兔场规模过小，近亲繁殖严重等。

处理措施：到具有一定规模、饲养管理良好（注重选种选配，饲养管理精心）、种兔质量好、信誉度高（别的兔场已在这里引过种而且表现不错）的种兔场引种。为保证引进种兔的质量，引种前应首先对种兔的品种纯度、来源、生产性能、疫情及价格等情况了解清楚。多考察几个供种单位，以便进行鉴别比较，然后确定引种地区或引种场。要从没发生过传染病的兔场（户）内引种。若遇传染病流行，应暂缓引种。自己不懂的要请内行帮助，深入到种兔场了解种兔的品系特征是否明显，系谱是否明确，是否按免疫程序接种疫苗等。

6. 购买种兔时不签订合同或不注意保存合同和发票

现在是市场经济，种兔也是商品，在订购种兔时必须要签订订购合同，以规定交易双方的责任和权力。但生产中，有的养殖户在购买种兔时不注意签订合同，或虽然签订有合同，但种兔购回后不注意保存而遗失，购买种兔的交款发票也不注意索要和保存，结果等到有问题或争议时没有证据，不利于问题的解决和处理，给自己造成一定的损失。

处理措施如下。订购种兔时，必须注意：一是提前订购种兔（据自己兔场生产计划安排，选择管理严格、信誉高、有种畜生产经营许可证和种兔质量好的厂家定购）；二是签订订购合同（合同内容应包括种兔的品种、数量、日龄、供货时间、价格、付款和供货方式、种兔的质量要求、违约赔付等内容，这样可保证养殖户按时、按量、按质地获得种兔。无论购销双方是初次交易，还是多次配合默契的交易，每次交易都要签订合同，这样可避免出现问题时责任不明）；三是交纳货款时应索要发票，既可以减少国家税款流失，又有利于保护自己的权益，并注意保存合同和发票；四是饲养过程中出现问题，要及早诊断（如果是自己的饲养管理问题，应尽快采取措施纠正解决，减少损失；如找不到原因或怀疑是种兔本身的问题，可到一些权威机构进行必要的实验室诊断、化验，确诊问题症结所在；如是种兔问题，可以通过协商或起诉方式进行必要索赔，降低损失程度）。

7. 忽视引种季节

有的兔场忽视引种季节，炎热夏季引种，热应激严重，造成较大损失。

处理措施：一般引种以春、秋为宜，冬季也可，但要避开酷暑炎热的夏季。

8. 种兔的后代留作种兔

有的养兔者认为优秀种兔的后代都可以作为种兔来饲养，结果导致后代生产性能差。

处理措施如下。种兔的后代不一定就都能留作种兔，只有那些继承和发扬了种兔优良特性的后代，才可以留作种用；反之，种兔的后代生产性能不如种兔时，就不适宜留作种用。一般情况下，是在种兔的后代中，选择后代总数的30%左右留作种用，其余作为商品兔比较适合，如果能坚持下去，再定期进行血缘更新即定期引进优良种公兔，那么，整个兔群的质量就会不断得到提高，至少不至于下降。如果养兔场（户）引进的是配套系中的父母代种兔，其本身就是杂交后代，父母代种兔繁殖的下一代绝不能留种，只能进行商品生产。虽然商品代也具有繁殖功能，但由于其后代会出现分离现象，导致后代品质下降。

三、种兔配种存在的问题处理

1. 不注重种兔的营养、光照、淘汰以及配种人员培训、配种记录等

许多养兔者都很重视公兔的选择和良好的饲养管理以及授精过程

各环节的严格消毒，但忽视种兔的营养、光照、淘汰、配种人员培训以及配种记录等，影响到人工授精的效果和种兔的繁殖性能。处理措施如下。

（1）合理营养　在实际生产中，有的养兔者误认为合理营养就是让兔子吃饱。正确的理解应该是将能量、蛋白质、矿物质、维生素等营养物质根据兔的生理需要合理搭配。对种公兔的饲养，从小到老都要注意饲料品质，不宜给体积过大或水分过多的饲料，特别是幼年时期的兔，否则导致增重慢，成年兔体重小，种用性能差。一般以麦麸、玉米、大麦等饲料为主，搭配适量青料，成年种公兔每天喂精料100～120克，青料500克左右，适当补充豆饼与动物性食料以及维生素、矿物质。集中配种期每天每只兔可添喂煮熟的黄豆6～8粒或1/3只的鸡蛋。饲料中要补充复合维生素，特别是维生素A和维生素E，并保证Zn、Mn、Fe、Cu、Se的适当补给。值得一提的是除注重营养的全面性外，同时应注意营养的长期性。对一个时期集中使用的种兔，应采用"短期优饲法"，在配种前15～20天调整日粮，达到营养全面、适口性好的要求。

（2）合理的光照　种兔必须要有适宜的光照，冬季、早春和晚秋光照时间短，光照时间达不到种兔要求，这就要补充人工光照，保证光照时间。一般母兔每天光照时间14～16小时，光照强度为3～4瓦/平方米；公兔每天光照时间12～16小时，光照强度为2～3瓦/平方米。补充光照，要有规律性，不能时停时补，否则会导致公兔性欲和母兔受孕率降低。

（3）注意淘汰　提高适龄母兔比例，淘汰不孕母兔，让适龄母兔在兔群中占绝对优势是提高兔群受精率的重要途径之一。有些养兔户，兔子超过3年也不淘汰，结果母兔受精率低、产仔率低、仔兔成活率低。所以，每年应进行1次整群，适时淘汰老年兔，每年淘汰1/3，做到3年一轮换，这样，使繁殖母兔占绝对优势，有利于提高母兔受精率，对那些长期不孕的母兔要坚决淘汰。

（4）提高配种人员的技术水平　加强配种人员培训，提高技术水平。

（5）做好配种记录　应记录好与配的公母兔号、品种、年龄、配种日期等。

2. 频密繁殖不当

家兔具有产后发情的特点，因此，根据这一生物学特性，生产中有"配热窝"或频密繁殖的做法，以提高繁殖率。频密繁殖，一般是在产后当日或次日配种。如果母兔膘情较好，受胎率还是较高的。但是，产后配种使母兔泌乳和妊娠同时进行，营养消耗非常大。如果连续血配，使母兔经常处于营养负平衡状态，将产生严重后果。生产中一些兔场连续不合理的频密繁殖，导致母兔泌乳量降低（仔兔得不到足够的乳汁，发育不良，断乳体重小，断乳成活率低，育成率低，生长速度慢，不能进行快速育肥，因而经济效益低下）、妊娠质量差（母兔营养处于负平衡，使怀孕不能正常进行，出现死胎、弱胎，甚至流产）、屡配不孕（尽管产后多次配种，受胎率总是很低）、母兔寿命降低（由于母兔体况得不到恢复，影响母兔遗传潜力的发挥，出现早衰）以及母兔发病死亡（当母兔出现严重的营养负平衡之后，在妊娠后期容易发生妊娠毒血症、产前或产后瘫痪，甚至造成死亡）等不良后果。

处理措施：科学利用频密繁殖技术。一般是在春季繁殖的黄金季节，对于膘情好的壮年母兔采用一次。对于产仔数少、营养好的母兔，也可采用频密繁殖。但是，尽量不连续血配，与半频密繁殖（产后10～12天配种最好）和延期繁殖（仔兔断乳后配种）结合进行。在实行血配之后，要加强母兔的营养供应，保证自由采食和自由饮水。同时，加强仔兔的早期补料和早期断奶。

3. 早配早产

有的养兔者为了早日见到效益，只要母兔发情了，公兔能配种了，就开始利用。这实际是一个误区。这是因为仔兔生长发育到一定年龄，在公兔睾丸和母兔卵巢中能分别产出有生殖能力的精子和卵子时，即称性成熟。家兔达到了性成熟期，尽管具备了繁殖后代的功能，但不是最佳的繁殖后代的时机。此时，各器官仍处在发育阶段，身体并未完全成熟，尚不宜交配繁殖。过早配种不仅会影响本身的生长发育，而且还影响到母兔的繁殖性能，如导致母兔受胎率低、产仔数少、仔兔初生重小、母兔乳汁少、仔兔成活率低等结果。同时过早利用种兔繁殖，还会缩短种兔利用的时间。

处理措施：不到适配月龄不配种，并开展有计划的繁殖。通常家兔的性成熟期，母兔 3～4 月龄，但家兔的初配月龄：小型品种 4～5 月龄，体重 2.5～3 千克；中型品种 6～7 月龄；大型品种 7～8 月龄。

4. 体型（体重）越大开始配种就越好

家兔体型的大小是由遗传因素决定的，也就是说不同品种成年时的体型大小是不同的，体型的大小与体重的大小呈正相关，所以，生产上一般通过量化的体重大小来衡量体型的大小。但生产中，有的养兔者往往会出现另一个极端，那就是体型越大（即达到体成熟以后）开始初次配种就越好，其实这种做法是不合适和不经济的，如果达到体成熟后，仍不让其参加配种，种兔体重就会不断增加，造成体况过肥，进一步影响繁殖能力。

处理措施：根据饲养品种的最佳的繁殖体重或品种指导手册上的配种体重要求确定配种时间。一般当家兔的体重达到成年体重的 80% 以上时就可以参加初次配种，此时配种既科学，又经济。

5. 引进的优质种兔能够连续利用

有的养兔者认为到规范的种兔场引进的纯种种兔，生产性能好，并且能持续用上 2～3 年，这实际上是不对的。即使在规范的种兔场引进的纯种种兔，引进的一般是后备种兔或成年种兔，往往都只是通过系谱鉴定选出来的，这些种兔本身没有繁殖性能记录，更没有后代的生产性能记录，不能确定其繁殖性能和后代生产性能，所以不一定能够连续使用。

处理措施如下。作为一个优秀的种兔，不仅本身的生产性能要好，更关键的是能够把优良的生产性能遗传给后代，后代的生产性能也好。在生产实际中，只有发现种兔繁殖性能好，后代的生产性能也好，这样的种兔才能继续留作种用。反之，就不能继续留作种用，经过短期育肥后作为商品兔出售。

6. 母兔白天配种

一般做法是进入发情期的母兔放对交配的时间，因季节的不同而采用不同的时间。在春秋两季，采用上下午放对配种。夏天气温高，一般安排在清早或傍晚进行。冬季舍内温度相对较低时，一般安排在中午配种。但实际这样安排时间不能保证最好的繁殖效果。

处理措施：无论是什么季节，家兔晚上配种，特别是在 22 ： 00 时以后放对配种，繁殖效果要好于白天，如果将白天发情的母兔，22 ： 00 时前后放入种公兔的笼内，让其同居一夜，即所谓的 "夜配延时" 配种技术，一夜交配次数一般在 3 次以上，就会取得很好的繁殖效果，与普通的白天放对配种技术相比较，可提高受胎率 10%，产仔数增加 1 ～ 5 只。但至少有两点是符合家兔生物学特性的，即昼伏夜出和刺激性排卵的特性。由此可见，家兔白天放对配种与夜间放对配种效果是有很大差异的。只是由于夜间放对配种占用了饲养人员的休息时间，无疑是延长了饲养人员的工作时间，这也是 "夜配延时" 配种技术难以推广的一个重要原因。

四、饲养存在的问题处理

1. 自由采食一定比限制采食好

自由采食和限制采食是两种饲养方法，二者各有优缺点，哪一种好没有定论。但生产中有的养兔者认为自由采食好，可以保证充足营养，不管饲养对象，特别是种兔，采用自由采食，结果导致种兔过胖或过肥，过肥的体况，严重影响种兔的繁殖性能。

处理措施：要因兔所处的不同生理时期而采用不同的方法。例如，对于生长兔、妊娠后期的母兔，特别是泌乳期的母兔，因其营养需要量大，供料不足，就会影响生产性能，因此，最好采取自由采食的方法。但对于后备种兔、空怀母兔、种公兔非配种期、母兔的妊娠前期，特别是膘情较好的母兔等，营养的供应量应适当控制，最好采取定时定量的饲喂方式，以便长期保持均衡的饲养水平。

2. 早期断奶管理不善

一些兔场为了缩短母兔繁殖周期、提高繁殖率，推行早期断奶技术，即由传统的 35 天缩短到 28 ～ 30 天，这样可大大地提高经济效益。但应用不当，技术措施不衔接或不配套，就会出现很多问题，如腹泻就是常见的一个问题，并且死亡率很高，给养兔场造成很大的经济损失。

由于仔兔的消化、免疫和体温调节等生理功能未完善，断奶给仔兔造成营养和环境等应激，其中营养应激反应最大。仔兔的消化机能和酶系统本来就未发育完善，突然断奶转为饲草饲料，由于胃肠功能弱而消化不好，造成肠的吸收减少，分泌功能增加，使肠道内容物增加。不仅为病原微生物提供了营养场所，而且使肠内渗透压升高，导致渗透性腹泻。

仔兔断奶后贪食，很容易造成过度采食和过量饮水，从而造成消化不良，引起腹泻。或由于隔离卫生防疫措施不力，早期断奶仔兔免疫力低下，极易发生传染性肠炎、腹泻。如感染胃肠炎病毒、细菌（大肠杆菌、沙门氏菌、魏氏梭菌等）、寄生虫病如球虫等，均可导致腹泻。

表现都是在胃肠卡他或胃肠炎的基础上发展起来的，病兔精神不振，常蹲于一隅，不愿采食，甚至食欲废绝，粪便变软、稀薄，以至成稀糊状或水样，有臭味，可能混入未消化食物的碎块、气泡和浓稠的黏液。有时腹围增大，随着炎症加剧，体温升高，消瘦，被毛粗乱、无光泽，黏膜发绀或黄染，全身恶化。

处理措施如下。一是减少早期断奶的应激。可采取分期分批逐渐断奶法。即将体质强壮的仔兔先断奶，不要突然 1 次断奶，应在断奶前 5 天逐渐减少哺乳次数，然后再进行断奶。如果实行早期断奶，应将仔兔 28 天断乳体重调整到 500 克，但必须采取早期补料的措施。二是对早期断奶的仔兔，要定期在饮水中加入肠道消炎药，如氟哌酸、庆大霉素等。饲料中也应加入抗球虫药物和肠道消炎药。近年来生产中发现，以微生态制剂在断乳仔兔的饮水或饲料中添加，可有效地预防各种类型的腹泻。三是在仔兔断奶后饲喂营养丰富的全价饲料，并保持断乳后与断奶前饲料的一致性。

3. 维生素 A 补充不足

维生素 A 是家兔营养需要的主要脂溶性维生素，对于促进生长、提高繁殖性能和增强抗病能力等起到至关重要的作用。当饲料中没有添加维生素 A 或添加不足，或青绿饲料缺乏维生素 A，或维生素 A 源不足，或提供总量不足、需要量大的时候，就会发生维生素 A 缺乏症，给生产造成损失。如辉县市某兔场春季出现了母兔受胎率低、产仔数少、流产率高和仔兔不开眼、眼球萎缩的怪现象。连续2个多月，30％左右的仔兔12天不开眼，1个月仍然没有开眼的迹象。掰开眼皮之后，发现内为空洞，眼球没有发育。其饲料配方至入冬以来没有变化，也没有发现异常现象。3月份产仔以后，陆续出现问题。经调查发现，近半年来，饲料中没有添加任何维生素，也没有补充任何青绿多汁饲料。当家兔进入繁殖季节后，维生素的需要量大大增加。胎儿发育、精子形成、神经系统和眼球的发育对于维生素A最为敏感，因而出现以上的系列症状。

处理措施如下。饲喂优质牧草，注意饲料中补充维生素添加剂，保持饲料新鲜。繁殖母兔要增加维生素的添加量。病兔内服鱼肝油，每次内服3～5毫升，每天2～3次，连用10～15天。

4. 粗饲料含量过低

有的养殖者为追求兔的生长速度不根据其生理需求，大量饲喂精饲料，不加粗饲料，时间一长必然导致兔消化机能紊乱，以致肠炎的发生。

处理措施：由于兔特殊的生理特点，兔饲料中粗饲料的含量必须达到30%以上，才能保证胃肠的正常机能。

5. 整粒谷物代替颗粒饲料

有的养兔者认为许多兔场使用颗粒饲料喂兔效果良好，就使用谷物整粒饲喂兔，结果导致腹泻或肠炎的发生。因为有相当一部分没有得到兔的充分咀嚼就进入肠胃，使之不能完全消化吸收就进入盲肠，并在兔的盲肠内发酵，使有害细菌产生肠毒素。

处理措施如下。颗粒饲料是经过粉碎制粒后的饲料，与整粒谷物或籽实有本质区别，其营养全面，易于消化，所以饲喂兔效果好。利用谷物和籽实时一定要粉碎加工，使其可以充分地接触消化液，提高消化利用率。

6. 不注意青绿饲料选择引起中毒

青绿饲料对兔来说是较好的饲料，但有的养兔者不注意青绿饲料选择引起兔的中毒。

处理措施：注意青绿饲料选择，如在任何情况下都不能饲喂兔有毒青草和野菜，如土豆秧、番茄秧、落叶松、金莲花、白头翁、落叶杜鹃、野姜、飞燕草、蓖麻、白天仙子、水芋、野葡萄秧、玉米苗、高粱苗以及秋后再生的二茬高粱苗等；黄白花草木犀不可喂兔，荞麦、油菜花在开花时有毒不可喂兔，土豆芽也易中毒；哺乳母兔食秋水仙、药用牛舌草、野葱、臭甘菊、毒芹等，兔奶中会带有难闻的气味，仔兔食后易引起中毒。

7. 忽视青饲料的搭配和科学饲喂

　　青饲料喂兔的好处多。平时在青饲料中经常搭配一些大蒜、野葱、大青叶等，能有效地预防和治疗感冒、腹泻、口腔炎等兔的常见病；母兔过肥容易造成不孕，如果控制在七八成膘，对发情十分有利，对那些过肥的母兔，只要在喂料时适当减少精料，多喂些青料，不用多久就能控制到合适的膘情；在炎热的夏、秋季，兔生长发育往往受到影响，轻则减食落膘，重则中暑死亡，如果在饲料中适当加入一些西瓜皮、黄瓜皮、夏枯草等青料，可增强机体抗热能力。但生产中，有的饲养者不注意青饲料的搭配和科学饲喂，反而影响到饲养效果。

　　处理措施如下。一是多种青饲料搭配。如白萝卜叶中叶绿素含量高、水分多，家兔过多采食后容易发生胀气、腹泻。用白萝卜叶喂兔，应与其他牧草、菜叶等搭配在一起混合饲喂。花生藤营养丰富，家兔很爱吃，但由于其含粗纤维多、水分多，兔过量采食容易发生大肚病、拉稀等。用花生藤喂兔时，应与其他青饲料搭配，同时喂给一些洋葱、大蒜头等，可以有效地防治兔病的发生。甘薯藤中缺少维生素E，如果长期单独喂种兔，可使公兔精子的形成发育减慢，导致母兔受胎率降低。用甘薯藤喂兔的时候，应和其他牧草搭配饲喂。菠菜中含有较多的草酸，草酸能与动物体内的钙质结合生成草酸钙沉淀，影响兔对钙质的吸收，故不宜单独给幼兔饲喂。幼兔采食菠菜容易得佝偻病、软骨症。多雨季节，家兔最容易得病，常造成大批死亡，在喂给含水量多的青绿饲料时，喂给一半左右含水量较少的晒干青料，做到鲜干混喂，则可以有效地克服气候潮湿给家兔带来的危害。二是科学使用。一要勤添少给。青饲料水分含量高，柔嫩多汁，兔喜欢采食，如果采食过量，会引起兔拉稀。另外，如果一次添加过多，兔吃不完会将饲料拉入笼内而造成污染，易诱发家兔消化道疾病。二要注意同精饲料或颗粒料搭配使用。由于新鲜的青绿饲料水分含量太高，如果单纯作为日粮，则不能满足其他能量需要，所以在饲喂时要和能量、蛋白质含量较高的饲料搭配使用。配合饲料搭配适量青（粗）饲料的日粮结构喂兔，经济效益最好。三是鲜喂。除少数含有毒素的青饲料外，绝大部分青饲料均要鲜喂，不要煮熟喂。鲜饲可避免维生素遭破坏，同时可避免因调制不当而造成的亚硝酸盐中毒现象。

8. 忽视饲料霉变的危害

饲料霉变可引起不同阶段兔出现腹泻型、便秘腹胀型、口炎流涎型、瘫软型和流产死胎型等病症。霉变的饲草、饲料中含有大量霉菌素，易引起家兔中毒，甚至死亡。霉菌毒素对种兔造成的危害远远高于幼兔和成年兔，常造成繁殖障碍，引起妊娠母兔死胎。生产中，人们容易不注意饲料霉变，甚至有的明知霉变，还要使用。特别是种兔，食入霉变饲料后，外观虽不表现中毒症状，但可引起妊娠母兔死胎，其危害更加严重。

处理措施如下。一是种兔场和养兔户在饲喂家兔时，应严把饲料质量关，杜绝饲喂发霉变质的饲料。二是加强饲料保存管理。一般要求饲料原料的含水不应超过 13%，对含水量超标的饲料原料应及时晒干。储存饲料的仓库要干燥，储藏时下面要垫底，上方周围要留空隙，使空气流通。对储存较久者要定期进行水分监测，含水量超标应及时采取措施。三是对轻微发霉的玉米，用 1.5% 的氢氧化钠和草木灰水浸泡处理，再用清水清洗多次，直至泡洗液澄清为止。但处理后仍含有一定毒性物质，须限量饲喂；辐射、暴晒能摧毁 50%～90% 的黄曲霉毒素；每吨饲料添加 200～250 克大蒜素，可减轻霉菌毒素的毒害。四是选择有效的防霉剂及毒素吸附剂。目前市场上的毒素吸附剂效果比较好的有百安明、霉可脱、脱霉素、霉可吸等，添加量视饲料霉变情况添加 0.05%～0.2%。

9. 饲料更换不当

保持饲料的相对稳定是饲养管理的基本原则之一。由于家兔盲肠内存在大量的微生物，其菌群的稳定是保证家兔消化道功能正常的关键。一种饲料饲喂家兔，会在盲肠中产生相对适应的微生物菌群。当饲料突然改变之后，会造成消化道内环境的变化，肠道菌群生存条件改变，导致菌群失调和消化机能紊乱，轻则引起短时的食欲不振、消化不良、粪便失常，严重者造成腹泻或肠炎，甚至造成死亡。但饲料更换是生产中不可避免的事情，处理不当造成生产的损失也是屡见不鲜的。

处理措施：为了避免由改变饲料造成的菌群失调，应采取逐渐过渡的办法，即利用 7～10 天的时间将饲料改变过来，以使胃肠和微生物逐渐适应改变的饲料。

如果出现因饲料更换突然而使消化机能紊乱的现象，应采取如下紧急措施。一是控制喂量。饲喂量减少 1/3～1/2。以后采取逐渐过渡的方法，喂料量增加到正常喂量。二是增加粗饲料。在草架上添加优质青干草，任其自由采食。三是饮用微生态制剂。高浓度饮用微生态制剂 (0.5%～1%)，连用 3～5 天，以控制胃肠道内的菌群，使有益菌群占据优势地位。

如果出现粪便异常，应口服微生态制剂，成年家兔 5 毫升 / 次，青年兔 3 毫升 / 次，幼兔 1～2 毫升 / 次，每天 2 次，连用 2～3 天。

10. 大量使用酒糟

酒糟中含有蛋白质、脂肪等营养物质，少量饲喂可以促进食欲和帮助消化，冬春喂兔还可暖胃、御寒和提高抗病力。有的兔场为降低饲料成本，给兔投喂大量鲜酒糟，结果引起中毒（酒糟中还含有未挥发的乙醇，尤以鲜酒糟为甚，超量使用可致中毒）。

处理措施如下。酒糟喂兔应适量，并搭配其他饲料，禁止单独喂，以占日粮的 15% 为宜。此外，酒糟易发热变质，且不易储存 (特别是夏、秋季节应禁喂)，应将酒糟装入缸内压实与外界空气隔绝储存，防止发酵酸败。

如果出现中毒，立即停喂酒糟，同时进行抢救治疗，严重患兔静脉或腹腔注射生理盐水、复方氯化钠、5% 葡萄糖，每兔 5～10 毫升，并视病情肌内注射 20% 安钠咖 2～4 毫升；中毒轻的灌服 1% 碳酸氢钠 2～4 毫升，或缓泻剂硫酸钠 2～4 克，或食用油 5～10 毫升。

五、管理存在的问题处理

1. 低温环境造成新生仔兔猝死

初生仔兔体温调节机能不健全，需要的适宜温度在33℃左右。但生产中，有的兔场不注意保温（尤其是产仔箱保温效果不良），发生低温而导致猝死。如南乐县某兔场进行冬繁过程中，技术人员在检查时发现，3～4日龄的初生仔兔中接连出现不明原因的整窝死亡现象。冬繁的136窝仔兔中，已有46窝共167只仔兔均在产后1～6天内死亡，死亡窝数大约占34％。而哺乳母兔和同场的其他各年龄段家兔未有任何临床症状表现。此时正值冬季，夜间外界气温最低达-12℃以下，而兔舍内温度仅达到8～15℃。死亡仔兔均在6日龄以内，以3～4日龄为多，全身皆未长毛。在刚刚死亡的3窝仔兔中取9只进行剖检，观察到的比较一致的变化有：肝脏小而硬，胃肠内无乳凝块，肾盂内有白色沉淀物，而其他脏器未见明显异常变化。死亡原因是低温引起的仔兔低血糖症。

处理措施：增加取暖设施，使舍内温度提高到20℃以上，通过加放棉花等方法提高窝内温度；给全场繁殖母兔饮用温热的5%葡萄糖液；给新生仔兔灌服温热的25%葡萄糖溶液2毫升，隔4小时再重复一次。

2. 运输管理引起大批死亡

运输家兔是一项技术性较强的工作，生产中存在忽视运输管理，麻痹大意导致大批死亡的现象。如一兔场，由于运输的兔龄过小（抵抗力低和抵抗力急剧下降是造成幼兔死亡的内因。运输刚断乳和断乳不久的幼兔971只，整个群体本身的抵抗力就低，加之长途颠簸，机体过度疲劳和迅速消耗，使抵抗力急剧下降；个个皮包骨，卸车时最小的才0.35千克，有的呈瘫软衰竭状态）、装载密度大（用一台农用汽车装兔，笼子分5层，装载密度为22.9只/平方米。超出运输装载密度标准要求8～12只/平方米的1.29倍）、笼子分格少（每层仅分2个大格，长途行车、急刹车、上下坡、急转弯等造成堆积性挤压、惊吓和压死）、饮食供应跟不上（每格仅放一个食槽和一个水槽，饮食设备不足，有时还只顾行车赶路）、运输温度不适宜（运输时正遇炎热天气）以及到场卸车后，未经休息，马上供水供食，兔暴饮暴食，造成积食性胃扩张，导致心衰，出现死亡高峰。

处理措施如下。一是在没有饲养管理经验的情况下，不要一次大量购买。可先少量饲养，取得经验后，再逐步增加饲养量。二是长途大批运兔时，装载密度不要过大，一般应按兔龄的大小，以 6 ～ 12 只 / 平方米为适宜。同时，要增加兔笼的格数，注意行车、急刹车、转弯时的车速，避免造成堆积性挤压。三是设置足够的食、水槽，定时喂饮。喂饮前要适当休息，供水要充足。食物投放量以每次吃到五六成饱为宜。四是遇有炎热天气时，要避开炎热时间，必要时可采取昼停夜行的方式运输。五是卸车后要让兔休息 1 ～ 1.5 小时，再少量供水供食，逐渐增加至正常量，切忌暴饮暴食。六是选购时，要选购抵抗力强的健康兔，最好从条件好的兔场购买。

3. 兔场的应激因素影响生产

家兔胆小怕惊，是由其生物学特性决定的。任何年龄的家兔都容易受到外界应激因素的影响而受到惊吓，尤其是噪声、强光和动物的闯入。怀孕母兔受到惊吓，往往发生流产；泌乳母兔拒绝哺乳；仔兔和幼兔精神系统发育不健全。受到惊吓之后，轻者影响采食和生长，有"一次惊场，两天白养"之说，严重者容易继发其他疾病。但有的养兔者忽视兔场的应激因素对兔的影响，不注意预防应激管理，导致家兔受到惊吓而影响生产效益。

处理措施：选择安静的场地建设兔场，选择安装噪声小的设备；兔舍的窗户安装窗帘遮光；禁止非饲养员进入兔舍，在饲喂之前，最好播放轻音乐，声音小而轻柔，以缓解紧张状态；遇到应激因素时或定期在饮水中添加适量的电解多维，并添加适量的维生素 C 预防或缓解应激；对于有流产征兆的怀孕母兔，可注射黄体酮 1 毫升，复合维生素 0.5 毫升，如出现出血症状，加注仙鹤草及维生素 K 各 1 毫升；对于泌乳母兔，可实行母仔分养，人工看护哺乳，连续 3 天，如果没有发生食仔现象，可恢复正常；对于大群，尤其是断乳后的幼兔，饮水中加入 0.2% 的微生态制剂，预防因应激造成的肠道菌群失调。

4. 重视温度而忽视湿度

温度对兔非常重要，但湿度不适宜，特别是高湿也会严重影响兔的生产和健康。家兔具有喜干燥怕潮湿、喜干净怕污浊的习性。短时高湿对家兔影响不明显，但如果长时间高湿，不仅影响家兔的生产性能，而且容易诱发其他疾病，对兔群健康形成威胁。有些养兔者忽视湿度管理，使舍内湿度过高。

处理措施：通过加强通风、保持舍内清洁、减少不必要舍内用水、更换垫草等措施保持舍内干燥。具体措施见第四招湿度控制部分内容。

5. 光照管理不善

有的养殖户存在着兔只对光照要求不高的认识，不注意光照管理，虽然给以适宜温度、全价饲料，兔群也健康，但母兔怀孕率特别低。如许多地区养兔场修建的兔舍大多是半封闭式，只留有通风口，没有考虑光线的进入，导致阳光不足，影响母猪繁殖。

处理措施如下。建设兔舍要考虑采光窗的合理设计；加强光照管理。尤其冬季、早春和晚秋光照时间短，光照时间达不到种兔要求，这就要补充人工光照，保证光照时间。一般母兔每天光照时间14～16小时，光照强度为3～4瓦/平方米；公兔每天光照时间12～16小时，光照强度为2～3瓦/平方米。补充光照，要有规律性，不能时停时补，否则会导致公兔性欲和母兔受孕率降低。

6. 兔子耐寒能力强，温度低些无所谓

有的养殖者认为兔体表覆盖较厚的被毛，耐寒能力强，冬季环境温度低一些也无所谓，不会导致冻死。虽然兔子耐寒能力强，如肉兔和毛兔品种可以在我国东北地区室外兔舍中度过零下30多摄氏度的冬季严寒，但其繁殖能力和生产性能大大降低，严重影响生产效益。如新乡一兔场饲养150只基础母兔，在零下12℃（室外兔舍，未保温）情况下，其怀孕母兔仅占配种母兔的5%左右。另一个兔场，把室外兔舍用塑料膜覆盖，中午掀开，舍内温度为9℃，母兔繁殖哺乳受影响较小。

处理措施：冬季要注意兔舍保温，使用隔热材料封闭兔舍开口，

中午外界温度高时可以适当通风，必要时人工采暖，保持种兔舍内温度达到10℃左右。

7. 忽视应激对兔的不良影响

家兔胆小怕惊，任何年龄的兔都容易受到外界应激因素的影响而受到惊吓。但生产中，许多养殖户或场忽视外界应激因素对兔的不良影响，人员进入、动物闯入、靠近噪声大的场所、不注意设备选型、光照变化强烈等应激因素不断、不注意采取措施缓解等，导致严重应激反应，兔的生长发育和繁殖受到影响，严重时甚至造成死亡率提高。

处理措施：对于受到惊吓的兔群，饮水中添加适量的电解多维，并给适量的维生素C，严重者可酌情添加一些镇静剂，如盐酸氯嗪、安定等；兔舍的窗户安装窗帘遮光；禁止非饲养员进入兔舍，在饲喂之前，最好播放轻音乐，声音小而轻柔，以缓解状态；对于有流产征兆的怀孕母兔，可注射黄体酮1毫升，维生素0.5毫升，如出现出血症状，加注仙鹤草及维生素K各1毫升；对于泌乳母兔，可实行母仔分养，人工看护哺乳，连续3天，如果没有发生食仔现象，可恢复正常；对于大群，尤其是断乳后的幼兔，饮水中加入0.2%的微生态制剂，预防因应激造成的肠道菌群失调。

8. 发现冻僵的兔就扔掉

仔兔体温调节机能不健全，需要较高的温度（初生1～3天，最适宜的温度是33～35℃）。如果温度低，轻者影响生长发育，重者造成冻僵和死亡。生产中出现冻僵的事件屡见不鲜，尤其是个别仔兔离开了全窝小兔，或哺乳时被母兔带出巢箱即吊奶，如没及时发现，很容易被冻僵或冻死。但生产中，有的发现仔兔被冻僵不进行抢救就扔掉，造成一定损失。

处理措施如下。发现仔兔被冻僵，应及时进行抢救。即将仔兔放在35℃左右的温水里，头部向上，露出口和鼻子，手轻轻握住小兔在水中晃动，很快小兔苏醒，皮肤红润，并不停蹬动。然后，将小兔取出，用干净的毛巾擦去身上的水分，将其放入产箱内，与其他仔兔混在一起即可。

9. 恶癖

恶癖是指动物非常规性的、习惯性的、对动物或管理者产生不利影响的行为。如咬人、乱排便、咬架、拒绝哺乳等，给生产带来麻烦和损失。处理措施如下。

（1）咬人兔的调教　有的兔当饲养人员饲喂或捕捉时，先发出"呜——"的示威声，随即扑过来，或咬人一口，或用爪挠人一把，或仅仅向人空扑一下，然后便躲避起来。这种恶癖，有的是先天性的，有的是管理不当形成的（如无故打兔、逗兔，兔舍过深过暗等）。对这种兔的调教首先要建立人兔亲和，将其保定好，在阳光下用手轻轻抚摸其被毛和颜面，并以可口的饲草饲喂，以温和的口气与其"对话"，不再施以粗暴的态度。经过一段时间后，恶癖便能改正。

（2）咬架兔的调教　当母兔发情时将其放入公兔笼内配种，而有的公兔不分青红皂白，先扑过去，猛咬母兔一口。这种情况多发生在双重交配时，在前一只公兔的气味还没有散尽时便将母兔放进另一只公兔笼中，久而久之，便形成了咬架的恶癖。对这种公兔可采取互相调换笼位的方法，使其与其他种公兔多次调换笼位，熟悉更多的气味。如果还不行，则采取在其鼻端涂擦大蒜汁或清凉油予以预防。

（3）拒哺母兔的调教　有的母兔无故不哺喂仔兔，有的母兔因为人用手触摸了仔兔而不再喂奶，一旦将其放入产箱便挣扎着逃出。对于这种母兔，可用手多次抚摸其被毛，让其熟悉饲养人员的气味，并使之安静下来，将其放在产箱里，在人的监护和保定下给仔兔喂奶，经过几天后即可调教成功。如果因为母兔患了乳房炎、缺乳，或因环境嘈杂母兔曾在喂奶时受到惊吓而发生的拒哺，应有针对性地予以防治。

10. 忽视兔场经济核算

许多兔场忽视经济核算，缺乏有关系统的原始记录，不进行经济核算，不知道产品成本高低，也不可能会采取有效措施降低产品成本，从而影响到生产效益。处理措施如下。

（1）重视经济核算　产品成本是一项综合性很强的经济指标，它反映了企业的技术实力和整个经营状况。兔场的品种是否优良、饲料质量好坏、饲养技术水平高低、固定资产利用的好坏、人工耗费的多少等，都可以通过产品成本反映出来。所以，兔场通过经济核算，了解成本和费用情况，可发现成本升降的原因，降低成本费用耗费，提高产品的竞争能力和盈利能力。

（2）做好经济核算的基础工作　如建立健全各项原始记录，建立健全各项定额管理制度，加强财产物质的计量、验收、保管、收发和盘点制度等。

（3）确定产品成本项目　成本项目确定要符合本场实际，并且相对稳定，这样有利于进行前后对比。

（4）定期进行经济核算　定期进行经济核算，找出降低成本的途径和措施。

六、疾病控制存在的问题处理

1. 疾病控制观念不正确

规模化养兔业，饲养密度高，环境条件差，病原感染的机会极大增加，疫病成为影响养兔业效益的重要因素。生产中，人们缺乏综合防治观念，存在轻视预防、重视治疗和高度依赖免疫接种和药物防治的现象，结果导致疾病不断发生，给生产带来较大损失。

纠正措施如下。免疫接种和药物防治是控制疾病的重要手段，但也有很大的局限性（表8-1），单纯依靠疫苗和药物难以完全控制疾病。要控制疾病，必须树立"预防为主、防重于治"的观念，采取隔离、卫生、消毒、提高抵抗力、免疫和药物等综合手段。疫病发生需要病原、传播途径和易感动物三大环节的相互衔接，如果没有病原进入兔体就不可能发生传染病。所以要从场址选择、规划布局、防护设施（隔离墙、消毒室）设置、消毒程序、防疫制度制定和执行等环节狠下功夫，进行科学饲养管理，可以提高兔体的抵抗力，辅助疫苗的免疫接种和药物防治，从根本上减少和控制疫病发生。

表8-1　免疫接种和药物防治的局限性

免疫接种局限性	药物防治局限性
① 产生的抗体具有特异性，只能中和相应抗原，控制某种疾病，不可能防治所有疾病。 ② 许多疾病无疫苗或无高质量疫苗或疫苗研制跟不上病原变化，不能有效免疫接种。 ③ 疫苗接种产生的抗体只能有效地抑制外来病原入侵，并不能完全杀死兔体内的病原，有些免疫兔向外排毒。 ④ 免疫不良反应。如活疫苗毒力返强、中等毒力疫苗造成免疫抑制或发病、疫苗干扰；免疫接种途径和方法不当。免疫接种会引起兔群应激，影响生长和生产性能。 ⑤ 影响免疫接种效果的因素甚多，极易造成免疫失败。如疫苗因素（疫苗内在质量差、储运不当、选用不当）、兔群自身因素（遗传、应激、健康水平、潜在感染和免疫抑制等）、技术原因（免疫程序不合理、接种途径不当、操作失误等）都可造成免疫失败	① 许多疫病无特效药物，难以防治。 ② 细菌性疾病极易产生耐药性，病原对药物不敏感，防治效果差。 ③ 兔产品药物残留威胁人类健康，影响对外贸易

2. 卫生管理不善导致疾病不断发生

兔的规模化养殖，饲养密度高，环境条件差，如果卫生管理不善，必然增加疾病的发生机会。生产中由于不注重卫生管理，如隔离条件不良、消毒措施不力、兔场和兔舍内污浊以及粪尿、污水横流等，而导致疾病发生的实例屡见不鲜。

处理措施：改善环境卫生条件是减少兔场疾病最重要的手段。改善环境卫生条件需要采取如下综合措施。一是做好兔场的隔离工作。兔场要选在地势高燥处，远离居民点、村庄、化工厂、畜产品加工厂和其他畜牧场，最好周围有农田、果园、苗圃和鱼塘。兔场周围设置隔离墙或防疫沟，场门口有消毒设施，避免闲杂人员和其他动物进入；场地要分区规划，生产区、管理区和病禽隔离区严格隔离。场地周围建筑隔离墙。布局建筑物时切勿拥挤，要保持15～20米的卫生间距，以利于通风、采光和兔场空气质量良好。注重绿化、粪便处理和利用设计，避免环境污染。二是采用"全进全出"的饲养制度，保持一定间歇时间，对兔场进行彻底的清洁消毒。三是加强消毒。隔离可以避免或减少病原进入兔场和兔体，减少传染病的流行，消毒可以杀死病原微生物，减少环境和禽体中的病原微生物，减少疾病的发生。目前在我国的饲养条件下，消毒工作显得更加重要。注意做好进入兔场人员和设备用具的消毒、兔舍消毒、带兔消毒、环境消毒、饮水消毒等。四是加强卫生管理。保持舍内空气清洁，进行适量通风，过滤和消毒空气，及时清除舍内的粪尿和污染的垫草并无害化处理，保持适宜的湿度。五是建立健全各种防疫制度。如制定严格的隔离、消毒、引入兔时进行隔离检疫、病死兔无害化处理、免疫等制度。

3. 休整期间清洁不善

疾病，特别是疫病的不断发生，可能许多人都能说出许多原因来，但有一个原因是不容忽视的，就是兔淘汰后兔场或兔舍清理不够彻底，间隔期不够长。目前在兔场清理消毒过程中，很多兔场只重视了舍内清理工作，往往忽视舍外的清理。

处理措施：整理工作要求做到冲洗全面干净、消毒彻底完全；兔出售后要从清理、冲洗和消毒三方面去下工夫整理兔场和兔舍才能达到所要求的目的。清理起到决定性的作用，做到以下几点才能保证兔的生产和生长安全：一是从淘汰第一批兔到第二批兔的进入要间隔2周以上；二是5天内舍内完全冲洗干净，舍内干燥期不低于7天（任何病原体在干燥情况下都很难存活，最少也能明显减少病原体存活时间）；三是舍内墙壁、地面冲洗干净，空舍7天以后，再用20％生石灰水刷地面与墙壁，管理重点是生石灰水刷得均匀一致；四是对刷过生石灰水的兔舍，所有消毒(包括甲醛熏蒸消毒在内)重点都放在屋顶上，这样效果会更加明显；五是舍外也要如新场一样，污区土地面清理干净露出新土后，地面最好铺撒生石灰，所有人员不进入活动以确保生石灰所形成的保护膜不被破坏；净区地面严格清理露出的新土，且一定要撒上生石灰，但不要破坏生石灰形成的保护膜；六是舍外水泥路面冲洗干净后，洒20％生石灰水和5％火碱水各1次，若是土地面，应铺1米宽砖路供饲养管理人员行走。

4. 消毒存在的问题

兔场消毒方面存在的误区有：消毒前不清理污物，消毒效果差；消毒不严格，留有死角；消毒液选择和使用不科学以及忽视日常消毒工作。处理措施如下。

（1）消毒前彻底清洁　彻底的机械清除是有效消毒的前提。消毒表面不清洁会阻止消毒剂与细菌的接触，使杀菌效力降低。例如兔舍内有粪便、兔毛、饲料、蜘蛛网、污泥、脓液、油脂等存在时，常会降低所有消毒剂的效力。在许多情况下，表面的清洁甚至比消毒更重要。进行各种表面的清洗时，除了刷、刮、擦、扫外，还应用高压水冲洗，效果会更好，有利于有机物溶解与脱落。消毒前应先将可拆除的用具运至舍外清扫、浸泡、冲洗、刷刮，并反复消毒，舍内从屋顶、墙壁、门窗，直至地面和粪池、水沟等，按顺序认真清理和冲刷干净，然后再进行消毒。

（2）消毒要严格　消毒是非常细致的工作，要全方位地进行消毒，如果留有"死角"或空白，就起不到良好的消毒效果。对进入生产区的人员必须严格按程序和要求进行消毒，禁止工作人员不按要求消毒而随意进入生产区或"串舍"。制定科学合理的消毒程序并严格执行。

（3）消毒液选择和使用要科学　长期使用同一种消毒药，细菌、病毒对药物会产生耐药性，对消毒剂也可能产生耐药性，因此最好是几种不同类型的消毒剂交叉使用。在养殖场或兔舍入口的池中，堆放厚厚的干石灰，这起不到有效的消毒作用。使用石灰消毒最好的方法是加水配成 10%～20% 的石灰乳，用于涂刷兔舍墙壁 1～2 次，既可消毒灭菌，又有涂白美观的作用；消毒池中的消毒液要经常更换，保持相应的浓度，才能达到预期的消毒效果；消毒液要现配现用，否则可能会发生化学变化，造成"失效"；用强酸、强碱等刺激性强的消毒药带兔消毒，会造成畜眼、呼吸道的刺激，严重时甚至会造成皮肤的腐蚀。空栏消毒后一定要冲洗，否则残留的消毒剂会造成兔的蹄爪和皮肤的灼伤。

（4）注意日常消毒　虽然没有发生传染病，但外界环境可能已存在传染源，传染源会排出病原体。如果此时没有采取严密的消毒措施，病原体就会通过空气、饲料、饮水等传播途径，入侵易感兔，引起疫病发生，所以要加强日常消毒，杀灭或减少病原，避免疫病发生。

5. 病死兔处理方面的问题

病死兔带有大量的病原微生物，是最大的污染源，处理不当很容易引起疾病的传播。存在误区如下。一是病死兔随意乱放，造成污染。

很多养兔场（户）发现死亡的兔只不能做到及时处理，随意放在兔舍内、舍门口、庭院内和过道等处，特别是到了冬季更是随意乱放，还经常是放置很长时间，没有固定的病死兔焚烧掩埋场所，也没有形成固定的消毒和处理程序。这样一来，就人为造成了病原体的大量繁殖和扩散，随着饲养人员的进出和活动，大大增加了兔群重复感染发病的概率，给兔群保健造成很大麻烦，经常是病兔不断出现，形成了恶性循环。二是随意出售病死兔或食用，造成病原的广泛传播。许多养殖场（户）不能按照国家《畜牧法》办事，为了个人的一点利益，对病死兔不进行无害化处理，随意出售或者食用，结果导致病原的广泛传播，造成疫病的流行。三是不注意解剖诊断地点选择，造成污染。怀疑兔群有病，尽快查找原因本无可厚非，可是不管是养兔场（户）还是个别兽医，在做剖检时往往都不注意地点的选择，随意性很大，在距离养兔场很近的地方，更有甚者，在饲养员住所、饲料加工储藏间和兔舍门口等处就进行剖检。剖检完毕将尸体和周围环境做简单清理就了事，根本不做彻底的消毒，这就更增加了疫病的传播和扩散的危险性。

　　处理措施如下。一是死兔要无害化处理，严禁出售或自己食用。发现死兔要放在指定地点。经过兽医人员诊断后进行无害化处理，处理方法有焚烧法、高温处理法和土埋法。二是病死兔解剖诊断等要在隔离区或远离养兔场、水源等地方进行，解剖诊断后尸体要无害化处理，诊断场所进行严格消毒。兽医人员在解剖诊断前后都要消毒。

6. 疫病发生时处理不善

　　疫病，特别是一些急性、恶性传染病发生时，许多养兔场（户）重视不够，不能采取有效的处理措施，导致疫病传播迅速，危害严重。处理措施如下。

　　（1）隔离　当兔群发生传染病时，应尽快作出诊断，明确传染病性质，立即采取隔离措施。一旦病性确定，对假定健康兔可进行紧急预防接种。隔离开的兔群要专人饲养，用具要专用，人员不要互相串门。根据该种传染病潜伏期的长短，经一定时间观察不再发病后，再经过消毒后可解除隔离。

　　（2）封锁　在发生及流行某些危害性大的烈性传染病时，应立即报告当地政府主管部门，划定疫区范围进行封锁。封锁应根据该疫病流行情况和流行规律，按"早、快、严、小"的原则进行。封锁是针对传染源、传播途径、易感动物群三个环节采取相应措施。

（3）紧急预防和治疗　一旦发生传染病，在查清疫病性质之后，除按传染病控制原则进行诸如检疫、隔离、封锁、消毒等处理外，对疑似病兔及假定健康兔可进行紧急预防接种，预防接种可应用疫苗，也可应用抗血清。

（4）淘汰病兔　淘汰病畜，也是控制和扑灭疫病的重要措施之一。

七、免疫接种存在的问题处理

1. 疫苗储存不善或在冷藏设备内长期存放

疫苗的质量关乎免疫效果，影响疫苗质量的因素主要有产品的质量、运输储存等。但生产中存在忽视疫苗储存或在冷藏设备内长期存放不影响使用效果的误区，严重影响到兔的免疫效果。生产中就出现兔瘟疫苗受冻而导致兔瘟爆发的情况。处理措施如下。

（1）根据不同疫苗特性科学保存疫苗　疫苗要冷链运输，要保存在冷藏设备内。油佐剂灭活疫苗和氢氧化铝乳胶疫苗可以常温保存或在 $2 \sim 4\,℃$ 冰箱内低温保存，不能冷冻；冻干弱毒疫苗应当按照厂家的要求在 $-20\,℃$ 下储藏。常温保存会使得活疫苗很快失效。停电是疫苗储存的大敌。反复冻融会显著降低弱毒活疫苗的活性。疫苗稀释液也非常重要。有些疫苗生产厂家会随疫苗带来特制的专用稀释液，不可随意更换。疫苗稀释液可以在 $2 \sim 4\,℃$ 冰箱内保存，也可以在常温下避光保存。但是，绝不可在 $0\,℃$ 以下冻结保存。不论在何种条件下保存的稀释液，临用前必须认真检查其清晰度和容器及其瓶塞的完好性。瓶塞松动脱落，瓶壁有裂纹，稀释液浑浊、沉淀或内有絮状物漂浮者，禁止使用。

（2）避免长期保存　一次性大量购入疫苗也许能省时省钱。但是，由于疫苗中含有活的病毒，如果你不能及时使用，它们就会失效。要根据兔场计划来决定疫苗的采购品种和数量。要切实做好疫苗的进货、储存和使用记录。随时注意冰箱的实际温度和疫苗的有效期。特别要做到疫苗先进先出制度。超过有效期的疫苗应当放弃使用。

2. 过分依赖免疫接种，认为只要进行过免疫接种就可以"高枕无忧"

疫苗的免疫接种可以提高兔体的特异性抵抗力，是防止疫病发生的重要措施之一。但生产中，有的兔场过分赖免疫接种，把免疫接种看作是防止疫病发生的唯一方法，而忽视其他疫病控制方法，甚至认为免疫接种过了，就可以"高枕无忧"，殊不知免疫接种也不是百分之百的保险，因为免疫接种也有一定的局限性，影响免疫接种的效果因素很多，任何一个方面出现问题，都会影响免疫效果。处理措施如下。

（1）正确认识免疫接种的作用　免疫接种可以提高兔体特异性抵抗力，但必须是确切的接种。生产中多种因素影响到确切免疫接种，如许多疾病无疫苗或无高质量疫苗或疫苗研制开发跟不上病原变化，不能进行有效的免疫接种。疫苗接种产生的抗体只能有效地抑制外来病原入侵，并不能完全杀死兔体内的病原，有些免疫兔向外排毒。免疫不良反应，如活疫苗毒力返强、中等毒力疫苗造成免疫抑制或发病、疫苗干扰以及非 SPF 胚制备的疫苗通常含有病原，接种后更会增加兔群对多种细菌和病毒的易感性以及造成对疫苗反应抑制。疫苗因素（疫苗内在质量差、储运不当、选用不当）、兔群自身因素（遗传、应激、健康水平、潜在感染和免疫抑制等）、操作原因（免疫程序不合理、接种途径不当、操作失误）等都可造成免疫失败。所以，疫病控制必须采取隔离、卫生、消毒、免疫接种等综合措施，单一依靠疫苗接种是不行的。

（2）进行正确的免疫接种，尽量提高免疫效果

① 选择优质疫苗　疫苗质量是免疫成败的关键因素，疫苗质量好必须具备的条件是安全和有效。选择规范的、信誉高的厂家生产的疫苗，注意疫苗的运输和保管。

② 适宜的免疫剂量　疫苗接种后在体内有个繁殖过程，接种到兔体内的疫苗必须含有足量的有活力的抗原，才能激发机体产生相应抗体，获得免疫。若免疫的剂量不足将导致免疫力低下或诱导免疫力耐受；而免疫的剂量过大也会产生强烈应激，使免疫应答减弱甚至出现免疫麻痹现象。

③ 避免干扰作用　同时免疫接种两种或多种弱毒苗往往会产生干扰现象。有干扰作用的疫苗保证一定的免疫间隔。

④ 环境良好　兔体内免疫功能在一定程度上受到神经、体液和内

分泌的调节。当环境过冷、过热、湿度过大、通风不良时，都会引起兔体不同程度的应激反应，导致兔体对抗原免疫应答能力下降，接种疫苗后不能取得相应的免疫效果。所以要保持环境适宜，洁净卫生。

⑤ 减少应激　免疫接种是利用致病力弱的病毒或细菌（疫苗）去感染兔机体，这与天然感染得病一样，只是病毒的毒力较弱而不发病死亡，但机体经过一场恶斗来克服疫苗病毒的作用后才能产生抗体，所以在接种前后应尽量减少应激反应。

3. 免疫接种时消毒和使用抗菌药物

接种疫苗时，传统作法是防疫前后各 3 天不准消毒，接种后不让用抗生素，造成该消毒时不消毒，有病不能治，小病养成了大病。有些养殖户使用病毒性疫苗对兔进行注射接种免疫时，习惯在稀释疫苗的同时加入抗菌药物，认为抗菌药对病毒没有伤害，还能起到抗菌、抗感染的作用。须知，由于抗菌药物的加入，使稀释液的酸碱度发生变化，引起疫苗病毒失活，效力下降，从而导致免疫失败。

处理措施：接种前后各 4 小时不能消毒，其他时间不误。接种疫苗 4 小时后可以投抗生素，但禁用抗病毒类药物和清热解毒类草药；稀释疫苗时不应在疫苗中加入抗菌药物。

4. 联合应用疫苗

因为多种疫苗进入兔体后，其中的一种或几种抗原所产生的免疫成分可被另一种抗原性最强的成分产生的免疫反应所遮盖；疫苗病毒进入兔体内后，在复制过程中会产生相互干扰作用。生产中有的养兔者为了减少程序，将几种疫苗混合使用或同时使用、或不按照间隔时间使用等，影响到免疫的效果。

处理措施：一般不要多种疫苗混合使用；多种疫苗同时使用或在相近的时间接种时，应注意疫苗间的相互干扰。

八、用药存在的问题处理

1. 滥用抗生素导致抗生素相关性腹泻

科学合理地使用抗菌药物已逐渐成为全社会的共识。使用兽用抗菌药物控制疾病是畜禽养殖过程中常采用的措施之一，但是，如果使用不当，将产生严重的不良反应。抗生素相关性腹泻就是其中之一。2005 年春，河南省濮阳市南乐县一养兔场为了预防传染性鼻炎，按照说明剂量的 1.6 倍在饲料中添加了阿莫西林，3 天后陆续出现腹泻。虽然其养兔多年，经验丰富，按照常规方法处理，比如注射一定的抗生素、口服一定的药物、补液、解毒等，但均没有奏效，1 周内死亡种兔 700 多只，同时，兔发病率越来越高，死亡越来越严重。

处理措施如下。根据其发病的病因、临床表现和病理变化，诊断为家兔魏氏梭菌性腹泻，原因是由于滥用抗生素导致的抗生素相关性腹泻。由于滥用抗生素，家兔肠道内的有益菌被大量杀死，使得耐药性的有害菌得以大量繁殖，发生肠道菌群失调，出现急性肠炎，而且使用药物效果很差。建议使用微生态制剂调节肠道菌群平衡。大群预防可以在饲料或饮水中添加微生态制剂，病兔可以大量灌服微生态制剂。

2. 不合理用药

有的养殖户认为只有多喂药，兔子才健康，结果致使兔胃肠道菌群失衡，药物中毒时有发生。兔属食草性动物，消化道内有正常菌群维持其正常消化。过多用药，特别是大量长期使用抗生素药物，肠道内正常菌群会遭到破坏，消化机能紊乱，一些致病菌也乘虚而入，使兔发病。

处理措施：在健康兔群中无需经常用药，如发现有个别采食饮水异常，应根据症状有针对性地用药，如防感冒、球虫病等可定期在饲料饮水中添加药物，要严格按要求剂量添加，不得随意加大用药剂量和延长用药时间。

3. 抗球虫药物使用的问题

球虫病是养兔生产中危害严重的一种寄生虫病，但在防治球虫病用药方面存在一些误区，如不重视预防用药、不合理选用抗球虫药物、用药程序不科学、使用方法不当、不注意药物配伍禁忌以及药物残留等，影响到防治效果。处理措施如下。

（1）重视预防用药　抗球虫药物大多在球虫发育史的早期(约4天)起抑、杀作用，等出现血便时用药已为时过晚。

（2）根据抗球虫药的作用阶段和作用峰期合理用药　抗球虫药物较弱的药物，如喹啉类（乙羟喹啉、丁氧喹啉）、克球粉、离子载体类（如莫能菌素）等一般用于预防，本类药物会影响球虫免疫力的产生，一般用于肉兔。种兔一般不用或不宜长期使用，以免突然停药而引起球虫暴发。抗球虫药物较强的药物，如尼卡巴嗪、氨丙林、常山酮、球痢灵、磺胺类等一般用于治疗，本类药物对球虫免疫力影响不大，可用于种兔。理想的抗球虫药应该抗虫谱广、高效、无残留、无三致作用、价廉、能提高饲料转化率以及易于拌料或饮水。

（3）用药程序科学　兔的抗球虫药物使用程序见表8-2，可以根据实际情况选用。一般肉兔可采用连续用药法、穿梭用药法和轮换用药法。种兔可采用渐减用药法。低浓度的预防性抗球虫药物连续使用，或不用预防药，平时注意观察，在球虫暴发时再用磺胺药治疗。

表8-2　兔的抗球虫药物使用程序

连续用药法	从仔兔18日龄补料开始，饲料中连续添加某一药物
轮换用药法	以兔的批次或3个月至半年为1个期限。要求：一是替换药之间无交叉耐药性；二是化学结构不能相似；三是作用方式不能相同；四是作用峰期也不能相同
穿梭用药法	同一批兔不同阶段用不同药。原则：药物化学结构、作用方法不相同，一般先使用作用弱的药物，再换作用强的药物
联合用药法	抗球虫药与抗菌增效剂合用可提高治疗效果，如磺胺喹噁啉与二甲氧嘧啶、氨丙啉与乙氧酰胺苯甲酯联用。抗球虫药与抗球虫药合用也可提高效果，但合用的药物不能发生配伍禁忌，应分别作用于球虫的不同发育阶段。如马杜霉素＋尼卡巴嗪、氨丙啉＋磺胺喹噁啉、乙胺嘧啶＋磺胺药、氯羟吡啶＋苯甲氧喹噁啉
渐减用药法	开始用全量，以后每阶段逐渐减少25%药量，直到完全停药

（4）注意抗球虫药的毒性与配伍　聚醚类抗球虫药毒性大小顺序：马杜霉素＞来洛霉素＞塞杜霉素＞莫能菌素＞那拉菌素＞拉沙里菌素＞盐霉素。马杜霉素不要用于防治兔的球虫病，否则很容易中毒。如新乡市一兔场过去一直用氯苯胍，为了防止产生抗药性，换用马杜霉素。每100千克料50克药的剂量拌匀直接饲喂。第三天，喂过该药的兔只开始发病，并出现死兔。又过了3天，死兔150多只，死亡率已达20%，且死亡的多为基础母兔和青年兔，小兔和体弱少食的病症较

轻，未吃过该药的 200 多只兔无一发病。

抗球虫药的不良反应与配伍禁忌见表 8-3。

表 8-3　抗球虫药的不良反应与配伍禁忌

药物	半数致死量 /(毫克/千克体重)	产生毒性拌料量 /(毫克/千克体重)	禁忌药物	不良反应
马杜霉素	5.535	7.5～10	泰妙菌素	安全范围小
莫能菌素	284	121～150	泰妙菌素、竹桃霉素	
拉沙里菌素	75～112	125～150	磺胺药、赤霉素	
盐霉素	150	100	泰妙菌素、竹桃霉素	
那拉菌素	52	80～100		
妥曲珠利	1000			
氨丙啉				引起维生素 B_1 缺乏
磺胺喹噁啉				有蓄积中毒现象

（5）选择适当的给药方法　饮水给药比混饲给药好，特别是在兔患病时。抗球虫药的使用方法见表 8-4。

表 8-4　抗球虫药的使用方法

类别	药名	使用浓度及方法	活性期	停药期 /天	备注
离子载体类	莫能菌素	$(100～120)×10^{-6}$ 混饲	第 2 天，一代	3	不与磺胺类及赤霉素合用
	拉沙里菌素	$(75～125)×10^{-6}$ 混饲	子孢子，一代	3	
	盐霉素	$(50～60)×10^{-6}$ 混饲		5	
	那拉霉素	$(50～70)×10^{-6}$ 混饲			
	马杜霉素	$5×10^{-6}$ 混饲		5	
	塞杜霉素	$25×10^{-6}$ 混饲	一代		
	海南霉素钠	$(5～7.5)×10^{-6}$ 混饲		7	

类别	药名	使用浓度及方法	活性期	停药期/天	备注
磺胺类	磺胺喹噁啉钠	（150～250）×10⁻⁶ 混饲	第4天，二代	10	与三甲氧苄氨嘧啶(TMP)、二甲氧苄氨嘧啶(DVD)合用
	磺胺二甲氧嘧啶	125×10⁻⁶ 饮水6天		5	
	磺胺氯吡嗪钠	300×10⁻⁶ 饮水3天		4	
	磺胺六甲氧嘧啶	125×10⁻⁶ 混饲			
酰胺类	球痢灵	（125～250）×10⁻⁶ 混饲	第3～4天二代	5	可抑制仔兔生长
吡啶类	氯羟吡啶	（125～250）×10⁻⁶ 混饲	第1天，子孢子	7	
喹啉类	丁氧喹啉	82.5×10⁻⁶ 混饲	第1天，子孢子	0	
	乙羟喹啉	30×10⁻⁶ 混饲		0	
	甲苄氧喹啉	20×10⁻⁶ 混饲		0	
胍类	氯苯胍	（30～60）×10⁻⁶ 混饲	第3天，一、二代	7	
抗硫胺素类	盐酸氨丙啉	（100～250）×10⁻⁶ 饮水	第3天，一代	7	
	二甲硫胺	62×10⁻⁶ 混饲	第3天，一代	3	
均苯脲类	尼卡巴嗪	125×10⁻⁶ 混饲	第4天，二代	9	25克尼卡巴嗪+1.6克乙氧酰胺苯甲酯
均三嗪类	地克珠利	1×10⁻⁶ 混饲；0.5×10⁻⁶ 饮水	子孢子，一代		
	妥曲珠利	25×10⁻⁶ 饮水	裂殖及配子阶段	8	

续表

类别	药名	使用浓度及方法	活性期	停药期/天	备注
呋喃类	呋喃唑酮	0.04%混饲	二代	5	
植物碱类	常山酮	3×10^{-6}混饲	一、二代	5	

（6）注意耐药性、药物残留以及拮抗等其他方面影响　抗球虫药物耐药性从快到慢顺序为：喹噁啉类＞氯氢吡啶＞磺胺类＞氯苯胍＞氨丙林＞球痢灵＞尼卡巴嗪＞聚醚类＞三嗪类；除氨丙啉、球痢灵、地克珠利、妥曲珠利外，其他球虫药都影响产仔；用药要注意休药期；莫能霉素、盐霉素与磺胺类、红霉素、泰乐菌素、泰妙灵、竹桃霉素有拮抗作用。氨丙啉与维生素 B_1 有拮抗作用；磺胺类药物影响维生素K、维生素 B_1 的合成。

4. 用马杜霉素防治兔球虫病

马杜霉素对防治球虫具有较好的作用，其商品名较多，如"抗球王""杜球"等，很多兔场用于防治兔球虫，结果造成中毒。

处理措施如下。家兔对马杜霉素极其敏感，不能用于防治兔的球虫病。无论是正常添加量还是减半添加，家兔均可发生中毒。购买抗球虫药时一定要认真阅读说明，搞清楚其有效成分，如果含有马杜霉素，坚决不用。

九、兔病诊治中存在的问题处理

1. 临床表现与标准的典型兔瘟症状不同就不考虑发生兔瘟

一般而言，兔瘟临床症状可分为 3 种，即最急性型、急性型和慢性型。患兔死前多有程度不同的神经症状，如兴奋、在笼内碰撞、尖叫等。生产中发现，当兔瘟疫苗注射量不足、疫苗保存期过长、疫苗受冻或受热、仔兔注苗时间过早、注射量不足、注射多联苗或者疫苗本身质量不佳(如稀释倍数大、抗原含量不足等)等情况下发生的兔瘟,其临床症状多与典型的三种类型不同。许多养兔者就不怀疑是兔瘟,按照其他疾病去治疗,耽误治疗机会,造成较大损失。如一兔场兔群发生疫病,两个月前刚注射过兔瘟疫苗,并在安全保护期内,就怀疑是细菌性疾病,先后使用多种药物和抗菌素没有效果,最后确诊为兔瘟,发生原因是夏季高温疫苗保存时间过长导致疫苗失效;另一兔场发生大量死亡,患兔死前无神经症状,解剖检肺部充血和水肿,诊断为巴氏杆菌病,使用抗菌药物没有效果,经实验室诊断为兔瘟,发生原因是兔瘟疫苗在低温冷库中保存结冰失效。

处理措施如下。任何传染性疾病,临床上所出现的症状是机体与病原微生物及其毒素相互作用的结果。机体状态不同,临床表现不一样。当兔体内兔瘟病毒的抗体水平极低或呈零时,受到兔瘟病毒的侵袭,临床症状为典型的最急性型、急性型或慢性型。而当兔子注射了兔瘟疫苗并产生坚强免疫力时,同样受到该病毒的侵袭,可以抵抗入侵病毒,临床上不表现明显的临床症状。由于种种原因,虽然注射了兔瘟疫苗而体内未能产生足够的抗体时受到该病毒的袭击,抗原(病毒)与抗体相互作用的结果,终因抵不过强大的病毒而发病死亡。但在这种情况下而死亡的患兔,其临床上呈现与典型的三种类型所不同的特殊症状。所以,不要以为免疫了兔瘟疫苗就不会发生兔瘟,没有典型的临床症状就不是兔瘟。发生后及早到实验室检验,及早确诊,减少损失。

2. 球虫病防治误区

球虫病是危害家兔的一种重要疾病,人们较为重视防治,但在防治中存在如下一些误区。一是诊断失误。不能准确地诊断肠球虫病,不了解球虫病常与细菌性疾病混合感染。二是忽视卫生管理,注意依赖药物。三是全群预防。对成年兔,特别是泌乳母兔投喂抗球虫药物导致中毒。四是季节性预防。多数兔场仅在夏季预防球虫病,而规模化兔场由于环境的改善,温度较高,湿度较大,全年都有发病的可能。五是选药误区。①用量不准,搅拌不匀。小规模兔场普遍存在"用手抓,用勺挖,大铁锹,乱呼啦"现象。②滥用药物。所有的抗球虫药物都有一定毒性，使用不当就会造成中毒，家兔最敏感的是马杜霉素。③药物失效。有的兔场买药不看生产日期，使用过期药物，如氯苯胍经过一个夏季，药效降低 50% 左右，两年以后基本没有使用价值。④耐药性。长期使用同一种抗球虫药物，很有可能产生耐药性。例如，地克珠利是一种较好的抗球虫药物，但连续使用 3 个月后，就会产生抗药性。因此，当使用一种药物效果不佳时，最好更换另一种药物，或使用复方抗虫药物。处理措施如下。

（1）加强卫生管理

① 搞好兔场的清洁卫生　每天清除兔笼及运动场的积粪，并堆放到固定地方进行发酵处理。防止粪便污染饲料、饮水、饲槽和饮水器。草架要固定在笼外，位置要高出兔笼底板，降低感染球虫卵囊的概率。

② 分群隔离饲养　幼兔和成年兔要分开饲养。成年兔对球虫有一定的抵抗力，即使感染了也不一定有明显的临床症状，但其粪便中含有大量卵囊。幼兔抵抗力较差，极易感染发病，必须与母兔分开饲养，定时哺乳。病兔和病愈的兔是主要传染源，必须与健康兔隔离饲养。

③ 定期进行消毒灭菌　笼舍可用火焰喷灯或 20% 新鲜石灰水或 5% 漂白粉溶液消毒杀菌。食槽、饮水器用沸水冲洗，以杀灭球虫卵囊。

（2）科学用药预防　稀碘溶液、氯苯胍、兔球灵等都能有效地预防兔球虫病。稀碘溶液要现配现用，可拌入精料饲喂。从母兔怀孕 25 天起到产仔后 5 天，每天每兔喂 0.01% 稀碘溶液 100 毫升，停药 5 天后，再改用 0.02% 稀碘溶液连续喂 15 天，每天 200 毫升。断奶仔兔自断奶之日起，每天服用 0.01% 稀碘溶液 50 毫升，连服 10 天，停药 5 天后，再改用 0.02% 碘液连喂 15 天，每天每兔 70～100 毫升。氯苯胍，预防量为 150 毫克/千克（即 10 千克精料拌药 1.5 克），治疗量为 300 毫克/千克，断奶仔兔连喂 1 个月氯苯胍，基本可度过易感期。按 0.1% 的比例在饲料中拌入兔球灵，让兔自由觅食，连喂 2～3 个星期，也能有效地预防兔球虫病。

（3）及早诊断治疗　对感染球虫的兔要早发现、早治疗，并采取综合措施治疗，如添加莫能霉素。0.005%～0.02% 莫能霉素拌料喂兔，可以控制包括肝球虫和肠球虫在内的球虫病，但药物作用会使兔体重明显下降。莫能霉素按 0.002% 的比例混饲，饲喂 1～2 月龄幼兔，可预防球虫病。使用草药治疗，如常山、柴胡、甘草各150克，共研细末，每只服1.5～3克，每天2次，连服5～7天。或白僵虫100克，生大黄、桃仁、地鳖虫各50克，生白术、桂枝、白茯苓、泽泻、猪苓各40克，共研细末内服，每次3克，每天3次。

3. 家兔真菌病防治误区

家兔皮肤真菌病病情顽固，病因复杂，传播快，并可引起交叉和继发感染。多种药物治疗效果都不理想，主要表现为药物疗效缓慢、用药次数偏多、工作量大、时间过长、成本高，且所用药物只能控制症状，停药后疾病容易复发。在防治中存在以下一些误区。一是不知该病能传染人。皮肤真菌病是一种人畜共患的传染病，它可在动物之间、人与人之间、人与动物之间互相传播。受病原体感染的环境如土壤、饮水、饲料、用具等，均可成为传播媒介。二是不知该病能够反复发作。即使将发病兔群全部淘汰，也不能保证本病不再发生，捕杀、空舍、消毒、烟雾熏蒸并不能把真菌完全消灭。因此，持久的综合防控措施尤其重要。三是不注意环境和饲养管理。兔场一旦发现少量病兔表现症状后，很快在全场传播。只有采取持久的综合性防治措施，多管齐下，才能取得满意效果。此外，饲料中霉菌毒素超标已成为目前养殖业的一大危害，因此，一定要注意不能饲喂发霉的饲料，增加青饲料，尤其要注意胡萝卜素的添加。四是不能很好地区分真菌病与兔螨病。兔真菌病与兔螨病在兔体的感染部位基本相同（除痒螨外），而且两病易发生混合感染，应对症进行鉴别。兔真菌病患部有白色皮屑和炎症，周围有粟粒样突起，形成圆碟形，有痂皮，痂皮厚度比兔螨病痂皮薄，并难以剥离；兔螨病皮肤痂皮较厚，易发生龟裂，炎症部位有渗出物，浸泡后痂皮容易脱落，从皮肤深部刮皮屑可检查出螨虫。为了确诊，可取病变组织的新鲜标本作镜检，可发现菌丝和孢子。另外，营养性脱毛症能造成家兔脱毛，但从皮肤表面看不出异常，断毛整齐，似剪刀剪过一样，应同兔螨病和真菌病加以鉴别。处理措施如下。

（1）卫生管理　尽量避免从患有真菌病的兔场引种，避免随意引进外来动物；加强日常管理，搞好环境卫生，注意兔舍内的湿度和通风。经常检查兔群，发现可疑患兔，应立即隔离治疗或淘汰。对无治疗价值，尤其是全身都出现症状的，及时淘汰为上策。不定期地投放一些抗真菌的药物，降低发病率，大力抑制真菌的增殖，减少传播的机会。

（2）彻底消毒 对发病或出现死亡的兔笼要进行彻底的清理和消毒，消毒最好用火焰灼烧。病兔所用的食槽要用消毒药浸泡。发病期间，使用过的扫帚、饲料车、推粪车等要每天消毒 1 次，凡是进入兔舍的饲养人员，必须更换工作服、鞋、脚踏消毒后方可入内，防止人员传播。可交替选用 3% ～ 5% 的来苏水、2% ～ 4% 的火碱溶液、含氯消毒剂、过氧乙酸等，每隔 3 ～ 5 天消毒一次。兔场环境可用 10% ～ 20% 的生石灰水消毒，潮湿的地方可将生石灰块稀释成石灰粉撒入地面。冬季消毒后，如果兔舍湿度过大，可用白灰撒在地面上进行吸湿。

（3）对症治疗 可选用克霉唑软膏、益康唑软膏、咪康唑软膏等进行局部治疗。全身治疗，可内服灰黄霉素 25 毫克 / 千克，连用 15 天，效果明显，如果结合局部治疗，可使兔群很快得到控制。

4. 大肠杆菌防治误区

兔大肠杆菌病又称黏液性肠炎，由于大肠杆菌属于肠道正常寄生菌群，但若遇饲养管理不良、气候、环境突然改变时，肠道菌群紊乱，仔兔、断奶幼兔抵抗力不强，就会在兔群里引发该病的流行。该病一年四季均可发生，20 日龄及断奶前后的仔兔和幼兔患病后死亡率比青年兔高，给生产带来较大损失。人们较为注重大肠杆菌病的防治，但也存在以下误区。一是利用疫苗或自家苗防治。兔大肠杆菌血清型较多，大肠杆菌病的地域流行性较强，所以没有有效的大肠杆菌疫苗能对各地的兔场进行保护，有部分养殖场曾经使用自家苗进行免疫防治，但效果并不理想。二是盲目用药防治等。大肠杆菌是细菌，抗菌素对其有效果，但由于较强的耐药性，盲目用药效果也很差。

处理措施：加强日常管理，场地和器具严格消毒，兔群饲养密度合适，严格遵守"全进全出"的饲养管理方式，这才是预防本病发生的关键。进行实验室细菌学分离鉴定和药敏试验，选择高敏药物进行防治。近年来，各地家兔养殖场对于抗生素的滥用现象不断，使得各养殖场致病性大肠杆菌对抗菌药物产生了不同程度的抗药性，所以在投药时同一养殖场应注意避免长期使用同一种抗生素，且用药疗程应为 3 ～ 7 天，并配合饲养管理的加强来控制本病。

附录一
兔场常用抗菌药物

附表1-1　兔场常用抗菌药物

名称		规格	作用与用途	剂量与用法
抗生素类	青霉素钾（钠）盐	粉针剂，每支20万、40万、80万单位	主要用于兔的葡萄球菌病、李氏杆菌病、呼吸道感染、子宫炎、眼部炎症等的治疗	注射用水或生理盐水溶解，肌注，每千克体重2万～4万单位，每日2～3次。不可加热助溶，现配现用
	普鲁卡因青霉素G钾（钠）盐	粉针剂，每支20万、40万、80万单位		注射用水做成混悬液后肌注，每千克体重2万～4万单位，每日1～2次
	硫酸链霉素	粉针剂0.5克、1克	治疗革兰氏阴性杆菌和结核菌病，如出血性败血症、鼻炎、肠道感染等	每千克体重20毫克，粉针剂注射用水溶解后肌注；硫酸双氢链霉素注射液直接肌内注射
	硫酸双氢链霉素	注射液2毫升0.5克，4毫升1.0克		

续表

名称	规格	作用与用途	剂量与用法
硫酸卡那霉素	注射液 2 毫升（0.5 克）	能杀灭大多数革兰氏阴性菌，也可杀灭金色葡萄球菌	每千克体重 0.01～0.015 克，肌内注射，不可与钙剂配用
硫酸庆大霉素	注射液 2 毫升（4 万单位），4 毫升（8 万单位）	广谱抗菌药，用于敏感菌所致的各种感染	每千克体重 1～2 毫克，肌注或静注
盐酸土霉素	粉针剂，每支 0.2 克	能抑制细菌的繁殖，用于巴氏杆菌病、大肠杆菌、沙门氏病等	针剂用生理盐水或 5% 葡萄糖溶液溶解，肌注或静注，每千克体重 5～10 毫克；口服粉剂每千克体重 30～50 毫克
强力霉素	粉针剂，每支 0.1 克，片剂 0.25 克		每千克体重 2～4 毫克，静注；片剂口服
四环素	粉剂，0.25 克；片剂 0.25 克	对革兰氏阴性菌、阳性菌有抑制作用，对立次氏体、钩端螺旋体和原虫也有作用	粉剂用生理盐水或 5% 葡萄糖溶液溶解，肌注或静注，每千克体重 40 毫克；片剂内服，每只 100～200 毫克
金霉素	粉针剂 0.25 克，片剂 0.25 克，眼膏	对大多数革兰氏阴性菌和阳性菌有抑制作用，但链球菌、肺炎球菌、沙门氏菌、化脓性棒状杆菌、大肠杆菌等对磺胺类药高度敏感；次敏感的细菌有葡萄球菌、变形杆菌、巴氏杆菌、魏氏梭菌、肺炎杆菌、李氏杆菌等。	粉针剂用法用量同四环素。片剂口服，每只 100～200 毫克。眼膏眼部涂搽

抗生素类

兔场盈利八招

名称	规格	作用与用途	剂量与用法
磺胺类药物	磺胺嘧啶（SD）	片剂0.5克	主要用于治疗敏感性所致的感染。使用时应注意：①严格掌握适应征，对病毒性疾病不宜使用。②用量适当，一般首次用量加倍，然后间隔一定时间给维持量。③用药期间充分供水。④加等量的碳酸氢钠，可防止析出损害肝脏。⑤不要与普鲁卡因、可卡因等合用。⑥急性病例用针剂	每千克体重首次量0.2～0.3克，维持量0.1～0.15克。内服或拌料，每12小时1次
		钠盐针剂2毫升0.4克，10毫升1克		每千克体重0.05克，肌注或静注
	磺胺噻唑（ST）	片剂0.5克、1克		剂量同SD片剂，内服或拌料，每8小时1次
		钠盐针剂2毫升0.4克，10毫升1克		一次剂量每千克体重0.07克，肌注或静注，8～12小时1次
	磺胺甲基嘧啶（SM$_1$）	片剂0.5克		片剂同上
		针剂1克10毫升		同上针剂
	磺胺二甲基嘧啶（SM$_2$）	片剂0.5克、1克		片剂同上
		钠盐针剂100毫升10克，50毫升5克		每千克体重0.07克，肌注或静注，12小时1次
	磺胺甲基异噁唑（SMZ，新诺明）	片剂0.5克		每千克体重首次量0.1克，维持量0.07克。内服或拌料，每12小时1次
	磺胺间甲氧嘧啶（SMM）	片剂0.5克		每千克体重首次量0.05克，维持量0.025克。内服，每24小时1次
	复方磺胺间甲氧嘧啶 TMP0-SMM	片剂0.5克（TMP0.1克+SMM0.4克）		每千克体重30毫克，内服，每24小时1次
	磺胺脒（SG）	片剂0.5克		每千克体重0.12克，内服，24小时1次
	复方新诺明（SMZ-TMP）	片剂TMP0.08克＋SMZ0.4克		每千克体重30毫克，内服，每12小时1次
		针剂10毫升TMP0.2克＋SMZ1.0克		每千克体重20～25毫克，肌注或静注，1日1次

续表

名称		规格	作用与用途	剂量与用法
其他	呋喃唑酮	片剂0.1克	用于急性消化道感染，不作全身感染用药	每千克体重5～10毫克，内服，每12小时1次，连用3～5天
	新胂凡钠明	粉针剂，每支0.15克、0.3克	对兔梅毒和兔螺旋体作用强，毒性大	每千克体重40～60毫克，配成5%溶液静注
	左旋咪唑	片剂0.1克	对多种寄生虫有效	每千克体重25毫克，口服
	精制敌百虫（兽用）	结晶	对多种寄生虫有效	口服，每千克体重0.1～0.2克
		粉末	外用对疥螨有杀灭作用	1%～2%溶液喷洒
	伊维菌素（阿维菌素）	针剂。1毫升（1万单位）、2毫升（2万单位）、5毫升（5万单位）、50毫升（50万单位）、100毫升（100万单位）	可同时驱杀肠道线虫及疥螨	皮下注射，每千克体重0.03～0.06毫升
	盐酸氯苯胍	粉片剂	对球虫及弓形体有效	口服，每千克体重15毫克（预防），治疗量2～3倍
	杀虫脒	油乳剂	外用杀蚧螨	0.1%～0.2%喷洒

附 录 二
肉兔饲养允许使用的抗菌药、抗寄生虫药及使用规定

附表2-1 肉兔饲养允许使用的抗菌药、抗寄生虫药及使用规定

药品名称	作用与用途	用法与用量（用量以有效成分计）	休药期/天
注射用氨苄西林钠	抗生素类药，用于治疗青霉素敏感的革兰氏阳性菌和革兰氏阴性菌感染	皮下注射，25毫克/千克体重，2次/天	不少于14
注射用盐酸土霉素	抗生素类药，用于革兰氏阳性细菌、革兰氏阴性细菌和支原体感染	肌内注射，15毫克/千克体重，2次/天	不少于14
注射用硫酸链霉素	抗生素类药，用于革兰氏阴性细菌和结核杆菌感染	肌内注射，15毫克/千克体重，1次/天	不少于14
硫酸庆大霉素注射液	抗生素类药，用于革兰氏阳性细菌、革兰氏阴性细菌感染	肌内注射，4毫克/千克体重，1次/天	不少于14
硫酸新霉素可溶性粉	抗生素类药，用于革兰氏阴性菌所致的胃肠道感染	饮水，200～800毫克/升	不少于14

续表

药品名称	作用与用途	用法与用量 （用量以有效成分计）	休药期/天
注射用硫酸庆大霉素	抗生素类药，用于败血症和泌尿道、呼吸道感染	肌内注射，一次量15毫克/千克体重，2次/天	不少于14
恩诺沙星注射液	抗菌药，用于防治兔的细菌性疾病	肌内注射，一次量25毫克/千克体重，1～2次/天，连用2～3天	不少于14
替米考星注射液	抗菌药，用于兔呼吸道疾病	皮下注射，一次量10毫克/千克体重	不少于14
黄霉素预混剂	抗生素类药，用于促进兔生长	混饲，2～4克/吨饲料	0
盐酸氯苯胍片	抗寄生虫药，用于预防兔球虫病	内服，一次量10～15毫克/千克	7
盐酸氯苯胍预混剂	抗寄生虫药，用于预防兔球虫病	混饲，100～250克/吨饲料	7
拉沙洛西钠预混剂	抗生素类药，用于预防兔球虫病	混饲，113克/吨饲料	不少于14
伊维菌素注射液	抗生素类药，对线虫、昆虫和螨均有驱杀作用，用于治疗兔胃肠道各种寄生虫病和兔螨病	皮下注射，200～400微克/千克体重	28
地克珠利预混剂	抗寄生虫药，用于预防兔球虫病	混饲，2～5毫克/吨饲料	不少于14

引自：《无公害食品　肉兔饲养兽药使用准则》（NY 5130—2000）

附 录 三
允许做治疗使用，但不得在动物性食品中检出残留的兽药

附表 3-1　允许做治疗使用，但不得在动物性食品中检出残留的兽药

药物及其他化合物名称	标志残留物	动物种类	靶组织
氯丙嗪	氯丙嗪	所有食品动物	所有可食组织
地西泮（安定）	地西泮	所有食品动物	所有可食组织
地美硝唑	地美硝唑	所有食品动物	所有可食组织
苯甲酸雌二醇	雌二醇	所有食品动物	所有可食组织
雌二醇	雌二醇	猪／鸡	可食组织（鸡蛋）
甲硝唑	甲硝唑	所有食品动物	所有可食组
苯丙酸诺龙	诺龙	所有食品动物	所有可食组织
丙酸睾酮	丙酸睾酮	所有食品动物	所有可食组织
塞拉嗪	塞拉嗪	产奶动物	奶

附录四
禁止使用，并在动物性食品中
不得检出残留的兽药

附表4-1 禁止使用，并在动物性食品中不得检出残留的兽药

药物及其他化合物名称	禁用动物	靶组织
氯霉素及其盐、酯及制剂	所有食品动物	所有可食组织
兴奋剂类：克伦特罗、沙丁胺醇、西马特罗及其盐、酯	所有食品动物	所有可食组织
性激素类：己烯雌酚及其盐、酯及制剂	所有食品动物	所有可食组织
氨苯砜	所有食品动物	所有可食组织
硝基呋喃类：呋喃唑酮、呋喃它酮、呋喃苯烯酸钠及制剂	所有食品动物	所有可食组织
催眠镇静类：安眠酮及制剂	所有食品动物	所有可食组织
具有雌激素样作用的物质：玉米赤霉醇、去甲雄三烯醇酮、醋酸甲孕酮及制剂	所有食品动物	所有可食组织
硝基化合物：硝基酚钠、硝呋烯腙	所有食品动物	所有可食组织
林丹	水生食品动物	所有可食组织

药物及其他化合物名称	禁用动物	靶组织
毒杀芬（氯化烯）	所有食品动物	所有可食组织
呋喃丹（克百威）	所有食品动物	所有可食组织
杀虫脒（克死螨）	所有食品动物	所有可食组织
双甲脒	所有食品动物	所有可食组织
酒石酸锑钾	所有食品动物	所有可食组织
孔雀石绿	所有食品动物	所有可食组织
锥虫砷胺	所有食品动物	所有可食组织
五氯酚酸钠	所有食品动物	所有可食组织
各种汞制剂：氯化亚汞（甘汞）、硝酸亚汞、乙酸汞、吡啶基乙酸汞	所有食品动物	所有可食组织
雌激素类：甲基睾丸酮、苯甲酸雌二醇及其盐、酯及制剂	所有食品动物	所有可食组织
洛硝达唑	所有食品动物	所有可食组织
群勃龙	所有食品动物	所有可食组织

注：食品动物是指各种供人食用或其产品供人食用的动物。

参考文献

[1] 任克良，石永红 . 种草养兔技术手册 [M]. 北京：金盾出版社，2010.

[2] 韩建国 . 农闲地种草养畜技术 [M]. 北京：中国农业科学技术出版社，1998.

[3] 魏刚才，胡建和 . 养殖场消毒指南 [M]. 北京：化学工业出版社，2011.

[4] 范国英 . 怎样科学办好一个兔场 [M]. 北京：化学工业出版社，2010.

[5] 谷子林 . 肉兔饲养技术 [M]. 北京：中国农业出版社，2006.